普通高等院校“十四五”精品教材

地质工程野外工作手册

主 编 阿比尔的 杨向阳 沈 娜
李 东 谢 涛 王林峰

西南交通大学出版社
·成 都·

图书在版编目（CIP）数据

地质工程野外工作手册 / 阿比尔的等主编. —成都：西南交通大学出版社，2022.5

ISBN 978-7-5643-8633-7

Ⅰ. ①地… Ⅱ. ①阿… Ⅲ. ①工程地质－野外作业－手册 Ⅳ. ①P642-62

中国版本图书馆 CIP 数据核字（2022）第 055004 号

Dizhi Gongcheng Yewai Gongzuo Shouce

地质工程野外工作手册

主编 阿比尔的 杨向阳 沈 娜 李 东 谢 涛 王林峰

责任编辑 陈 斌
封面设计 何东琳设计工作室

出版发行 西南交通大学出版社
（四川省成都市金牛区二环路北一段 111 号
西南交通大学创新大厦 21 楼）
邮政编码 610031
发行部电话 028-87600564 028-87600533
网址 http://www.xnjdcbs.com
印刷 四川森林印务有限责任公司

成品尺寸 185 mm × 260 mm
印张 13.75
字数 311 千
版次 2022 年 5 月第 1 版
印次 2022 年 5 月第 1 次
定价 39.00 元
书号 ISBN 978-7-5643-8633-7

课件咨询电话：028-81435775
图书如有印装质量问题 本社负责退换

前　言 PREFACE

地质工作是指运用地质科学理论和各种技术方法、手段对客观地质体进行调查研究，地质工程野外工作方法的选择和运用，直接关系到地质成果和经济效应的优劣。地质工程专业学生是未来地质工作的主力军，野外地质实习是学生学习阶段的重要环节，通过野外认识和地质现象观察，学生可融合理论知识，培养地质思维。本书为学生野外实习的指导书，为使学生的野外实习规范化、标准化，快速熟悉野外地质工程，因此地质工程专业老师编写了《地质工程野外工作手册》。本书也可以满足广大地质人员从事野外地质工作的需要。

本书共分为 9 章，第 1 章主要介绍了地质年代和地层年代，以及川渝地区的地层及分布；第 2 章介绍了沉积岩的形成、分类、结构和构造，以及其野外工作方法；第 3 章介绍了火成岩的形成、分类、结构和构造，以及其野外工作方法；第 4 章介绍了变质岩的形成、分类、结构和构造，以及其野外工作方法；第 5 章介绍了褶皱、节理、断层的基本要素、分类及野外识别观察要点，同时也介绍了河流的地质作用及河流地貌的野外工作方法；第 6 章介绍了滑坡、泥石流、危岩的基本类型及野外识别和观察要点；第 7 章介绍了地质罗盘、地质剖面实测成图等野外工作技能；第 8 章介绍了野外记录本的使用方法；第 9 章提供了野外地质工作常用附表、调查表等。

本书由阿比尔的、杨向阳、沈娜、李东、谢涛、王林峰主编。其中第 1 章由阿比尔的、沈娜、祝晓寅编写；第 2 章、第 3 章、第 4 章由李东、郑浩夫、蒲运杰、李浩田编写；第 5 章的褶皱、节理、断层由杨向阳、祝晓寅编写，河流的地质作用与山区河谷地貌由阿比尔的、沈娜编写；第 6 章的滑坡部分由阿比尔的编写，危岩崩塌部分由王林峰、王蓉编写，泥石流部分由谢涛、向灵芝编写；第 7 章由阿比尔的、沈娜、李东编写；第 8 章由沈娜、李东、阿比尔的编写；第 9 章附表、照片、图件资料由地质工程系全体专业教师收集。同时，本书在编写过程中得到了蒲运杰、李浩田、王蓉、刘露、袁和川、傅林等的帮助，在此表示衷心感谢。

本书参考了有关规范指南，引用了四川省区域地层表编制小组、四川省地层古生物工作队、四川省核工业地质调查院、重庆市地质矿产勘查开发总公司等各兄弟单位广大地质工作、科研、教学专家的宝贵野外地质工作经验，编者在此一并致谢。

由于编者经验和水平有限，加之时间仓促，书中难免有疏漏之处，恳请使用者批评指正。

编　者

2021 年 7 月

目　录 CONTENTS

1 地质年代及年代地层

1.1 地质年代

地质年代（Geological age）是用来描述地球历史事件的时间单位，通常在地质学和考古学中使用。

按时代早晚顺序表示地史时期的相对地质年代和同位素年龄值。计算地质年龄的方法有两种：① 根据生物的发展和岩石形成顺序，将地壳历史划分为对应生物发展的一些自然阶段，即相对地质年代。它可以表示地质事件发生的顺序、地质历史的自然分期和地壳发展的阶段。② 根据岩层中放射性同位素衰变产物的含量，测定出地层形成和地质事件发生的年代，即绝对地质年代。据此可以编制出地质年代表。

地质年代的单位为：宙、代、纪、世、期、时。整个地壳历史划分为隐生宙和显生宙两大阶段。宙之下分代，隐生宙分为太古代、元古代（又称太古宙、元古宙），显生宙又划分为古生代、中生代、新生代。代之下又可划分若干纪，如造山纪、侏罗纪、白垩纪。每个纪下又分为世，如更新世、全新世。世下分若干期，如北方期、前北方期。与地质时代各单位相对应的地层单位为：宇、界、系、统、阶、带。其关系如下：例如古生代是地质年代单位，古生代所沉积的地层叫古生界，侏罗纪所沉积的地层叫侏罗系。

必须说明，年表有时间的概念，也就是说，当获悉该化石是何宙、代、纪、世、期或时的遗物，可间接知道它形成的粗略时间（当然是很粗略的估计值）。事实上，年表的时间单位是完全人为性划分的，和日历中的年月日不同，它不能使人了解每个宙、代、纪、世、期或时经历的准确时间。

1.1.1 地质年代划分

地质年代从古至今依次为：

隐生宙（现称前寒武纪）、显生宙（P）。

隐生宙现在已被细分为冥古宙、太古宙、元古宙。

显生宙又分为：古生代、中生代、新生代。

古生代分为：寒武纪、奥陶纪、志留纪、泥盆纪、石炭纪、二叠纪。

中生代分为：三叠纪、侏罗纪、白垩纪。

新生代分为：古近纪、新近纪、第四纪。

详细的地质年代划分如表 1.1 所示。

表 1.1　地质年代

宙	代	纪	世	时限	特　点
显生宙	新生代	第四纪	全新世	1 万年前至今	人类繁荣
			更新世	260~1 万年前	冰河时期，大量大型哺乳动物灭绝，人类进化到现代状态。 化石门类：被子植物；哺乳动物及人类
		新近纪	上新世	5.3~2.6 百万年前	人类的人猿祖先出现
			中新世	23.3~5.3 百万年前	
		古近纪	渐新世	32~23.3 百万年前	大部分哺乳动物目崛起
			始新世	56.5~32 百万年前	化石门类：被子植物；哺乳动物及蝙蝠类、鲸类；有孔虫，软体，六射珊瑚、淡水介形类
			古新世	65~56.5 百万年前	
	中生代	白垩纪	晚白垩世	0.96~0.65 亿年前	白垩纪-第三纪灭绝事件，地球上45%生物灭绝。 有胎盘的哺乳动物出现
			早白垩世	1.37~0.96 亿年前	恐龙的繁荣和灭绝。 化石门类：昆虫、爬行类极盛；淡水鱼、菊石、箭石、有孔虫
		侏罗纪	晚侏罗世	2.05~1.37 亿年前	有袋类哺乳动物出现、鸟类出现、裸子植物繁荣、被子植物出现。 化石门类：苏铁、松柏、本内苏铁及蕨类；爬行类；菊石类
			中侏罗世		
			早侏罗世		
		三叠纪	三叠世	2.27~2.05 亿年前	恐龙出现。 卵生哺乳动物出现。 化石门类：苏铁及蕨类、木 等；鱼类、爬行类；出现恐龙
			中三叠世	2.41~2.27 亿年前	
			早三叠世	2.5~2.41 亿年前	
	古生代	二叠纪	晚二叠世	2.57~2.5 亿年前	二叠纪灭绝事件,地球上 95%生物灭绝，盘古大陆形成。 化石门类：石松类、有节类、真蕨、种子蕨；两栖类；珊瑚、腕足类、菊石
			中二叠世	2.77~2.57 亿年前	
			早二叠世	2.95~2.77 亿年前	
		石炭纪	晚石炭纪	3.2~2.95 亿年前	昆虫繁荣、爬行动物出现。 煤炭森林、裸子植物出现
			早石炭世	3.54~3.2 亿年前	
		泥盆纪	晚泥盆世	3.72~3.54 亿年前	鱼类繁荣、两栖动物出现。 昆虫出现。 种子植物出现。 石松和木贼出现
			中泥盆世	3.86~3.72 亿年前	
			早泥盆世	4.1~3.86 亿年前	

续表

宙	代	纪	世	时限	特点
显生宙	古生代	志留纪	顶志留世	4.38~4.10 亿年前	陆生的裸蕨植物出现。 化石门类：珊瑚、层孔虫；软体动物，以笔石、腕足、珊瑚为标准
			晚志留世		
			中志留世		
			早志留世		
		奥陶纪	晚奥陶世	4.9~4.38 亿年前	鱼类出现；海生藻类繁盛。 化石门类：笔石、鹦鹉螺类、三叶虫、牙形刺
			中奥陶世		
			早奥陶世		
		寒武纪	晚寒武世	5~4.9 亿年前	寒武纪生命大爆炸。 化石门类：笔石、鹦鹉螺类、三叶虫、牙形刺
			中寒武世	5.13~5 亿年前	
			早寒武世	5.43~513 亿年前	
元古宙	新元古代	震旦纪	晚震旦世	6.3~5.43 亿年前	多细胞生物出现。 化石门类：三叶虫为主及古杯类、小壳类化石
			早震旦世	6.8~6.3 亿年前	
		南华纪	晚南华世	8~6.8 亿年前	发生雪球事件
			早南华世		
		青白口纪	晚青白口世	9~8 亿年前	罗迪尼亚古陆形成。 化石门类：菌藻类，小母动物，蠕形动物出现
			早青白口世	10~9 亿年前	
	中元古代	蓟县纪	蓟县世	14~10 亿年前	化石门类：菌藻，古藻类（叠层石）形成
		长城纪	晚长城世	16~14 亿年前	物种进化，从原生动物到后生动物
			早长城世	18~16 亿年前	
	古元古代	滹沱纪		23~18 亿年前	
				25~23 亿年前	
太古宙	新太古代			28~25 亿年前	第一次冰河期
	中太古代			32~28 亿年前	
	古太古代			36~32 亿年前	蓝绿藻出现
	始太古代			38~36 亿年前	
冥古宙	雨海代			约 38.5 亿年前	地球上出现第一个生物——细菌
	酒神代			约 39.5 亿年前	古细菌出现
	原生代			约 41.5 亿年前	地球上出现海洋
	隐生代			约 45.7 亿年前	地球形成

1.1.2 划分差别

由于世界各地地质状态的不同，年代划分各有差异，其中元古宙划分差异如表1.2所示。

表 1.2　元古宙划分差异

元古宙	新元古代	拉伸纪	10~8.5 亿年前	出现大型具刺凝源类生物
		成冰纪	8.5~6.3 亿年前	雪球地球事件，导致大量物种灭亡
		埃迪卡拉纪	6.3~5.4 亿年前	出现埃迪卡拉动物群
	中元古代	狭带纪	12~10 亿年前	形成变质岩带，罗迪尼亚超大陆聚合而成
		延展纪	14~12 亿年前	大陆架盖层延展，地台盖层继续扩张，出现复杂多细胞机体
		盖层纪	16~14 亿年前	出现大型宏观藻类
	古元古代	固结纪	18~16 亿年前	哥伦比亚超大陆形成
		造山纪	20.5~18 亿年前	发生大规模的造山运动
		层侵纪	23~20.5 亿年前	蓝藻、细菌繁盛，氧气含量增多
		成铁纪	25~23 亿年前	世界上形成特大型铁矿田，出现硅铁建造的主要时期

1.2　年代地层

年代地层单位是指特定的地质时间间隔中形成的所有成层或非成层的综合岩石体。

年代地层单位从大到小分为宇、界、系、统、阶、代六级。对应的地质时代为宙、代、纪、世、期、时。此外还有岩石地层单位，分别是群、组、段、层。

（1）宇：最大的年代地层单位，是一个“宙”的时期内形成的地层。宇分为太古宇、元古宇、显生宇（根据生命形式、变质程度、造山运动，包含原核生物、原生生物、后生生物）。

（2）界：一个“代”的时间内形成的地层，根据大的生物门类演化特征，界分为古生界（海生无脊椎动物）、上古生界（鱼类、两栖动物）、中生界。

（3）系：一个“纪”的时间内形成的地层，根据较大的生物门类（如纲、目）演化特征，分为寒武系（三叶虫纲）、奥陶系（直角石类、笔石）、泥盆系（鱼类）等。

（4）统：一个“世”的时间内形成的地层，根据次一级的生物门类（如科、属）演化特征，命名为上、中、下，或地名。

（5）阶：在一个“期”的时间内形成的地层，是年代地层单位中最基本的单位。期的划分主要是根据属级的生物演化特征划分的。阶的应用范围取决于建阶所选的生物类别，以游泳型、浮游型生物建的阶一般可全球对比，如奥陶系、志留系是以笔石建的阶，中生代是以菊石建的阶。而以底栖型生物建的阶一般是区域性的，只能用于一定区域，如寒武系是以底栖型生物三叶虫建的阶。

阶是统内部据生物演化阶段或特征（属/种/亚种）的进一步划分，代表相对较短的时间间隔；阶的界线层型应该在一个基本连续的沉积序列内，最好是海相沉积。顶、底界线应是易于识别、可在大范围内追索、具有时间意义的明显标志面；阶的上、下界线代表了地质时期两个特定的瞬间，两者之间的时间间隔就是该阶的时间跨度，多在 2~10 Ma 内。

亚阶：是阶的再分，几个相邻的阶可归并为超阶。但对这些单位的创建要慎重。最好是将原来的阶分成多个新阶，或是将原来的阶提升为包含这些新阶的统。

（6）时带：是指在某个指定的地层单位或特定地质特征的时间跨度内在世界任何地区所形成的岩石体，与之对应的地质年代单位是时（chron）（ISG，1994）。

时带是没有特定等级的正式年代地层单位，而不是年代地层单位等级系列（宇、界、系、统、阶）中的任何一部分。

时带的时间跨度也就是特别指定的地层单位，如岩石地层单位、生物地层单位或是磁性地层单位的时间跨度。例如，据生物带的时限建立的时带，包括了在年代上相当于这个生物带的最大时间跨度内的所有地层，不管有无该带的特有化石。

时带的时间跨度：可差别很大。如说“菊石时带”，是指菊石生存的漫长时期内形成的所有岩石，而不管地层中是否含有菊石；也可以说“峨眉山玄武岩时带”，是指在该玄武岩形成时隔内任何地方形成的任何岩层，而不论是否有玄武岩。

理论上特征：时带的地理范围是世界性的，但它的可应用性只限于那些其时间跨度能够在地层中识别的地区。

时带的名称：取自它所依据的地质现象。如“Triticites 时带”（取自 Triticites 延限带），“张夏时带”（取自张夏组）。

1.2.1　岩石地层单位与年代地层单位之间的关系

（1）岩石地层单位具有穿时性，而年代地层单位不穿时。

（2）年代地层单位的根本特点在于它与时间严格对应；而岩石地层单位的上下界线与时间界面是不一致的。

（3）岩石地层单位所依据的岩性特征主要受沉积-古地理环境控制，因此，岩石地层单位的地理分布只能是区域性的。

（4）年代地层单位没有固定的具体岩石内容，而当岩性特征发生改变后，岩石地层单位名称也发生变化。

（5）年代地层单位反映了全球统一的地质发展阶段，对了解全球地质史有巨大的优势；而岩石地层单位反映了一个地区的地质发展阶段，对了解某一地区的地质发展史有重要意义。

（6）两类地层单位从不同的侧面反映了地质发展阶段的共性与个性，对了解和认识全球与区域地质发展的联系都是不可缺少的。

1.2.2　生物地层单位与年代地层单位之间的关系

（1）生物地层单位通常接近于年代地层单位（CU）。虽然生物地层对比接近于时间对比，但生物地层单位（BU）在根本上不同于年代地层单位。

（2）生物地层单位是物质性的，而年代地层单位是时间性的。生物地层单位是指含有某化石的地层，而年代地层单位是指某种生物生存的时间内形成的全部地层，并非仅指含有化石的地层。

（3）生物地层单位不连续，不能独成系统，是为年代地层系统服务的。

（4）以浮游生物建立的生物带等时性较好，而以底栖型生物建立的生物带具有穿时性。

国际年代地层如图 1.1 所示。

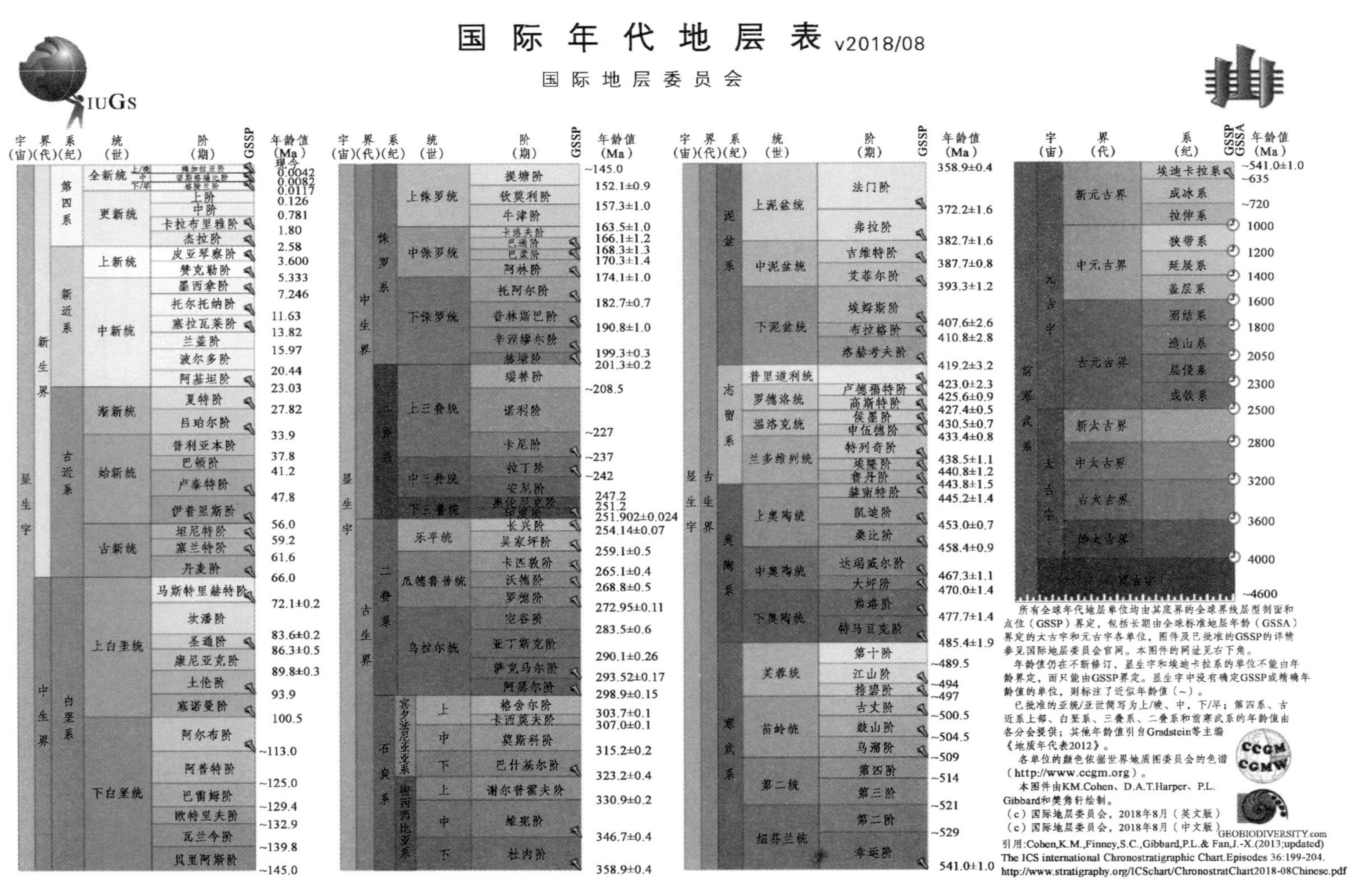

图 1.1　国际年代地层（2018）

1.3 川渝地区的地层

川渝地区的地层见表 1.3、表 1.4。

表 1.3 四川盆地地层层序

界	系	统	阶（组）	段	符号	岩 性	厚度/m	已发现油气层位
新生界	第四系				Q	松散砾石、砂层及黏土	0~300	不整合
	上第三系				N	灰色砾岩夹岩屑砂岩透镜体	0~150	
	下第三系		芦山组		E_1l	棕红色泥岩夹少许薄层粉砂岩	0~220	
			名山组		E_1m	上部棕红色泥岩夹少量泥质粉砂岩，含石膏、芒硝；下部棕红色粉砂岩，夹少许泥岩	410~690	
中生界	白垩系	上统	灌口组		K_2g	棕红色泥岩夹砂岩、泥灰岩，中部含石膏、芒硝，一般具底砾岩	400~1 040	
			夹关组		K_2j	棕红色砂岩夹少量泥页岩	380~690	
		下统	天马山组		K_2t	棕红色泥岩夹砂岩、砾岩，普遍具底砾岩	0~320	不整合
	侏罗系	上统	蓬莱镇组		J_3p	黄灰色砂岩与棕紫色泥岩互层	650~1 400	不整合
			遂宁组		J_3s	棕红色泥岩与石英粉砂岩互层，底部为一层砖红色砂岩	340~500	
		中统	沙溪庙组	沙二段	J_2s^2	紫红、暗紫色砂泥岩、粉砂岩与紫灰色砂岩略等厚互层，底部为灰黑色页岩，富含叶肢介化石	885~1 460	油
				沙一段	J_2s^1	紫红色砂泥岩夹粉砂岩与砂岩	220~610	油
		下统	凉高山组	凉上	J_1l^2	深灰、灰黑色页岩与灰色石英砂岩及灰绿色、紫红色泥岩	110~140	油
				凉下	J_1l^1			油
			自流井组	过渡层	J_1g			
				大安寨	J_1dn	灰色介壳灰色与深灰色、灰黑色页岩，中下部及顶部为紫红色泥岩夹泥灰岩	80~90	油
				马鞍山	J_1m	紫红色泥岩夹薄层灰色粉砂岩	70~90	
				东岳庙	J_1d	黑色、灰绿色页岩夹生物灰岩	30~45	油
				珍珠冲	J_1z	紫红色泥岩夹灰色石英砂岩	140~170	

续表

界	系	统	阶（组）	段	符号	岩 性	厚度/m	已发现油气层位
中生界	三叠系	上统	须家河组	须六	T_3x^6	黑色、灰黑色泥（页）岩与厚层砂岩、砾状砂岩和砾岩间互层，夹薄层煤层	250~3 000	不整合油气
				须五	T_3x^5			
				须四	T_3x^4			
				须三	T_3x^3			
				须二	T_3x^2			
				须一	T_3x^1			
		中统	雷口坡组	雷五	T_2l^5	乳白色至浅灰色石灰岩，含藻，局部具鲕粒和角砾	0~330	
				雷四	T_2l^4	浅灰色白云岩夹薄层石膏	250~450	
				雷三	T_2l^3	深灰色石灰岩与膏盐层夹石膏，横向上侧变为白云岩，针孔发育	280~450	气
				雷二	T_2l^2	灰色泥质白云岩与石膏互层	60~105	
				雷一	T_2l^1	深灰色泥质、石膏质白云岩夹页岩、石膏，底部有一层“硅钙硼石”，俗称“绿豆岩”	85~115	
		下统	嘉陵江组	嘉五	T_1j^5	深灰带褐灰色石膏质白云岩、鲕状灰岩夹石膏层	130~160	气
				嘉四	T_1j^4	厚层石膏夹岩盐、灰褐色白云岩及石灰岩	140~210	气
				嘉三	T_1j^3	深灰色石灰岩，顶部褐上部为白云岩	130~170	气
				嘉二	T_1j^2	石膏与白云岩互层夹石灰岩，局部有蓝灰色泥岩	90~160	气
				嘉一	T_1j^1	灰至深灰色泥晶灰岩，顶部含鲕、生物碎屑丰富	80~260	气
			飞仙关组	飞四	T_1f^4	暗紫红色页岩夹紫灰、灰绿色泥灰岩，与灰至深灰色灰岩、鲕状灰岩间互层	400~600	气
				飞三	T_1f^3			气
				飞二	T_1f^2			气
				飞一	T_1f^1			气

续表

界	系	统	阶（组）	段	符号	岩　性	厚度/m	已发现油气层位
古生界	二叠系	上统	长兴组		P_2ch	深灰色生物灰岩夹泥质灰岩及硅质层	50~200	气
			龙潭组		P_2l	深灰、灰色页岩、砂岩夹煤层，盆地北部和东部石灰岩逐渐发育	50~200	
		下统	茅口组	茅四	P_1m^4	深灰至灰白色石灰岩、生物碎屑灰岩、含硅质结核，下部石灰岩含泥质，时夹页岩，呈眼球状构造	200~300	不整合
				茅三	P_1m^3			
				茅二	P_1m^2			
				茅一	P_1m^1			气
			栖霞组	栖二	P_1q^2	深灰至灰色石灰岩、生物灰岩夹少许页岩，下部石灰岩色深，含泥质较重，上部石灰岩色浅，有时夹白云岩	100~150	气
				栖一	P_1q^1			
			梁山组		P_1l	灰及灰黑色页岩、铝土质泥岩夹薄层泥灰岩及薄煤层	10	
	石炭系	上统	黄龙组		C_2hl	白云岩、角砾状白云岩夹生物灰岩	10~30	气
		下统	河洲组		C_1h			
	泥盆系				D			
	志留系	上统	回星哨组		S_3h			
		中统	韩家店组		S_2h	灰绿色页岩、粉砂质页岩夹粉砂岩，底部常有紫红色页岩	50	
		下统	小河坝组		S_1x	绿灰色粉砂岩，上部为黄绿色、灰绿色页岩夹生物灰岩薄层	240~500	
			龙马溪组		S_1l	下部黑色页岩，富含笔石，上部深灰至灰绿色页岩、粉砂质页岩	180~370	
	奥陶系	上统	五峰组		O_3w	黑色页岩，含灰质及硅质，顶部常见泥灰岩	1~15	
			临湘组		O_3l	瘤状泥质灰岩，间夹钙质页岩	1~15	
		中统	宝塔组		O_2b	灰色时带紫红色龟裂纹灰岩，上部常为瘤状泥质灰岩	30~50	
			庙坡组		O_2m	黑色页岩，时夹石灰岩	5~25	

续表

界	系	统	阶（组）	段	符号	岩性	厚度/m	已发现油气层位
古生界	奥陶系	中统	牯牛潭组		O_2g	灰至深灰色灰岩，泥质条带灰岩、瘤状灰岩	5~25	
		下统	湄潭组		O_1m	细砂岩、粉砂岩、页岩夹生物灰岩，上部石灰岩渐多	110~250	
			红花园组		O_1h	深灰色结晶灰岩、含生物碎屑灰岩，有时夹页岩	55~70	
			分乡组		O_1f	上部为黄色页岩夹石灰岩，下部以灰至深灰色石灰岩为主，夹页岩	50~200	
			南津关组		O_1n			见气
	寒武系	上统	毛田组		$\in_3m$		220~420	
			后坝组		$\in_3h$			
		中统	平井组		$\in_2p$			
			茅坪组		$\in_2m$			
			高台组		$\in_2g$			
		下统	龙王庙组		$\in_1l$	白云质灰岩、白云岩为主，常见鲕状结构	70~200	
			沧浪铺组		$\in_1c$	灰绿色上部夹紫红色泥岩及粉砂岩	65~300	
			筇竹寺组		$\in_1q$	黑色页岩、碳质页岩、粉砂岩为主，有时夹泥质灰岩	90~400	
元古界	震旦系	上统	灯影组	灯四	Z_2dn^4	浅灰色白云岩，中部富含藻，具葡萄状及花斑状结构，靠顶部夹有一层蓝灰色泥岩，可作区域对比标准层	640~1 000	不整合
				灯三	Z_2dn^3			
				灯二	Z_2dn^2			
				灯一	Z_2dn^1			气
			喇叭岗组		Z_2l	浅灰色白云质砂岩	10~420	
		下统	南沱组		Z_1nt	冰碛层及深灰、灰色砂岩	60~140	
			莲沱组		Z_1nt	紫灰、灰绿色砂岩，有时夹凝灰岩，底部砂岩含砾石	200~1 000	
	前震旦系				Anz	一套受不同变质作用的板岩、片岩、千枚岩、石英岩、大理岩及火山岩，并伴有花岗岩、花岗闪长岩、基性岩侵入		

表 1.4　重庆市地层层序

界	系	统	段	阶（组）	符号	岩　性	厚度/m
新生界	第四系	全新统			Qh	主要分布于河漫滩、山间盆地。河漫滩沉积物为沙砾层及黏土，厚度各地不一，变化大；山间盆地堆积物为黏土、砂质黏土等	0~100
		更新统			Qp	主要为河流阶地堆积，由灰、深灰色砾石及黄土组成。砾石成分以石英砂岩为主，次为燧石，偶见玄武岩、花岗岩，磨圆度好，呈浑圆状、扁圆状，分选性差，直径一般为 1~20 cm	0~25
中生界	白垩系	上统	荣昌小区	正阳组	K_2g	分布于酉阳-黔江一线的向斜核部。由砖红、灰紫色厚层至块状砾岩、砾砂岩、细至粉粒岩屑砂岩组成。砂岩层中常见砾岩透镜体，交错层理发育。砾岩之砾石呈棱角至次圆状，分选性差。角度不整合于侏罗系以老地层之上	0~120
		下统	荣昌小区	窝头山组	K_1w	主要分布于綦江地区。紫红色、砖瓦色厚层至块状、巨块状不等粒岩屑砂岩，中部夹粉砂岩、泥岩。与下伏侏罗系整合或角度不整合接触	100~560
	侏罗系	上统	荣昌、万州小区和酉阳小区	蓬莱镇组	J_3p	可划分为两个岩性段：下段以紫红色泥岩、钙质粉砂质泥岩、泥岩为主，夹灰白色细-中粒长石石英砂岩及岩屑长石砂岩；上段以浅灰、灰白色厚层细粒岩屑长石石英砂岩及长石砂岩为主，夹紫红色含钙质及钙质结核的泥岩及粉砂岩。与下伏遂宁组整合接触	124~1 300
			荣昌、万州小区和酉阳小区	遂宁组	J_3s	砖红色、鲜红色、紫红色钙质泥岩、粉砂质钙质泥岩、粉砂岩，夹黄灰、紫红色中-厚层状细粒长石石英砂岩、细粒钙质长石砂岩。与下伏沙溪庙组整合接触	200~600
		中统	荣昌、万州小区和酉阳小区	沙溪庙组	J_2s	一般可分为上、下两个岩性段：一段以紫红色、暗棕红色泥岩、粉砂质泥岩、粉砂质钙质泥岩为主，夹黄灰色、紫灰色、紫红色中厚层块状中至粗粒长石砂岩、长石石英砂岩。底部为 4~50 m 厚的黄灰色块状中粒岩屑长石石英砂岩（关口砂岩），顶部为黄灰色叶肢介页岩，厚 6~10 m，为区域标志层；二段以紫红色、棕红色泥岩、粉砂质泥岩、粉砂岩与黄灰、白灰色中厚至块状细-中粒长石岩屑砂岩或岩屑长石石英砂岩互层。普遍含大量钙质团块及结核。与下伏新田沟组整合接触	1 100~2 100

续表

界	系	统	段	阶（组）	符号	岩　性	厚度/m
中生界	侏罗系	中统	荣昌、万州小区和酉阳小区	新田沟组	J_2x	可划分为四个岩性段：一段为紫红色、黄绿色泥岩，含钙质团块，夹薄-中厚层状石英细砂岩、石英粉砂岩；二段为灰绿、灰黄、深灰色页岩，夹石英粗砂岩、细砂岩，偶夹介壳灰岩透镜体；三段为黄绿色、深灰-灰黄色粉砂质页岩、粉砂质泥岩、石英细砂岩；四段以黄绿色为主，夹紫红色粉砂质泥岩、粉砂岩、细砂岩，含钙质粉砂岩团块、结核。与下伏自流井组整合接触	50 ~490
		下统	荣昌、万州小区和酉阳小区	自流井组	J_1zl	通常将该组分为东岳庙段、马鞍山段、大安寨段。与下伏珍珠冲组整合接触。 东岳庙段：下部主要为灰、深灰色灰岩、介壳灰岩、泥质灰岩，长寿一带夹透镜状菱铁矿；上部主要由灰、灰绿间夹暗紫红色泥岩、页岩组成，夹多层泥质灰岩、介壳灰岩透镜体。 马鞍山段：岩性单一，主要由紫红色、灰绿间夹少量灰、灰绿色泥岩、页岩组成，夹少量粉砂岩、细砂岩和薄层或透镜状泥质灰岩、介壳灰岩。 大安寨段：紫红色、黄绿色钙质泥岩、页岩、粉砂质泥岩，黄灰色碎屑灰岩及生物碎屑灰岩	300~420
			荣昌、万州小区和酉阳小区	珍珠冲组	J_1z	可划分为两个岩性段：一段为灰、浅灰、灰黄色中厚层至厚层细至中粒石英砂岩，含铁质石英砂岩夹砂质泥岩、粉砂岩，或为灰绿、浅灰、紫红、紫灰色中至厚层状细-中粒石英砂岩与含铁质细砂质水云母黏土岩不等厚互层，局部夹赤铁矿、菱铁矿（綦江式铁矿）；二段为紫红色、灰绿色、黄灰色等杂色泥岩、砂质泥岩夹少量浅灰色、黄灰色薄至中厚层状细至中粒石英砂岩及石英粉砂岩、粉砂岩、页岩。与下伏须家河组或二桥组、巴东组平行不整合接触	180~320
	三叠系	上统	巫溪、巫山小区	香溪组	TJx	该组为跨三叠系、侏罗系的地层单位，分布于城口、巫溪、巫山、奉节地区。下部为砾石层夹细-粗粒岩屑石英杂砂岩，具大型斜层理构造；上部为细-中粒岩屑长石砂岩，粉-细砂岩夹泥质砂岩、页岩，见煤线，产植物及双壳类化石。该组从北东往南西相变过渡为须家河组，岩性由一分过渡为三分或六分。与下伏巴东组假整合接触	218

续表

界	系	统	段	阶（组）	符号	岩　性	厚度/m
中生界	三叠系	上统	万州小区	须家河组	T_3x	是区内的主要含煤岩系，按其岩性可分为六个岩性段：一段为灰、深灰色砂质泥岩、页岩或为灰、灰黄色薄-中厚层状中粒长石石英砂岩，下部夹炭质页岩、薄煤层（线）；二段为浅灰色、灰黄色厚层-块状细-中粒长石石英砂岩、岩屑长砂岩、岩屑石英砂岩；三段为灰色、深灰色泥岩、砂质泥岩、页岩、薄-中厚层长石石英砂岩，夹炭质页岩和煤线（层）；四段为浅灰、深灰色薄至中厚层细至中粒长石石英砂岩、长石砂岩、岩屑石英砂岩，夹粉砂岩、页岩；五段为灰、深灰色薄-中厚层细至中粒长石石英砂岩、泥岩、砂质泥岩夹薄层粉砂岩、炭质页岩、煤线（层），含菱铁矿结核；六段为灰白色、黄褐色厚层块状中-粗粒长石石英砂岩、长石岩屑砂岩、岩屑石英砂岩，夹砂质页岩、粉砂岩薄层。在忠县、涪陵、武隆一带，一般以黄灰-灰白色中-厚层状细-中粒长石、岩屑砂岩为主，夹少量粉砂岩、泥岩及煤线，表现为三分，原称二桥组。与下伏雷口坡组或巴东组假整合接触	250~650
			南川、荣昌小区	须家河组	T_3x	是区内的主要含煤岩系，按其岩性可分为六个岩性段：一段为灰、深灰色砂质泥岩、页岩或为灰、灰黄色薄-中厚层状中粒长石石英砂岩，下部夹炭质页岩、薄煤层（线）；二段为浅灰色、灰黄色厚层-块状细-中粒长石石英砂岩、岩屑长砂岩、岩屑石英砂岩；三段为灰色、深灰色泥岩、砂质泥岩、页岩、薄-中厚层长石石英砂岩，夹炭质页岩和煤线（层）；四段为浅灰、深灰色薄至中厚层细至中粒长石石英砂岩、长石砂岩、岩屑石英砂岩，夹粉砂岩、页岩；五段为灰、深灰色薄-中厚层细至中粒长石石英砂岩、泥岩、砂质泥岩夹薄层粉砂岩、炭质页岩、煤线（层），含菱铁矿结核；六段为灰白色、黄褐色厚层块状中-粗粒长石石英砂岩、长石岩屑砂岩、岩屑石英砂岩，夹砂质页岩、粉砂岩薄层。与下伏雷口坡组平行不整合接触	250~650

续表

界	系	统	段	阶（组）	符号	岩 性	厚度/m
中生界	三叠系	中统	巫溪、巫山小区	巴东组	T_2b	可分为四个岩性段：一、三段为灰、深灰色泥质灰岩、白云质灰岩、灰岩夹页岩；二、四段为紫红色、黄绿色页岩、泥岩、粉砂岩夹泥质灰岩、灰岩；底部为水云母黏土岩（绿豆岩）。与下伏嘉陵江组整合接触	350~1 145
			酉阳、秀山小区	巴东组	T_2b	可分为四个岩性段：一、三段为灰、深灰色泥质灰岩、白云质灰岩、灰岩夹页岩；二、四段为紫红色、黄绿色页岩、泥岩、粉砂岩夹泥质灰岩、灰岩；底部为水云母黏土岩（绿豆岩）。与下伏嘉陵江组整合接触	350~1 145
			万州小区	巴东组	T_2b	可分为四个岩性段：一段为灰-深灰色中-厚层状泥质灰岩、白云质灰岩，局部具角砾构造；二段为紫红色黏土岩、页岩夹厚层状石英砂岩，局部夹灰岩透镜体；三段为灰、浅灰色薄-中厚层状泥质灰岩，夹钙质及白云质灰岩；四段为紫红色粉砂质、泥质页岩，夹钙质页岩及泥灰岩。与下伏嘉陵江组整合接触。 雷口坡组与巴东组为同一时代的沉积相变产物，从西往东由雷口坡组相变为巴东组	370~450
			万州小区	雷口坡组	T_2l	主要分布于城口-万州-南川一线以西地区。为灰色薄-厚层状灰岩、白云岩夹盐溶角砾岩及砂质泥岩，含石膏、岩盐。底部“绿豆岩”较稳定，一般厚 0.5~3.0 m，岩石类型可分为水云母黏土岩、长石岩和硅质岩三大类。与下伏嘉陵江组假整合接触	0~400
			南川、荣昌小区	雷口坡组	T_2l	灰色薄-厚层状灰岩、白云岩夹盐溶角砾岩及砂质泥岩，含石膏、岩盐。底部“绿豆岩”较稳定，一般厚 0.5~3.0 m，岩石类型可分为水云母黏土岩、长石岩和硅质岩三大类。与下伏嘉陵江组整合接触	0~400
		下统	巫溪、巫山小区	嘉陵江组	T_1j	该组一般可分为四个岩性段：一、三段为灰色-浅灰色薄-中厚层状灰岩、生物碎屑灰岩，夹少许白云质灰岩；二、四段以灰色-浅灰色中-厚层状白云岩、白云质灰岩为主，夹盐溶角砾岩，含石膏矿。与下伏大冶组整合接触	300~800

续表

界	系	统	段	阶（组）	符号	岩　性	厚度/m
中生界	三叠系	下统	巫溪、巫山小区	大冶组	T_1d	以灰至青灰色灰岩、生物灰岩、鲕粒灰岩为主，顶部及下部夹紫红、灰紫色钙质页岩。与下伏大隆组整合接触	380~480
			酉阳、秀山小区	嘉陵江组	T_1j	一般可分为四个岩性段：一、三段为灰色-浅灰色薄-中厚层状灰岩、生物碎屑灰岩，夹少许白云质灰岩；二、四段以灰色-浅灰色中-厚层状白云岩、白云质灰岩为主，夹盐溶角砾岩。与下伏大冶组整合接触	300~800
			酉阳、秀山小区	大冶组	T_1d	以灰至青灰色灰岩、生物灰岩、鲕粒灰岩为主，顶部及下部夹紫红、灰紫色钙质页岩。与下伏长兴组整合接触	380~480
			万州小区	嘉陵江组	T_1j	一般可分为四个岩性段：一、三段为灰色-浅灰色薄-中厚层状灰岩、生物碎屑灰岩，夹少许白云质灰岩；二、四段以灰色-浅灰色中-厚层状白云岩、白云质灰岩为主，夹盐溶角砾岩，是重庆地区重要的石膏、岩盐、天青石、天然气层位。与下伏大冶组整合接触	533~1 041
			万州小区	大冶组	T_1d	以灰至青灰色灰岩、生物灰岩、鲕粒灰岩为主，顶部及下部夹紫红、灰紫色钙质页岩。与下伏长兴组整合接触	380~480
			南川、荣昌小区	嘉陵江组	T_1j	一般可分为四个岩性段：一、三段为灰色-浅灰色薄-中厚层状灰岩、生物碎屑灰岩，夹少许白云质灰岩；二、四段以灰色-浅灰色中-厚层状白云岩、白云质灰岩为主，夹盐溶角砾岩，是重庆地区重要的石膏层位。与下伏飞仙关组整合接触	300~800
			南川、荣昌小区	飞仙关组	T_1f	按其岩性可分为四段：一段为灰紫、紫红、灰绿色砂泥质灰岩夹粉砂岩、泥页岩，顶部为介屑、鲕粒灰岩；二段为灰紫、紫色泥页岩夹少量泥质灰岩及生物碎屑灰岩；三段以紫红、紫灰色灰岩为主，夹泥岩、页岩；四段以紫灰、紫红色页岩为主夹少量泥质、介屑灰岩。与下伏长兴组整合接触	380~480

续表

界	系	统	段	阶（组）	符号	岩　性	厚度/m
古生界	二叠系	上统	南川、酉阳、秀山小区	长兴组	P_3ch	下部为灰、深灰色厚层灰岩、骨屑灰岩夹少量黑色钙质页岩；中、上部为灰、灰白色中厚层含燧石结核、条带灰岩与白云质灰岩，顶部为灰色薄层灰岩、白云质灰岩与黏土岩不等厚互层夹硅质层及燧石条带。与下伏龙潭组或吴家坪组整合接触	63~170
			南川、酉阳、秀山小区	吴家坪组	P_3w	底部为杂色黏土、铝土质页岩夹块状铝土矿；下部为黑色炭质页岩、铝土质页岩夹似层状或透镜状黄铁矿及煤层；上部为灰色中厚层状灰岩、含燧石灰岩不等厚互层产出。与下伏茅口组平行不整合接触。 龙潭组与吴家坪组为同一时代的沉积相变产物，从西往东由龙潭组相变为吴家坪组	48~125
			南川、酉阳、秀山小区	龙潭组	P_3l	底部为灰白色铝土质黏土岩及煤层；下部为灰、深灰色生物碎屑灰岩夹燧石条带及团块与泥绿石页岩不等厚互层，含少量粉砂质；中、上部为灰岩、生物碎屑灰岩、燧石团块及薄层硅质岩。与下伏茅口组平行不整合接触	126~143
			巫溪、巫山小区	大隆组	P_3d	以黑色页岩为主，夹薄层灰岩、泥灰岩、硅质岩，局部夹薄煤层及粉砂岩。与下伏吴家坪组整合接触。	15~42
			巫溪、巫山小区	吴家坪组	P_3w	底部为杂色黏土、铝土质页岩夹块状铝土矿；下部为黑色炭质页岩、铝土质页岩夹似层状或透镜状黄铁矿及煤层；上部为灰色中厚层状灰岩、含燧石灰岩不等厚互层产出。与下伏茅口组平行不整合接触	60.9~143
			万州、荣昌小区	长兴组	P_2ch	下部为灰、深灰色厚层灰岩、骨屑灰岩夹少量黑色钙质页岩；中、上部为灰、灰白色中厚层含燧石结核、条带灰岩与白云质灰岩，顶部为灰色薄层灰岩、白云质灰岩与黏土岩不等厚互层夹硅质层及燧石条带。与下伏龙潭组整合接触	63~86
			万州、荣昌小区	龙潭组	P_3l	以灰、深灰色粉砂质黏土岩为主，夹岩屑粉砂岩。下部为黏土质角砾岩，黄铁矿、菱铁矿、黏土矿常富集；中、上部夹灰岩、生物碎屑灰岩、燧石团块及薄层硅质岩，含煤 2~10 层，煤系总厚 3~20 m。与下伏茅口组平行不整合接触	126~143

续表

界	系	统	段	阶（组）	符号	岩性	厚度/m
古生界	二叠系	中统	南川、西阳、秀山小区	茅口组	P_2m	下部为深灰色厚层状灰岩、生物碎屑灰岩、有机质灰岩（具眼球状构造），有机质页岩；中部为灰-浅灰色厚层状灰岩、生物碎屑灰岩、含燧石结核灰岩，夹少量白云岩；上部为浅灰色厚层灰岩，顶部含燧石结核或薄层硅质岩，夹较多燧石薄层或条带及少量白云岩,风化面见白云质团块。与下伏栖霞组整合接触	80~250
			南川、西阳、秀山小区	栖霞组	P_2q	下部为深灰色厚层状灰岩、生物碎屑灰岩、有机质灰岩（具眼球状构造），有机质页岩；中部为灰-浅灰色厚层状灰岩、生物碎屑灰岩、含燧石结核灰岩，夹少量白云岩；上部为浅灰色厚层灰岩，顶部含燧石结核或薄层硅质岩，夹较多燧石薄层或条带及少量白云岩,风化面见白云质团块。与下伏栖霞组整合接触	93~117
			巫溪、巫山小区	茅口组	P_2m	下部为深灰色厚层状生物碎屑灰岩、有机质灰岩（具眼球状构造），其底常以一层黑色有机质页岩与下伏栖霞组整合接触；中部为灰-浅灰色厚层状灰岩、生物碎屑灰岩、含燧石结核灰岩；上部为浅灰色厚层灰岩，顶部含燧石结核或薄层硅质岩	95.1~161
			巫溪、巫山小区	栖霞组	P_2q	下部为深灰色、灰色厚层状灰岩、生物碎屑灰岩;夹少量叶片状灰岩或钙质、有机质页岩、粉砂质页岩及粉砂岩；上部为灰-灰黑色厚-块状沥青质臭灰岩，含燧石结核及团块。与下伏梁山组整合接触	27~136.2
			万州、荣昌小区	茅口组	P_2m	下部为深灰色厚层状生物碎屑灰岩、有机质灰岩（具眼球状构造）、有机质页岩；中部为灰-浅灰色厚层状灰岩、生物碎屑灰岩、含燧石结核灰岩；上部为浅灰色厚层灰岩，顶部含燧石结核或薄层硅质岩。与下伏栖霞组整合接触	80~250
			万州、荣昌小区	栖霞组	P_2q	深灰色、灰色厚层状灰岩、生物碎屑灰岩，含燧石团块，下部夹少量叶片状灰岩或钙质、有机质页岩。与下伏梁山组整合接触	27~300

续表

界	系	统	段	阶（组）	符号	岩　性	厚度/m
古生界	二叠系	下统	南川、酉阳、秀山小区	梁山组	P_1l	下部为黄、绿灰、灰白色黏土质页岩、粉砂质页岩及粉砂岩、铝土岩；中部为白灰-深灰色含高岭石水云母黏土岩（含黄铁矿）或铝土岩；上部为灰黑色炭质页岩夹煤线，含黄铁矿。与下伏志留系、泥盆系或石炭系平行不整合接触	3~21
			巫溪、巫山小区	梁山组	P_1l	下部为灰褐色细-粉砂质页岩，灰白色铝土质页岩，含黄铁矿颗粒及结核；上部为灰黑色含有机质生物屑灰岩、泥岩，局部夹煤线。与下伏纱帽组或罗惹坪组平行不整合接触	0.4~15
			万州、荣昌小区	梁山组	P_1l	底部为灰绿色鲕状绿泥石铁矿透镜体及黏土岩；中部为白灰-深灰色含高岭石水云母黏土岩（含黄铁矿）或铝土岩；上部为灰黑色炭质页岩夹煤线，含黄铁矿。与下伏志留系平行不整合接触	3~21
	石炭系	中统	秀山一带	威宁组	C_2	在重庆市范围内出露极为有限，上统、下统及中统的一部分均缺失，区内仅在秀山一带见部分中统威宁组出露。下部为灰白色厚层状灰岩夹砂质页岩透镜体及含灰绿、紫红色泥质团块；上部浅黄灰色中厚层状含生物碎屑灰岩。与下伏小溪峪组平行不整合接触	0~82
	泥盆系	上统	巫山小区	水车坪组	D_3s	仅出露上统水车坪组，下部为灰白、深灰、黄灰色厚-块状石英砂岩；中部为紫、灰绿色页岩、粉砂岩夹鲕状赤铁矿；上部为薄-中厚层状灰岩、泥质灰岩。与下伏志留系纱帽组平行不整合接触	5~210
			酉阳、秀山小区	水车坪组	D_3s	中、下部为灰白、深灰、黄灰色厚层-块状石英砂岩；上部为紫、灰绿色页岩夹鲕状赤铁矿。与下伏小溪峪组整合接触	5~210
		中统	酉阳、秀山小区	小溪峪组	D_2x	灰黄、灰绿色粉砂岩、细砂岩，具管状构造。与下伏志留系回星哨组平行不整合接触	0~80
	志留系	中统	巫溪小区	纱帽组	S_2s	为一跨中、下统的穿时地层单位，本说明书将其时代归属暂定为中志留世。岩性主要为灰绿、黄绿灰色间夹紫红色细粒石英砂岩、粉砂岩、粉砂质泥、页岩互层，底部间夹透镜状、似层状、脉状生物碎屑灰岩。与下伏罗惹坪组整合接触	87.7

续表

界	系	统	段	阶（组）	符号	岩　性	厚度/m
古生界	志留系	中统	巫山小区	纱帽组	S_2s	为一跨中、下统的穿时地层单位，本说明书将其时代归属暂定为中志留世。下部灰色薄至中厚层状石英砂岩，夹磷块岩扁豆体；中部灰色薄层泥质粉砂岩与砂质页岩不等厚互层，局部夹灰岩小透镜体；上部以灰、灰绿色页岩为主，夹粉砂质页岩及粉砂岩。与下伏罗惹坪组整合接触	218
			南川、酉阳、秀山小区	回星哨组	S_2hx	主要分布于酉阳、秀山一带。由紫红色、灰绿色粉砂质页岩及泥质粉砂岩组成。与下伏韩家店组整合接触	75~191
			南川、酉阳、秀山小区	韩家店组	S_2h	为一跨中、下统的穿时地层单位，本说明书将其时代归属暂定为中志留世。下段以黄色、黄绿色页岩为主，偶夹薄层状、透镜状灰岩及粉砂岩；中段为黄绿、灰绿色及紫红色页岩夹粉砂岩，偶夹灰岩透镜体；上段为黄灰、灰绿、偶夹紫色的粉砂岩与页岩互层，常夹薄层状、透镜状灰岩。与下伏小河坝组或石牛栏组整合接触	280~773
		下统	巫溪小区	罗惹坪组	S_1lr	分布于城口-巫溪一带。岩性为灰、黄灰、灰绿色薄层夹中厚层状泥质粉砂岩、粉砂质页岩、石英杂砂岩及灰岩透镜体。与下伏新滩组整合接触	110~520
			巫溪小区	新滩组	S_1x	下部为灰-灰绿色含粉砂质泥（页）岩，间夹灰黑色炭质泥（页）岩；中、上部为灰黄绿色、灰绿色、黄绿色薄-纹层状泥质粉砂岩与含粉砂质泥（页）岩互层。与下伏龙马溪组整合接触	200~480
			巫溪小区	龙马溪组	S_1l	主要岩性为灰色、灰黑色水云母页岩、粉砂质页岩及水云母质粉砂岩，底部为炭质页岩、炭硅质页岩，富含笔石化石。与下伏五峰组整合接触	20
			巫山小区	罗惹坪组	S_1lr	下部为灰绿色粉砂质页岩及泥质粉砂岩夹灰岩透镜体；上部为灰-灰绿色薄-中厚层状石英粉砂岩与粉砂质页岩不等厚互层	300~520

续表

界	系	统	段	阶（组）	符号	岩 性	厚度/m
古生界	志留系	下统	南川、酉阳、秀山小区	石牛栏组	S_1s	下部为灰、暗灰色泥质灰岩、瘤状灰岩、生物碎屑灰岩夹钙质页岩；中部为泥质灰岩、瘤状灰岩、灰岩互层，夹钙质页岩；上部为钙质页岩、砂质泥岩夹透镜体状生物碎屑灰岩。与下伏新滩组整合接触。小河坝组与石牛栏组为同一时代沉积相变的产物，从西至东大至为石牛栏组→小河坝组→石牛栏组	60.8
			南川、酉阳、秀山小区	小河坝组	S_1xh	主要分布于南川一带。为一套黄绿、灰绿色页岩、细砂岩，夹泥质石英砂岩，下部夹厚灰岩。与下伏新滩组整合接触	344~603
			南川、酉阳、秀山小区	新滩组	S_1x	下部为灰-灰绿色含粉砂质泥（页）岩，间夹灰黑色炭质泥（页）岩；中、上部为灰黄绿色、灰绿色、黄绿色薄-纹层状泥质粉砂岩与含粉砂质泥（页）岩互层。与下伏龙马溪组整合接触	200~480
			南川、酉阳、秀山小区	龙马溪组	S_1l	主要由灰色、灰黑色水云母页岩、粉砂质页岩及水云母质粉砂岩组成，底部为炭质页岩、炭硅质页岩。富含笔石化石，与下伏五峰组整合接触	20~50
	奥陶系	上统	南川、酉阳、秀山小区	五峰组	O_3w	主要为黑色炭质粉砂质页岩、硅质页岩，夹少量硅质岩及泥质、白云质灰岩。与下伏临湘组整合接触	3~13
			南川、酉阳、秀山小区	临湘组	O_3l	浅灰至黄绿灰色中厚层瘤状泥质灰岩，局部夹少量页岩。与下伏宝塔组整合接触	1.8~13.7
		中统	巫溪小区	五峰组	O_3w	主要为黑色炭质粉砂质页岩、硅质页岩，夹少量硅质岩及泥质、白云质灰岩。与下伏宝塔组整合接触	3~13
			巫溪小区	宝塔组	O_2b	灰色、灰绿灰、紫红色中厚层状龟裂纹泥质灰岩、瘤状灰岩，底部和上部紫红色薄层状粉砂质页岩夹生物碎屑灰岩。与下伏牯牛潭组整合接触	13.4~60

续表

界	系	统	段	阶（组）	符号	岩　性	厚度/m
古生界	奥陶系	中统	巫溪小区	牯牛潭组	O_2g	主要分布于城口、巫溪一带。下部为灰色至暗灰色中厚层状生物碎屑灰岩；中、上部为黄灰色薄-中厚层状泥砂质瘤状灰岩，具搅动构造。与下伏大湾组整合接触	10~22
			南川、酉阳、秀山小区	宝塔组	O_2b	灰色、灰绿、紫红色中厚层状龟裂纹灰岩、瘤状灰岩，底部和上部夹生物碎屑灰岩。与下伏十字铺组整合接触	13.4~60
			南川、酉阳、秀山小区	十字铺组	O_2s	主要由一套灰色中至厚层状生物碎屑灰岩组成。黔江为夹含硅质灰岩及绿泥石灰岩；酉阳、秀山一带为紫红色、灰绿色中厚层瘤状含粉砂质泥质生物碎屑灰岩。与下伏湄潭组整合接触	7~42
			南川、酉阳、秀山小区	牯牛潭组	O_2g	为绿灰色、浅紫红色中至厚层含粉砂质、泥质生物碎屑微晶灰岩，局部具瘤状、条带状构造。与下伏大湾组或湄潭组整合接触	10~22
		下统	巫溪小区	大湾组	O_1d	下部为黄绿色页岩、粉砂质页岩夹生物灰岩透镜体及薄层；上部为生物灰岩夹泥质灰岩、钙质灰岩条带。与下伏红花园组整合接触	40.6~70.5
			巫溪小区	红花园组	O_1h	为灰色薄层状灰岩、生物碎屑灰岩及黄灰色页岩不等厚互层，灰岩具鲕状结构。与下伏分乡组整合接触	9.1~42.6
			巫溪小区	分乡组	O_1f	灰色厚层至块状含燧石团块生物屑灰岩、灰岩及白云质灰岩，夹1~3层绿色水云母页岩、粉砂岩及含砾石英砂岩。与下伏南津关组整合接触	10.6~36.1
			巫溪小区	南津关组	O_1n	中、上部为灰色厚层状白云质灰岩、钙质白云岩；下部为灰色中厚层状条带状生物屑灰岩，夹黄绿色含钙质水云母页岩，页岩中夹较多灰岩透镜体。与下伏三游洞组整合接触	12~180
			南川、酉阳、秀山小区	大湾组	O_1d	分布于酉阳一带。下部为黄灰、灰绿色粉砂质页岩夹紫红、灰绿色中厚层状含粉砂质微晶生物屑灰岩；中部为紫红、灰紫色中厚层粉砂质泥质生物屑灰岩，局部具瘤状构造；上部为黄灰、灰绿色薄层状泥质粉至细砂岩夹粉砂质页岩及薄层泥质生物碎屑灰岩。与下伏红花园组整合接触。湄潭组与大湾组为同一时代沉积相变产物，从西至东由湄潭组相变为大湾组	97~197

续表

界	系	统	段	阶（组）	符号	岩性	厚度/m
古生界	奥陶系	下统	南川、酉阳、秀山小区	湄潭组	O_1m	湄潭组主要分布于南川一带。下段为灰绿、黄绿色页岩夹薄层-中厚层状、结核状灰岩、粉砂岩；中段为灰色中厚层状生物碎屑灰岩，具瘤状构造；上段为黄绿色、黄褐色页岩、粉砂质页岩夹粉砂岩。与下伏红花园组整合接触	218~266
			南川、酉阳、秀山小区	红花园组	O_1h	为灰色块状-中厚层状灰岩、生物碎屑灰岩夹少量白云岩,灰岩具鲕状结构,含燧石结核。与下伏分乡组整合接触	60~74
			南川、酉阳、秀山小区	分乡组	O_1f	为灰色厚层至块状含燧石团块生物屑灰岩、灰岩及白云质灰岩，夹绿色水云母页岩。与下伏桐梓组整合接触	8~67
			南川、酉阳、秀山小区	桐梓组	O_1t	分布于南川一带。下段为灰色中-厚层状灰岩、白云岩，下部夹页岩，底部为生物碎屑灰岩；上段为灰色中厚层状灰岩夹页岩，偶夹粉砂岩。与下伏毛田组整合接触	168~220
	寒武系	上统	城口小区	八仙组	$\in_2bx$	分布于城巴断裂带以北的城口与陕西交界部位。下段为深灰色块状灰岩、夹砾屑灰岩及含云灰岩；中段为深灰色厚层状砾屑灰岩，间夹灰-深灰色砂质细-微晶灰岩;上段为灰-深灰色白云质绿泥石绢云母板岩,间夹泥质灰岩及砾屑灰岩。与下伏八挂庙组整合接触	950.1
			巫溪小区	三游洞组	$\in_2s$	分布于城巴断裂带以南的城口-巫溪一带。下部为灰色薄-中厚层状砂屑云灰岩，间夹灰岩、白云岩、藻团粒云灰岩,条带状构造发育;上部为灰色薄-中厚状含砂屑白云岩、白云岩,具缝合线、压模构造、条带构造、波状及帐篷构造。与下伏覃家庙组整合接触	88~280
			南川、酉阳、秀山小区	毛田组	$\in_3m$	主要分布于酉、秀、黔、彭、南川一带。为灰、深灰色中厚层状灰岩、钙质白云岩、白云岩，下部常具鲕状结构，上部常见数层竹叶状灰岩及燧石薄层或团块。与下伏耿家店组整合接触	118~205

续表

界	系	统	段	阶（组）	符号	岩　性	厚度/m
古生界	寒武系	上统	南川、酉阳、秀山小区	耿家店组	$\in_3g$	主要分布于酉、秀、黔、彭、南川一带。为浅灰、灰色厚层-块状白云岩，常具竹叶状、角砾状构造及假鲕状结构。与下伏平井组整合接触	296~379
		中统	城口小区	八挂庙组	$\in_2b$	分布于城巴断裂带以北。分三个段：下段（$\in_2b_1$）为深灰色厚层-块状含砂质云灰岩、白云岩；中段（$\in_2b_2$）为深灰色厚层块状含砂质灰云岩，间夹滞留砾岩层；上段（$\in_2b_3$）为灰至深灰色中厚层状灰岩、云灰岩、白云岩，间夹深灰色含粉砂云灰岩，塌积角砾岩层。与下伏毛坝关组整合接触	517.9
			城口小区	毛坝关组	$\in_2m$	分布于城巴断裂带以北。下段为深灰至灰黑色薄至中厚层状含有机质钙质板岩夹层纹状灰岩；中段为灰至深灰色薄层状含粉砂质泥质云灰岩、层纹状粉砂质钙质板岩；上段为灰至深灰色块状含粉砂质泥灰岩、薄板状粉砂质灰岩。与下伏箭竹坝组整合接触	540~667.9
			巫溪小区	覃家庙组	$\in_2q$	分布于城巴断裂带以南的城口-巫溪地区。下段为灰至浅灰色薄层状白云质粉砂岩、粉砂质泥岩、钙质粉砂岩夹数层砖红色盐溶角砾岩；上段为紫红色、灰色薄层钙质粉砂质页岩，粉砂岩夹中厚层状砂屑灰岩，水平纹层理发育。与下伏石龙洞组整合接触	200~534
			南川、酉阳、秀山小区	平井组	$\in_2p$	分布于石柱-长寿以南地区，为灰色、深灰色薄-中厚层状白云质灰岩与钙质白云岩互层，偶夹灰岩、白云岩、角砾状白云岩，常具条带状和窝卷构造。酉阳、秀山一带下部夹含燧石结核、角砾状白云岩及薄层石英砂岩、白云质砂岩及砂质白云岩。与下伏石冷水组整合接触	330~490
			南川、酉阳、秀山小区	石冷水组	$\in_2s$	分布于石柱-长寿以南地区。下部岩性为灰、深灰色中厚层状细粒白云岩；上部为浅灰、深灰色薄层叶片状白云岩、泥质白云岩和角砾状白云岩。酉阳细沙溪夹数层膏溶角砾岩及砂砾屑白云岩，下部常夹条带状砂泥质白云岩。与下伏高台组整合接触	188~242

续表

界	系	统	段	阶（组）	符号	岩　性	厚度/m
古生界	寒武系	下统	城口小区	箭竹坝组	$\in_1$j	分布于城巴断裂带以北。以薄层灰岩、泥质灰岩为主，夹石煤，下部夹硅质岩、炭质硅质板岩。与下伏鲁家坪组整合接触	158.1~543
			城口小区	鲁家坪组	$\in_1$lj	下段为灰黑色含炭粉砂质板岩,夹炭质泥灰岩；上段为灰黑色钙质粉砂质板岩，条带状砂质板岩、粉砂岩。与下伏巴山组整合接触	540~1434.5
			城口小区	巴山组	$\in_1$b	分布于城巴断裂带以北。下段厚 64.3 m，为深灰黑色薄层状炭硅质板岩、厚层状硅质岩板；上段厚 86 m，灰黑色含炭质泥灰岩，中、下部为黑色含炭硅质板岩。与下伏水晶组整合接触	150.3
			巫溪小区	石龙洞组	$\in_1$sl	分布于城口、巫溪一带。下部为灰黄绿、灰黑色薄至中厚层状微晶灰岩与黄褐色纹层状粉砂质泥灰岩互层,具豹皮状白云质花斑；中、上部为灰白、灰黄色薄层状泥质白云岩、灰色中厚层状白云质灰岩夹中厚层状泥灰岩、鲕灰岩。与下伏天河板组整合接触	168.1
			巫溪小区	天河板组	$\in_1$t	分布于城口、巫溪一带。为灰白色薄层状微晶灰岩与黄绿色薄层状含粉砂质泥灰岩互层，具条带状构造。与下伏石牌组整合接触	36.4
			巫溪小区	石牌组	$\in_1$sp	分布于城口、巫溪一带。下部为浅灰至灰色中-薄层状微晶灰岩与鲕灰岩互层；中、上部为浅灰绿色、紫红色粉砂质页岩、泥质粉砂岩夹薄层中厚层状微晶灰岩、鲕灰岩及砂屑灰岩。与下伏水井沱组整合接触	357.3
			巫溪小区	水井沱组	$\in$1s	分布于城口、巫溪一带。下段厚 70~227 m，为灰黑色薄层粉砂岩、粉砂质页岩，上部为灰至深灰色中厚层状白云质灰岩、炭质灰岩，夹硅质岩；上段 679 m，为灰黑色薄层状炭质、钙质粉砂岩，灰色薄层至中厚层状细砂岩、含钙泥质粉砂岩。与下伏灯影组平行不整合接触	957.6
			南川、酉阳、秀山小区	高台组	$\in_2$g	分布于石柱-长寿以南地区。下部为页岩、粉砂岩，有时夹薄层或扁豆状灰岩，南川一带上部为深灰色厚层-块状灰岩；上部为厚层豹皮状白云质灰岩、灰岩。与下伏清虚洞组整合接触	54~70

续表

<table>
<tr><th>界</th><th>系</th><th>统</th><th>段</th><th>阶（组）</th><th>符号</th><th>岩　性</th><th>厚度/m</th></tr>
<tr><td rowspan="4">古生界</td><td rowspan="4">寒武系</td><td rowspan="4">下统</td><td>南川、酉阳、秀山小区</td><td>清虚洞组</td><td>$\in_1q$</td><td>分布于石柱-南川以东地区。为一套碳酸盐岩地层，由中厚层状白云岩、白云质灰岩及灰岩夹薄层泥质白云岩组成，具豹皮状、条带状构造及假鲕状结构。南川一带为灰色中-厚层状灰岩夹白云岩。与下伏金顶山组整合接触</td><td>150~293</td></tr>
<tr><td>南川、酉阳、秀山小区</td><td>金顶山组</td><td>$\in_1j$</td><td>分布于石柱-南川以东地区。以灰、灰绿色中厚层状砂岩为主，夹粉砂质页岩及细粒石英杂砂岩。酉阳-秀山一带以砂岩、页岩为主，夹少量灰岩；石柱一带灰岩增多，上部为泥质灰岩、鲕状灰岩及页岩，下部为砂页岩，间夹薄层灰岩、泥灰岩。与下伏明心寺组整合接触</td><td>111~283</td></tr>
<tr><td>南川、酉阳、秀山小区</td><td>明心寺组</td><td>$\in_1m$</td><td>分布于石柱-南川以东地区。为深灰、灰绿色页岩夹细粒石英砂岩、粉砂岩和含粉砂质泥灰岩、细晶灰岩。秀山一带为灰色细砂岩、粉砂岩。与下伏牛蹄塘组整合接触</td><td>148~213</td></tr>
<tr><td>南川、酉阳、秀山小区</td><td>牛蹄塘组</td><td>$\in_1n$</td><td>分布秀山、酉阳、彭水等地。以灰黑色、黑色炭质页岩为主，夹较多的黄色薄-中厚层状粉砂岩，下部夹 0.3~1.0 m 厚的含磷层及 20~30 cm 厚的黑色硅质岩。与下伏灯影组平行不整合接触</td><td>15~200</td></tr>
<tr><td rowspan="4">元古界</td><td rowspan="4">震旦系</td><td rowspan="2">上统</td><td>城口小区</td><td>水晶组</td><td>Z_2s</td><td>分布于城巴断裂带以北。下部为炭质板岩、炭质粉砂质黏板岩、粉砂质黏板岩与粉砂质硅质板岩，间夹白云质灰岩薄层及透镜体；上部为微晶白云质灰岩。与下伏蜈蚣口组整合接触</td><td>85.7</td></tr>
<tr><td>酉阳、秀山小区</td><td>灯影组</td><td>Z_2d</td><td>分布于秀山-彭水。秀山一带上部为灰、灰白色中厚层白云岩；中部为浅灰色中厚层至块状含燧石条带白云岩；下部为浅灰、灰色中厚层含藻白云岩。彭水一带以灰色白云岩为主夹硅质条带及硅质层。与下伏陡山沱组整合接触</td><td>14~470</td></tr>
<tr><td rowspan="2">下下统</td><td>城口小区</td><td>蜈蚣口组</td><td>Z_1w</td><td>分布于城巴断裂带以北。为深灰至灰黑色薄层状含粉砂质板岩、硅质板岩、白云质板岩、云灰岩。与下伏木座组平行不整合接触</td><td>9.7</td></tr>
<tr><td>酉阳、秀山小区</td><td>陡山沱组</td><td>Z_1ds</td><td>主要分布于秀山县，以粉砂质页岩、炭质页岩为主，夹白云岩。与下伏南沱组平行不整合接触</td><td>6~360</td></tr>
</table>

续表

界	系	统	段	阶（组）	符号	岩　性	厚度/m
元古界	南华系（原震旦下统）	下统	城口小区	木座组	Nh_2m	分布于城巴断裂带以北。下段厚 750 m，为深灰至灰绿色厚层至块状变质含砾凝灰质岩屑杂砂岩、变余含凝灰质砂砾岩；中段厚 625 m，主要岩性为深灰至灰绿色厚层状含凝灰质变余砂砾岩，厚层状含锰炭质板岩；上段厚 826 m，主要岩性为灰至深灰绿色厚层状片理化含砾变质砂岩、含粉砂质绢云板岩，岩石构造面理发育。与下伏代安河组整合接触	2 201
			城口小区	代安河组	Nh_2d	分布于城巴断裂带以北。主要岩性为灰至绿灰色薄至中厚层状凝灰质绿泥绢云母板岩、灰黑色炭质粉砂质板岩、青灰色角砾变质砂岩。底部为 20~50 m 厚的变质砾岩层。与下伏龙潭河组角度不整合接触	778
			巫溪小区	明月组	Nh_2my	分布于城巴断裂带以南的城口地区。下段厚度大于 158 m，为灰绿色中厚层状含凝灰质粉砂岩，灰绿色厚层至块状细粒长石石英砂岩与薄层粉砂岩；上段厚 600 m，为灰绿、紫红色等中厚层至块状含砾凝灰质细至粉砂岩互层	> 758
			酉阳、秀山小区	南沱组	Nh_2n	出露于酉阳县楠木、秀山县中溪等地。下部为灰绿色含砾石英砂岩，冰碛砾石大小不等，排列无序；上部为灰绿色含砾粉砂岩及石英砂岩，含冰碛砾岩。与下伏大塘坡组整合接触	88~120
			酉阳、秀山小区	大塘坡组	Nh_2d	出露于酉阳县楠木、秀山县中溪等地。以浅灰、灰绿、黑色粉砂质页岩为主，夹白云岩透镜体及菱锰矿透镜体。与下伏千子门组整合接触	27~170
			酉阳、秀山小区	千子门组	Nh_2q	出露于酉阳县的楠木、秀山县的中溪等地。为灰、绿灰色冰碛砾岩，砾石 0.1~10 cm，棱角状-半浑圆状，表面多具细条痕及磨面、压坑，杂乱排列，胶结物为泥砂质。与下伏茅坡组角度不整合接触	4~10
	青白口系		城口小区	茅坡组	Qb_2m	下部为灰绿、灰色中厚-厚层变余细粒石英杂砂岩、变余细粒岩屑石英砂岩、变余细粒岩屑长石杂砂岩，夹紫红色含粉砂质黏板岩；上部为灰绿色中至厚层浅变质的细粒长石石英岩屑砂岩、长石岩屑砂岩、含砾长石岩屑杂砂岩，夹少量黏板岩。与下伏红子溪组整合接触	363.5~422

续表

界	系	统	段	阶（组）	符号	岩　性	厚度/m
元古界	青白口系		城口小区	红子溪组	Qb_2h	出露于秀山县的中溪和孝溪等地。下部为浅灰色、灰绿色凝灰质绿泥绢云母板岩、粉砂质绢云母板岩夹变余绢云母砂岩及凝灰质岩屑砂岩；中部为紫红色夹灰绿色变余含凝灰质绿泥绢云母砂岩、凝灰质绿泥绢云母板岩及粉砂质绿泥绢云母板岩，夹凝灰岩及结晶灰岩小透镜体；上部为浅紫、灰绿及灰色板岩、变余沉凝灰岩及凝灰质岩屑长石砂岩	1 314
			城口小区	龙潭河组	Qb_2l	分布于城巴（断裂带以北）。下段厚度大于970 m，为绿灰-黄绿色厚层状变余条纹状含粉砂质凝灰质板岩、暗青灰色变余含砾凝灰质杂砂岩、变余含凝灰质岩屑砂岩，下部为条带状变余中至细粒长石石英砂岩；中段厚1 055 m，为绿灰色变余含砾凝灰质砂岩、变余条带状含凝灰质细砂岩，底部为暗红色厚层状变余含凝灰质火山角砾岩；上段厚950 m，为绿灰至深灰色变余含砾凝灰质杂砂岩、变余含凝灰质粗屑杂砂岩，底部为厚层状暗棕色变质火山角砾岩	>2 975

2 沉积岩野外鉴别

岩石（Rock）是由矿物或类似矿物（Mineralogists）的物质（如有机质、玻璃、非晶质等）组成的固体集合体。岩石不仅是地球物质的重要组成部分，也是类地行星的组成部分。目前人类不仅能获得地球一定深度范围的岩石样品，而且也获得了月岩和陨石的样品。

2.1 沉积岩的形成

沉积岩（Sedimentary Rocks）：地壳发展演化过程中，在地表或接近地表的常温常压条件下，先成岩石遭受风化剥蚀作用的破坏产物，以及生物作用与火山作用的产物在原地或经过外力的搬运所形成的沉积层，又经成岩作用而成的岩石。

沉积岩的形成作用可概括为以下几个阶段：① 沉积物质的来源，即沉积岩原始物质的形成阶段；② 沉积岩原始物质的搬运和沉积作用阶段；③ 沉积物的同生、成岩作用和沉积岩的后生作用阶段。

组成沉积岩的原始物质的来源有四类：① 母岩风化作用形成的沉积物——陆源碎屑及黏土物质，此类物质是组成沉积岩的最重要和最丰富的原始物质；② 生物成因的沉积物——生物残骸及有机质；③ 深部来源的沉积物——火山碎屑物、深部来源的热流体，包括深源热卤水、温泉水和喷气物质等；④ 宇宙来源的沉积物——陨石及宇宙尘埃，此类物质因来源很少，一般不能形成单一宇宙源组分的沉积岩。

2.2 沉积岩的分类

根据沉积岩的物质来源、成因和物质成分等特征，可将沉积岩划分为表 2.1 所列的种类。

表 2.1 沉积岩的分类

类别	物源					
	火山源	陆源		内源		
大类	火山碎屑岩	陆源沉积岩		内源沉积岩		
		碎屑岩	泥质岩	蒸发岩	非蒸发岩	可燃有机岩
岩类（按沉积分异顺序排列）	集块岩 火山角砾岩 凝灰岩	砾岩 角砾岩 砂岩 粉砂岩	高岭石黏土岩 水云母黏土岩 蒙脱石黏土岩 泥岩 页岩	石膏和硬石膏岩 石盐岩 钾镁盐岩	碳酸盐岩 硅质岩 铝质岩 铁质岩 锰质岩 磷质岩	煤 油页岩

需要说明的是，若要追溯内源物质上一代，它们也是由内陆源，部分还可能是火山来源的溶解物质，在沉积盆地内通过化学或者生物化学方式沉淀而成的。因此本书定义的内源岩系是指沉积盆地内水体中的溶解物质结合形成的矿物和发生沉淀形成的沉积物和沉积岩。

2.3　沉积岩的结构

根据组成物质、颗粒大小及其形状等方面的特点，沉积岩可分为如下几种结构（见图 2.1）：

（a）碎屑结构

（b）泥质结构

（c）结晶结构

（d）生物结构

图 2.1　沉积岩的层理构造

1. 碎屑结构

由碎屑物质被胶结物胶结而成。

（1）按碎屑粒径的大小，可分为：① 砾状结构：碎屑粒径大于 2 mm；② 砂质结构：碎屑粒径介于 2 ~ 0.05 mm；③ 粉砂质结构：碎屑粒径介于 0.05 ~ 0.005 mm，如粉砂岩。按磨圆程度分：角砾状结构、砾状结构。

（2）按胶结物的成分，可分为：① 硅质胶结：由石英及其他二氧化硅胶结而成，颜色浅，强度高；② 铁质胶结：由铁的氧化物及氢氧化物胶结而成，颜色深，呈红色，强度次于硅质胶结；③ 钙质胶结：由方解石等碳酸钙类物质胶结而成，颜色浅，强度比较低，容易遭受侵蚀；④ 泥质胶结：由细粒黏土矿物胶结而成，颜色不定，胶结松散，强度最低，容易遭受风化破坏。

2. 泥质结构

几乎全部由小于 0.005 mm 的黏土质点组成，它是泥岩、页岩等黏土岩的主要结构。

3. 结晶结构

由溶液中沉淀或经重结晶所形成的结构。由沉淀生成的晶粒极细，经重结晶作用晶粒变粗，但一般多小于 1 mm，肉眼不易分辨。结晶结构为石灰岩、白云岩等化学岩的主要结构。

4. 生物结构

由生物遗体或碎片所组成，如贝壳结构、珊瑚结构等，它是生物化学岩所具有的结构。

2.4 沉积岩的构造

1. 单层厚度

微层状	< 3 cm
薄层状	3 ~ 10 cm
中层状	10 ~ 50 cm
厚层状	50 ~ 100 cm
巨厚层状	100 ~ 200 cm
块状	> 200 cm

2. 层理构造（见图 2.2）

（1）块状层理：物质成分和颗粒大小在层内分布均一。

（2）韵律层理：不同物质成分、粒级、颜色等成韵律产出。

（3）粒序层理：自下而上颗粒大小由粗变细时称为正粒序层理，反之，由细变粗时，称为逆粒序层理。

（4）水平层理：岩石中不同组分或颜色呈水平状产出，细层面与上下层面平行者为水平层理。主要产在泥岩、粉砂岩和泥晶灰岩中。

（5）平行层理：砂岩中细层与层面平行。

（6）交错层理：细层与层面斜交，细分为板状斜层理、槽状交错层理和楔形层理。

（7）波状层理：细层面呈波状起伏。

（8）沙纹层理：波长 10 ~ 30 cm、波高 0.6 ~ 3.0 cm 的小型交错层理。

（9）羽状交错层理：邻层系内细层倾向相反的交错层理。

（10）透镜状层理（泥岩中的砂质透镜体）、脉状层理（砂岩中的泥质透镜体或条带状）。

（11）丘状交错层理：层系界线呈缓波状、层系上部被侵蚀、细层底界近平行而在中部呈发散-收敛状、细层倾角小而变化大的层理。

按层系厚度可以把层理分为：

< 3 cm	小型
3 ~ 10 cm	中型
> 10 cm	大型

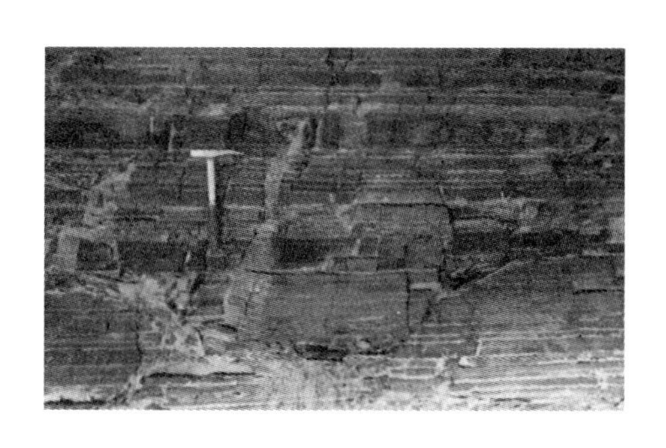

（a）水平层理

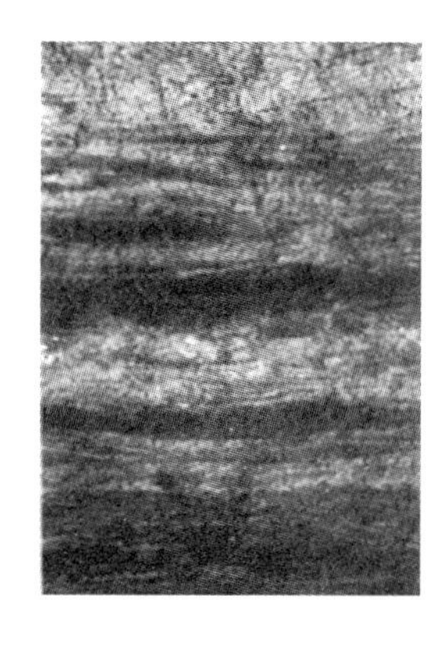

（b）波状层理

（c）块状层理

（d）韵律层理

（e）粒序层理

（f）楔状交错层理

图 2.2　沉积岩的层理构造

3. 层面构造（见图 2.3）

（1）波痕：对称或不对称。

（2）剥离线理：长条状颗粒的定向排列等。

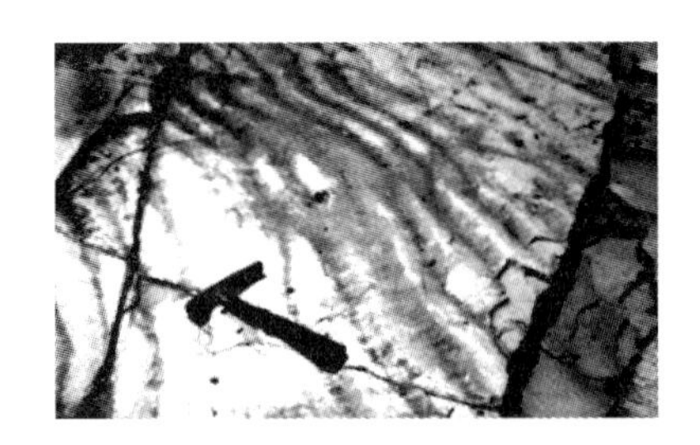

（a）流水波痕

（b）浪成波痕

（c）风成波痕

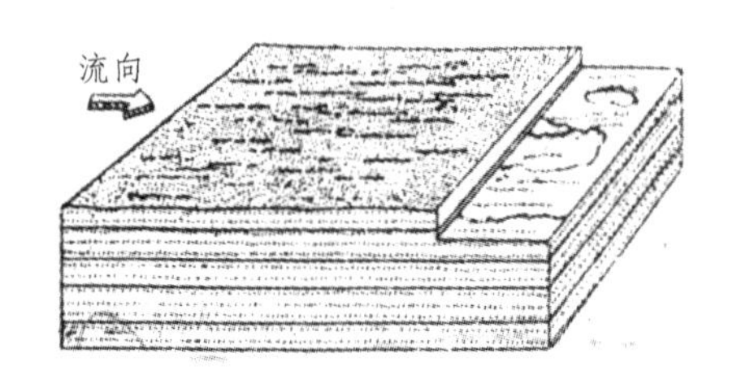

剥离线理构造（Harms，1975）

图 2.3　沉积岩的层面构造

4. 底面构造（见图 2.4）

（1）侵蚀模：由于水流的涡流对泥质物的表面侵蚀成许多凹坑，在上覆砂岩的底面上铸成印模，称为侵蚀模，常见的是槽模。槽模是一些规则而不连续的舌状突起。突起稍高的一端呈浑圆状，向另一端变宽、变平逐渐并入底面中。

（2）刻蚀模：水流流动的过程中挟带着刻蚀工具如砂粒、介壳等物体，在泥质沉积物表面滚动或间歇性撞击所留下的凹槽和坑，被砂质沉积物充填，在砂岩底面上保存的印模，称为刻蚀模。最常见的刻蚀模有沟模、跳模、锯齿模等。

（3）充填构造（冲蚀模）。

（a）槽模（据哈奇等，1965）

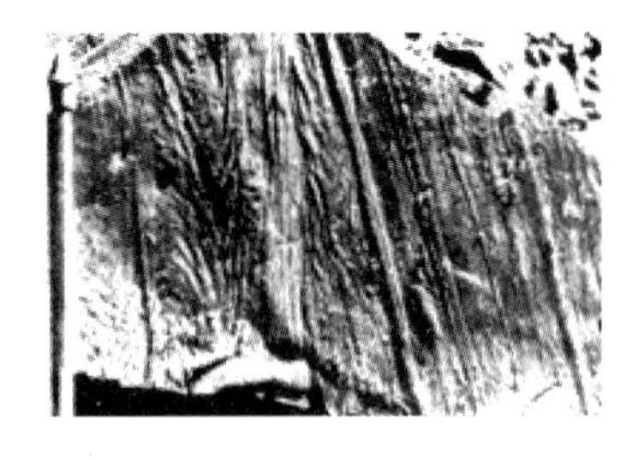

（b）沟模

图 2.4　沉积岩的底面构造

5. 同生变形构造（见图 2.5）

（1）重荷模构造：又称负荷构造，是指覆盖在泥岩上的砂岩底面上的圆丘状或不规则的瘤状突起。重荷模与槽模的区别在于形状不规则，缺乏对称性和方向性，它不是铸造的，而是砂质向下移动和软泥补偿性的向上移动使两种沉积在垂向上再调整所产生的。

（2）包卷构造：包卷构造或称包卷层理、旋卷层理、扭曲层理，它是在一个层内的层理揉皱现象，表现为连续的开阔“向斜”和紧密“背斜”所组成。包卷构造有多种成因，主要是由沉积层内的液化，在液化层内的横向流动产生了细层的扭曲；也可以由沉积物内孔隙水泄水作用形成。

（3）滑塌构造：滑塌构造是指已沉积的沉积层在重力作用下发生运动和位移所产生的各种同生形变构造的总称。

（4）其他：如泄水沟、泥火山、沙火山、水成岩脉等。

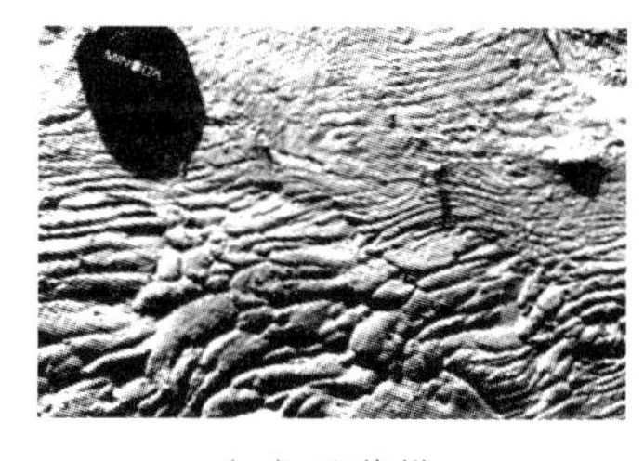

（a）重荷模

（b）包卷构造

（c）滑塌构造

图 2.5　沉积岩的同生变形构造

6. 暴露成因构造

干裂、雨痕、帐篷构造。

7. 化学成因构造

结核、叠锥。

8. 生物成因构造（遗迹化石）

钻孔、爬痕。

9. 复合成因构造

孔洞充填构造、示底构造等。

2.5　沉积岩的野外工作方法

2.5.1　陆源碎屑岩

1. 陆源碎屑岩分类

碎屑岩包括四种基本组成部分，即碎屑颗粒、杂基、胶结物和孔隙，碎屑颗粒的大小（粒级）和成分决定了岩石的基本特征，为碎屑岩分类的主要依据。为了表明碎屑大小与水动力条件之间的关系，常采用自然粒级划分标准（见表 2.2）。根据碎屑粒级不同，可以把碎屑岩分为砾岩及角砾岩、砂岩、粉砂岩和泥质岩四大类。

表 2.2　ϕ 值粒级划分

颗粒大小/mm			ϕ 值	颗粒大小/mm			ϕ 值
	32	（2^5）	−5	砂	0.125	（2^{-3}）	+3
	16	（2^4）	−4		0.063	（2^{-4}）	+4
砾	8	（2^3）	−3	粉	0.0315	（2^{-5}）	+5
	4	（2^2）	−2		0.0157	（2^{-6}）	+6
	2	（2^1）	−1	砂	0.0078	（2^{-7}）	+7
砂	1	（2^0）	0		0.0039	（2^{-8}）	+8
	0.5	（2^{-1}）	+1	泥	0.0020	（2^{-9}）	+9
	0.25	（2^{-2}）	+2		0.0010	（2^{-10}）	+10

（刘宝珺. 沉积岩石学[M]. 北京：地质出版社，1980:105-106.）

（1）砾岩和角砾岩的分类。

建议采用原成都地质学院的砾岩和角砾岩分类方案（见表 2.3）。其中正砾岩的砾石含量占全部碎屑的 30×10^{-2} 以上（颗粒支撑）；副砾岩杂基含量大于 15×10^{-2}（杂基支撑），砾石含量常为（5 ~ 30）$\times10^{-2}$。严格来说副砾岩已不属于砾岩范畴，只有由于其特殊的成因意义，才习惯地将其列入砾岩类，并采用裴蒂庄的命名。

表 2.3　砾岩和角砾岩分类

残积的	残积角砾岩、倒石堆		
沉积的	正砾岩（杂基 $<15\times10^{-2}$）	稳定组分 > 9 015 $\times10^{-2}$*	石英质砾岩
		稳定组分 < 9 015 $\times10^{-2}$*	岩块砾岩（如灰岩砾岩、花岗岩砾岩等）
	副砾岩（杂基 > 1 515$\times10^{-2}$）	纹层的基质	纹层状的砾质泥岩
		非纹层的基质	冰碛砾岩、泥石流砾岩
同生的	同生砾岩和角砾岩（如砾屑灰岩、泥砾岩）		
	滑塌角砾岩		
成岩后生的	岩溶角砾岩（或洞穴角砾岩）、盐溶角砾岩		

*指粗碎屑中的稳定组分（曾允孚，夏文杰. 沉积岩石学[M]. 北京：地质出版社，1986:106-110.）

（2）砂岩分类。

砂岩是粒度为 2 ~ 0.063 mm（1 ~ 4 ϕ）的砂级颗粒占 50×10^{-2} 以上的碎屑岩。按碎屑的粒级范围可进一步分为粗砂岩（2 ~ 1 mm，或−1 ~ 0 ϕ）；中粒砂岩（1 ~ 0.5 mm，或 0 ~ 1 ϕ）；细砂岩（0.5 ~ 0.063 mm，或 1 ~ 4 ϕ）三种基本类型。为了尽可能表示出此类岩石的形成机理与环境特征，建议采用原成都地质学院的砂岩成分。

粉砂岩是粒度为 0.063 ~ 0.039 mm（4 ~ 8 ϕ）的碎屑占 50×10^{-2} 以上的一种细碎屑岩。

粉砂岩中矿物成分较简单，以石英为主，常有丰富的白云母及其他黏土矿物。碎屑多呈棱角状。粉砂岩可以按碎屑粒度（结构）、组分及胶结物成分来分类。

按粒度可以分为粗粉砂岩（0.063 ~ 0.0315 mm，或 4 ~ 5 ϕ）和细粉砂岩（0.0315 ~ 0.0039 mm，或 5 ~ 8 ϕ）。粗粉砂岩的特点近于细砂岩，二者经常共生，而且常发育各种流水成因的小型交错层理；细粉砂岩则常与泥质岩或灰泥岩共生，形成各种过渡类型岩石。粉砂岩的矿物成分分类，只能依靠显微研究来进行，对于野外调查来说，采用结构分类比较合适。

（3）泥质岩的分类。

泥质岩主要由小于 0.039 mm（< 8 ϕ）的细碎屑（> 50×10^{-2}）组成，含有少量粉砂级碎屑，也称为黏土岩或泥岩，属细碎屑沉积岩类。泥质岩是沉积岩中分布最广的一类岩石，其主要成分为黏土矿物，其次是粉砂级的碎屑与自生的非黏土矿物。

泥质岩的成分和成因都较其他碎屑岩复杂，而且成岩期后变化很大，到目前合理的分类问题仍未解决，建议根据刘宝珺的分类方案进行划分（见表 2.4）。

表 2.4　泥质岩的分类

<table>
<tr><td colspan="2" rowspan="2">固结程度</td><td colspan="3">结构（粉砂含量）</td><td rowspan="2">黏土矿物成分</td><td rowspan="2">混入物成分</td></tr>
<tr><td>< 5×10^{-2}</td><td>5×10^{-2} ~ 25×10^{-2}</td><td>25×10^{-2} ~ 50×10^{-2}</td></tr>
<tr><td colspan="2">未固结 ~ 弱固结</td><td>泥（黏土）</td><td>含粉砂泥（黏土）</td><td>粉砂质泥（黏土）</td><td>高岭石黏土
蒙脱石黏土
伊利石黏土</td><td></td></tr>
<tr><td rowspan="2">固结</td><td>无纹理
无页理</td><td>泥岩</td><td>含粉砂泥岩</td><td>粉砂质泥岩</td><td rowspan="2">高岭石黏土岩
伊利石黏土岩
蒙脱石黏土岩
高岭石-伊利石黏土岩等</td><td>钙质泥岩
铁质泥岩
硅质泥岩</td></tr>
<tr><td>有纹理
有页理</td><td>页岩</td><td>含粉砂页岩</td><td>粉砂质页岩</td><td>钙质页岩、碳质页岩
铁质页岩、黑色页岩
硅质页岩、油页岩</td></tr>
<tr><td colspan="2">强固结</td><td colspan="5">泥　板　岩</td></tr>
</table>

（刘宝珺．沉积岩石学[M]．北京：地质出版社，1980：137-165.）

2. 陆源碎屑岩的野外观察

（1）（角）砾岩的野外观察要点。

① 砾石成分及大小、磨圆度（圆状、次圆状、次棱角状、棱角状）。

② 砾石的分选：均匀或不均匀。

③ 扁平砾石或长条状砾石的排列方向：杂乱分布或定向分布，测量砾石 AB 面产状（100 ~ 200 个）、砾石和轴方向，有无叠瓦状构造。

④ 砾石间的支撑类型和胶结类型：杂基支撑和填隙物支撑、胶结类型（基底式、孔隙式、接触式）。

⑤ 对复成分砾岩要在野外选择出露比较好的露头（约 1 ~ 2 m^2）统计 100 ~ 200 个大

小不等的砾石成分，计算其含量。

⑥ 对砾岩中所含砾石的大小在剖面上的变化趋势及砂岩夹层或透镜体，应引起足够的重视，它们能指示沉积旋回和层理特征。

（2）砂岩的野外观察要点。

砂岩是指粒级在 2 ~ 0.06 mm 的陆源颗粒含量达 50×10^{-2} 以上的岩石，按粒级可分为粗砂岩、中砂岩、细砂岩。

① 砂粒大小、成分：中、粗砂粒的磨圆度，在野外初步确定粒度大小和基本名称。

② 层理构造：交错层理是砂岩中最常见的重要沉积构造，对它的观察和描述要点见前述。

③ 层面特征：如：有无冲刷、层面平整与否等。

④ 成分、粒度、沉积构造等在剖面上的变化及旋回性。

⑤ 采集粒度分析样品及岩石薄片样，通过微观分析查明基本特征：胶结类型、接触关系、填隙物等。

（3）粉砂岩和泥质岩的野外观察。

粉砂岩是指粒径小于 0.06 ~ 0.04 mm 的陆源碎屑含量达 50×10^{-2} 以上的沉积岩，可细分为粗粉砂岩（0.06 ~ 0.03 mm）和细粉砂岩（0.03 ~ 0.004 mm）。泥质岩是由黏土矿物含量大于 50×10^{-2} 的沉积岩组成，据纹层和页理构造，细分为泥岩（黏土岩）和页岩，在此基础上按黏土泥质岩命名，按矿物成分进行细分，颜色 + 混入物 + 黏土矿物 + 基本名称。

上述岩石的观察要点：① 层厚、纹层构造、颜色、韵律性或旋回性等。② 采集黏土矿物分析样品。

2.5.2 碳酸盐岩

按成分将碳酸盐岩划分为石灰岩和白云岩及其过渡类型，此外，按方解石、白云石与黏土矿物或陆源碎屑含量划分的过渡类型也很重要。

1. 碳酸盐岩的分类（见表 2.5、表 2.6）

表 2.5 石灰岩按结构成因划分的岩石类型

<table>
<tr><td colspan="2">粒屑 $\times10^{-2}$</td><td colspan="2">> 50</td><td>50 ~ 25</td><td>25 ~ 10</td><td>< 10</td></tr>
<tr><td colspan="2">填隙物 $\times10^{-2}$</td><td>亮晶 > 泥晶</td><td>泥晶 > 亮晶</td><td>泥晶 ≥50</td><td>泥晶 ≥75</td><td>泥晶 ≥90</td></tr>
<tr><td rowspan="6">粒屑类型</td><td>内碎屑</td><td>亮晶内碎屑灰岩</td><td>泥晶内碎屑灰岩</td><td>内碎屑泥晶灰岩</td><td>含内碎屑泥晶灰岩</td><td rowspan="6">泥晶灰岩</td></tr>
<tr><td>生物屑</td><td>亮晶生物屑灰岩</td><td>泥晶生物屑灰岩</td><td>生物屑泥晶灰岩</td><td>含生物屑泥晶灰岩</td></tr>
<tr><td>鲕粒</td><td>亮晶鲕粒灰岩</td><td>泥晶鲕粒灰岩</td><td>鲕粒泥晶灰岩</td><td>含鲕粒泥晶灰岩</td></tr>
<tr><td>团粒</td><td>亮晶团粒灰岩</td><td>泥晶团粒灰岩</td><td>团粒泥晶灰岩</td><td>含团粒泥晶灰岩</td></tr>
<tr><td>团块</td><td>亮晶团块灰岩</td><td>泥晶团块灰岩</td><td>团块泥晶灰岩</td><td>含团块泥晶灰岩</td></tr>
<tr><td>三种以上粒屑混合</td><td>亮晶粒屑灰岩</td><td>泥晶粒屑灰岩</td><td>粒屑泥晶灰岩</td><td>含粒屑泥晶灰岩</td></tr>
</table>

续表

<table>
<tr><td>原地固着生物类型：生物礁灰岩、生物层灰岩、生物丘灰岩</td></tr>
<tr><td>化学及生物化学类型：石灰华、钟乳石、钙结层、泥晶灰岩</td></tr>
<tr><td>重结晶类型：巨晶灰岩、粗晶灰岩、中晶灰岩、细晶灰岩、不等晶灰岩</td></tr>
<tr><td>注：内碎屑粒级细分按表 2.2 规定，下同。
生物屑细分按生物门类，如贝（壳）屑、虫屑、粒屑等。
原地固着生物类型按主要生物细分，如珊瑚、海绵、层孔虫等。
鲕粒直径大于 2 mm 者称豆粒，下同。</td></tr>
</table>

表 2.6　白云岩按结构成因划分的岩石类型

<table>
<tr><td colspan="5">粒屑灰岩白云石化</td><td rowspan="3">内碎屑白云岩</td><td rowspan="3">生物白云岩</td></tr>
<tr><td rowspan="2">原生结构类型</td><td colspan="4">白云石化强度</td></tr>
<tr><td>弱白云石化（白云石 < 25%～50%）</td><td>中等白云石化（白云石 < 0%～50%）</td><td>强白云石化（白云石 < 90%～50%）</td><td>极强白云石化（白云石≥90%）</td></tr>
<tr><td>内碎屑</td><td>弱白云石化内碎屑灰岩</td><td>白云石化内碎屑灰岩</td><td>残余内碎屑灰质白云岩</td><td rowspan="8">细晶白云岩、中晶白云岩、粗晶白云岩、巨晶白云岩、小等晶白云岩</td><td rowspan="8">砾屑白云岩、砂屑白云岩、粉屑白云岩、泥屑白云岩</td><td rowspan="8">叠层石白云岩、层纹石白云岩、核形石白云岩、凝块石白云岩</td></tr>
<tr><td>生物屑</td><td>弱白云石化生物屑灰岩</td><td>白云石化生物屑灰岩</td><td>残余生物屑灰质白云岩</td></tr>
<tr><td>鲕粒</td><td>弱白云石化鲕粒灰岩</td><td>白云石化鲕粒灰岩</td><td>残余鲕粒灰质白云岩</td></tr>
<tr><td>团粒</td><td>弱白云石化团粒灰岩</td><td>白云石化团粒灰岩</td><td>残余团粒灰质白云岩</td></tr>
<tr><td>团块</td><td>弱白云石化团块灰岩</td><td>白云石化团块灰岩</td><td>残余团块灰质白云岩</td></tr>
<tr><td>微晶</td><td>弱白云石化微晶灰岩</td><td>白云石化微晶灰岩</td><td>残余微晶灰质白云岩</td></tr>
<tr><td>原地固着生物灰岩白云石化</td><td colspan="2">白云石化生物礁灰岩、白云石化生物层灰岩、白云石化生物灰岩</td><td>残余生物礁灰质白云岩、残余生物层灰质白云岩、残余生物丘灰质白云岩</td></tr>
<tr><td>准同生白云岩</td><td colspan="3">泥晶白云岩、微晶白云岩、粉晶白云岩</td></tr>
</table>

2. 碳酸盐岩的野外观察

（1）碳酸盐岩的一般特征。

矿物：组成碳酸盐岩的矿物，除碳酸盐矿物外，还有陆源碎屑物质和非碳酸盐自生矿物，如石英、长石、黏土矿物、蛋白石、玉髓、石膏等。

结构：碳酸盐岩的结构类型多样，基本类型有粒屑结构、泥晶结构、生物骨架结构、晶粒结构和残余结构等。

构造：碳酸盐岩的构造，除常见的波痕、层理外，还常有缝合线、叠层石、鸟眼等特殊成因的构造，碳酸盐岩常发生明显的成岩后生作用，如重结晶作用、压溶作用、交代作用等。

（2）碳酸盐岩的分类与命名。

分类：碳酸盐岩分类方案有几种，一般应用成分分类即可满足基本要求。

碳酸盐岩除了以方解石为主的石灰岩和以白云石为主的白云岩两大基本类型外，还常有方解石与泥质、白云石与泥质两种成分的混合类型，以及方解石、白云石与泥质等三种成分的混合类型。对于两种或两种以上成分的混合类型，应采用前述三级分类命名原则进行详细分类。

命名：碳酸盐岩的详细名称应包括颜色、层厚、特殊构造等内容，如灰黑色中厚层虫屑泥晶灰岩、褐黄色薄层鸟眼状微晶白云岩。

3. 碳酸盐岩野外观察描述的内容

颜色：碳酸盐岩的颜色多为各种色调的灰色，色调的深浅主要与有机质含量有关。有机质含量高时，岩石可呈黑灰色或黑色；含铁质时可呈红或黄色；含泥质时多呈褐黄色。

矿物成分：方解石、白云石及黏土物质仅凭肉眼很难准确区分，因此在野外对碳酸盐岩进行鉴定，需借助稀盐酸进行检验，并结合岩石的其他特征加以区分。

① 滴盐酸剧烈起泡，伴有嘶嘶的响声，并有小水珠飞溅，反应后无残余物者，一般以方解石为主，属石灰岩类。

② 滴盐酸起泡较剧烈，但响声微弱，无小水珠飞溅者，仍以方解石为主，但可能含有少量白云石，属白云质灰岩类。

③ 滴盐酸反应不明显，起泡微弱，少量气泡滞留于岩石表面不动，无响声者，一般以白云石为主，含方解石较少，属灰质白云岩类。

④ 滴盐酸不起泡或起泡极弱，仅在放大镜下才能见到极细小的气泡缓慢出现，将岩石研成粉末后滴盐酸则起泡，岩石常呈浅黄灰色，断口较粗糙，多呈瓷状或砂糖状，风化面有纵横交错的刀砍状溶沟——刀砍纹者，一般以白云石为主，属白云岩类。

⑤ 滴盐酸起泡剧烈，但泡沫浑浊，反应后在岩石表面留有泥质薄膜，岩石新鲜面呈褐黄色，且较疏松者，一般含有较多的泥质，属泥灰岩类。

结构：碳酸盐岩结构类型较多，在野外观察时应首先确定是否有颗粒（粒屑）存在。一般来说，颗粒多因颜色略与基质不同而显示出来，在风化后会更明显。

对于颗粒（粒屑）结构的岩石，要注意观察颗粒的大小、形态、分选性、磨圆度、排列方式等特征，并确定颗粒的类型和百分含量。

构造：观察有无层理、波痕、干裂，以及叠层石、缝合线、叠锥、鸟眼等构造，详细描述各种沉积构造的特征及发育程度。

岩层厚度与接触关系：观察岩层的厚度，以及与上、下岩层的接触关系等特征。

次生变化：观察岩石的次生变化，如压溶、溶蚀、重结晶、交代等现象。

2.5.3 沉积构造的野外观察记录要点

（1）重点观察沉积构造的类型及其组合关系。

（2）各种构造与层面的关系：如生物钻孔与层面是斜交还是垂直。

（3）搜集各种定向构造的产状。

（4）对交错层理的观察要点。

① 测量层系、层系组厚度、细层厚度、交错层细层最大倾角和倾向及层系的产状。

② 确定是交错层理（层系厚度 > 3 cm，细层厚度大于数毫米）还是交错纹理（层系厚度 < 3 cm，细层厚度小于数毫米）。

③ 注意观察前积层的形态（槽状或板状）、前积层与层系底界面的交切关系（呈角度接触还是切线过渡）。

3 火成岩野外鉴别

岩浆岩（又叫火成岩）是上地幔或地壳部分熔融的产物，成分以硅酸盐为主，含有挥发分，也可以含有少量固体物质，是高温黏稠的熔融体。

3.1 火成岩的形成

1. 火成岩的形成

由地壳深处或上地幔中形成的高温熔融的岩浆，在侵入地下或喷出地表冷凝而成的岩石，也可称之为火成岩。简单地说，由岩浆冷凝固结而成的岩石称为岩浆岩。

2. 火成岩的相

相是不同地质条件下生成的岩石或岩体总的特征，以中心式喷发为例，大致可分为以下相和相组：

（1）溢流相：成分从超基性到酸性皆有，以基性最发育，可形成于火山喷发的各个时期，但以强烈爆发之后出现为主。

（2）爆发相：成分不定，但以含挥发分多、黏度大的岩浆常见，以中酸性、碱性更有利于爆发，可形成于各个时期，但以早期和高潮期最发育。

（3）侵出相：多见于火山作用末期。在岩浆分异晚期，黏度大、温度低而挥发分少到不能爆发的情况下，堵塞通道的黏度很大的熔浆被推挤出地表，堆积于火山颈之上部，形成直径小、厚度大、产状陡的穹丘。

（4）火山颈相：是火山锥被剥蚀后，残存的具充填物的火山通道，又称岩颈、岩筒、岩管等。

（5）次火山相：是与火山岩同源的、呈侵入产状的岩体，与火山岩有四同：同时间但一般较晚；同空间但分布范围较宽；同外貌但结晶程度较好；同成分但变化范围及碱度较大。侵入深度一般小于 3.0 km，又可细分为：近地表相（0~0.5 km）；超浅成亚相（0.5~1.5 km）；浅成亚相（1.5~3 km）。

（6）火山沉积相：在火山作用过程中皆可产出，但以火山喷发的低潮期-间隙期最为发育，是火山作用叠加沉积作用的产物。可形成于陆地，也可形成于水体中。

3. 火成岩的化学元素

火成岩的主要元素是 O、Si、Al、Fe、Mg、Ca、Na、K、Ti 等，其总和约占岩浆岩总重量的 99.25%。

氧的含量最高，占岩浆岩重量的 46.59%，占体积的 94.2%。

3.2　火成岩的分类

火成岩种类很多，不同火成岩的差别主要表现在矿物成分、矿物的相对含量、岩石的结构和构造等方面。控制上述差别的基本因素是岩浆的类型及其冷凝的环境，这两者是区分不同火成岩的基础。表 3.1 所示为火成岩的分类。

表 3.1　火成岩的分类

<table>
<tr><td colspan="5">岩石类型</td><td colspan="2">酸性岩</td><td>中性岩</td><td>基性岩</td><td>超基性岩</td></tr>
<tr><td colspan="5">SiO_2 含量/%</td><td colspan="2">>65</td><td>52~65</td><td>45~52</td><td><45</td></tr>
<tr><td colspan="5">颜色</td><td colspan="5">浅（浅灰、黄、褐、红）→深（深灰、黑绿、黑）</td></tr>
<tr><td colspan="5" rowspan="2">主要矿物
结构
构造
产状</td><td colspan="2">正长石</td><td colspan="2">斜长石</td><td>不含长石</td></tr>
<tr><td>石英、黑云母、角闪石</td><td>角闪石、黑云母</td><td>角闪石、辉石、黑云母</td><td>辉石、角闪石、橄榄石</td><td>橄榄石、辉石、角闪石</td></tr>
<tr><td rowspan="2">侵入岩</td><td>深成岩</td><td>岩基、岩株</td><td>块状</td><td>等粒</td><td>花岗岩</td><td>正长岩</td><td>闪长岩</td><td>辉长岩</td><td>橄榄岩、辉岩</td></tr>
<tr><td>浅成岩</td><td>岩床、岩盘、岩墙</td><td>块状、气孔</td><td>等粒、似斑状及斑状</td><td>花岗斑岩</td><td>正长斑岩</td><td>闪长玢岩</td><td>辉绿岩</td><td>少见</td></tr>
<tr><td colspan="2" rowspan="2">喷出岩</td><td rowspan="2">火山锥、熔岩流、熔岩被</td><td>块状、气孔、杏仁、流纹</td><td>隐晶质、玻璃质、斑状</td><td>流纹岩</td><td>粗面岩</td><td>安山岩</td><td>玄武岩</td><td>少见</td></tr>
<tr><td>块状、气孔、</td><td>玻璃质</td><td colspan="3">浮岩、黑曜岩</td><td colspan="2">少见</td></tr>
</table>

根据岩浆 SiO_2 含量的分类，火成岩共有 4 种类型，即超基性岩（Ultrabasic rock）、基性岩（Basic rock）、中性岩（Intermediate rock）及酸性岩（Acidic rock）。岩浆化学成分不同，形成的矿物种类和数量也不同。这四类岩石具有各自特有的矿物及其含量关系。肉眼识别时，能够鉴别出其主要矿物和含量，从而确定岩石类型。因此鉴定火成岩的矿物是火成岩定名的基本途径。

所有侵入岩都是岩浆在地下封闭/近封闭的温度、压力条件下，通过缓慢结晶、冷凝过程形成的，因此它们都是由全晶质矿物组成的，这是侵入岩区别于熔岩的一项重要标志。

从超基性岩侵入岩→酸性侵入岩，铁镁质矿物（橄榄石、辉石）含量逐渐减少，长英质矿物（长石、石英）含量逐渐增多；颜色由深变浅，密度由大变小。

3.3　火成岩的结构

火成岩的结构（texture）指火成岩中矿物的结晶程度、晶粒大小、形态及晶粒间的相互关系。它能反映岩浆结晶的冷凝速度、温度和深度。

影响火成岩结构的因素首先是岩浆冷凝的速度，冷凝慢时，晶粒粗大，晶形完好；冷凝快时，众多晶芽同时析出，彼此争夺生长空间，导致矿物晶粒细小，晶型不规则；冷凝速度极快时，形成非晶质。岩浆的冷凝速度与岩浆的成分、规模、冷凝深度以及温度有关。

此外，岩浆中矿物结晶的先后顺序也是影响结构的重要因素。早结晶的矿物晶粒较粗，晶型较好；晚结晶的矿物受到空间的限制，晶粒细小，晶形不完整或不规则。

按照矿物晶粒的大小，将火成岩的结构分为粗粒（粒径 > 5 mm）、中粒（粒径 5~1 mm）、细粒（粒径 1~0.1 mm），这些结构用肉眼均可识别，统称为显晶质结构（phanerocrystalline texture）。

按矿物颗粒之间的相对大小，可分为等粒结构（矿物颗粒大小相等）及不等粒结构（矿物颗粒大小不等）两种。

在不等粒结构中，有两类颗粒大小悬殊（相差一个数量级以上），其中粗大者称为斑晶（phenocryst），其晶型完整，是在温度较高的深处慢慢结晶形成的；细小者称为基质（matrix），其晶型多不规则，通常形成于冷凝较快的较浅环境。如果基质为显晶质，且基质的成分与斑晶的成分相同者，称为似斑状结构（porphyroid texture）；如果基质为隐晶质（cryptocrystalline）或非晶质者（amorphous），则称为斑状结构（porphyritic texture）。

3.4　火成岩的构造

火成岩的构造（structure）是火成岩中矿物集合体的形态、大小及相互关系。它是火成岩形成条件与环境的反映。

（1）块状构造（massive structure）：岩石中矿物排列无一定规律，岩石呈均匀的块体。这是火成岩最常见的构造。

（2）流动构造（flow structure）：岩石中柱状或片状矿物或捕虏体彼此平行呈定向排列，表明岩浆一边冷凝一边流动。这一结构既见于火山熔岩中，也见于侵入岩之边缘。火山熔岩中不同成分和颜色的条带，以及拉长的气孔相互平行排列，称为流纹构造（rhyolitic structure）。常见于酸性或中性熔岩，尤以流纹岩最为典型。

（3）气孔构造（vesicular structure）与杏仁构造（amygdaloidal structure）：前者指出现在熔岩中和浅层脉体边缘成圆球形、椭球形的空洞。其直径为数毫米和数厘米，是岩浆中的气体所占据的空间。基性熔岩中气孔较大、较圆；酸性熔岩中气孔较小，较不规则，或呈棱角状。气孔被矿物质（如方解石、石英、绿泥石、葡萄石）充填者，称为杏仁构造。

（4）枕状构造（pillow structure）：主要是由外形似枕头的熔岩聚集而成，枕间常有火山碎屑物或硅质充填。枕体或相互重叠、连接，或分散孤立产出，具“顶凸底平”的特点。枕体表面较光滑，常有纵向及横向沟纹，枕状构造的成因是由于岩浆在海底喷出后其外层迅速冷凝固结，构成硬壳，而内部高温熔体的挤压则使硬壳破裂，高温熔体外溢冷凝，形成新的硬壳。如此反复作用，就会形成枕状熔岩。多见于水下喷发形成的玄武岩、安山岩中。

（5）球状构造（orbicular structure）：岩石中矿物围绕某些中心呈同心层分布，外形呈椭圆状的一种构造，各层圈中的矿物常呈放射状分布。系岩浆中某些成分脉动式过饱和结晶而形成，多发育在辉长岩和闪长岩中。

（6）晶洞构造（geode structure）：侵入岩中具有若干小型不规则孔洞的构造，孔洞内常生长晶体或晶簇，如石英。一般认为是黏度很大的岩浆在冷凝收缩过程中形成的。常见于碱性花岗岩中。

（7）层状构造（bedded structure）：岩石具有成层性状。它是多次喷出的熔岩或火山碎屑岩，逐层叠置的结果。

火成岩的层理构造如图 3.1 所示。

（a）块状构造

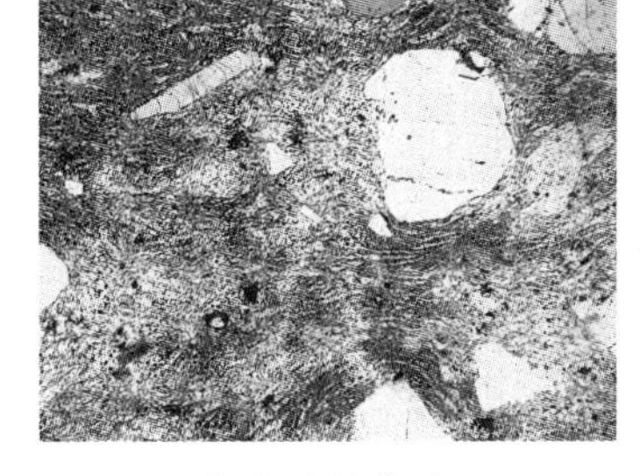

（b）流纹构造

（c）气孔构造

（d）杏仁构造

图 3.1　火成岩的层理构造

3.5　火成岩的野外工作方法

3.5.1　火山熔岩

1. 超基性岩-苦橄岩（喷出）和橄榄岩（侵入）

超基性岩是指 SiO_2 含量小于 45%的一类岩浆岩，属硅酸不饱和的岩石，矿物成分以铁镁质矿物为主，不含石英。

苦橄岩：属于超基性的喷出岩。岩石呈暗绿色或灰绿色。矿物成分以橄榄石和辉石为主，可含少量斜长石，角闪石极少。其中橄榄石占 50%～75%。副矿物可见磁铁矿、铬铁矿及磷灰石等。岩石呈隐晶结构、微晶结构，或者细小圆粒状橄榄石分散地镶嵌在辉石中构成典型的嵌晶结构。苦橄岩在自然界分布较少，极少形成独立岩体，多构成基性喷出岩岩体的一部分。

（1）颜色：均为暗色，呈暗绿色或灰绿色。

（2）结构：呈隐晶结构、微晶结构，或者细小圆粒状橄榄石分散地镶嵌在辉石中构成典型的嵌晶结构。

（3）构造：常见块状构造、层状或条带状构造、流纹构造。

（4）矿物组分：矿物成分以辉石和橄榄石为主，夹有少量基性斜长石及金属矿物，成分与深成的辉石橄榄岩相当。

橄榄岩：是超基性侵入岩的一种，主要由橄榄石和辉石组成。橄榄石含量可占 40%～90%，辉石为斜方辉石或单斜辉石，有时含少量角闪石、黑云母或铬铁矿。按辉石种类和含量，可进一步划分为斜方辉石（主要由橄榄石和斜方辉石组成）、单斜辉纯石（主要由橄榄石和单斜辉石组成）、二辉（单斜辉石和斜方辉石两者含量近于相等）。在一定温度、压力下，受热液影响，发生蚀变，如经水化作用后橄榄石变成蛇纹石和水镁石；硅化作用后橄榄石变成蛇纹石；碳酸盐化作用下镁橄榄石变成蛇纹石和菱镁矿等。与之有关的矿产有铬、镍、钴、铂、石棉、滑石等。纯净、透明、无裂纹、具橄榄绿色的橄榄石可作为宝石，橄榄石宝石矿床具有很高的经济价值。

（1）颜色：多为黑色、暗绿色或黄绿色。

（2）结构：具粒状结构、反应边结构、包含结构、海绵陨铁结构。

（3）构造：常见块状构造、层状或条带状构造、流纹构造。

（4）矿物组分：主要矿物成分是橄榄石和辉石，次要矿物有角闪石、黑云母等，偶见斜长石，不含石英，无长石或长石含量甚少（<10%）。

图 3.2 所示为纯橄榄岩。

图 3.2　纯橄榄岩

2. 基性岩-玄武岩（喷）和辉长岩（侵）

基性岩：SiO_2 含量为 45%~53%，铁、镁质含量高，基本不含石英。主要由辉石和基性斜长石组成。

玄武岩：属于喷出岩，灰黑至黑色，主要矿物成分与辉长岩相同。呈隐晶质细粒或斑状结构，气孔或杏仁状构造。玄武岩致密坚硬、性脆，强度很高，是良好的沥青类路面材料的骨架，如图 3.3 所示。

图 3.3 玄武岩

（1）颜色：均为暗色，一般为黑色，少量绿～灰绿，暗紫色。

（2）结构：结构多为斑状结构，少量无斑～细粒结构，基质一般为微晶结构、玻璃质结构。

（3）构造：常见气孔构造和杏仁构造（气孔充填石英、沸石、高岭石等），还见溶渣状构造、枕状构造（海相喷发）、绳状构造。

（4）矿物组分：斑晶常见辉石、斜长石（基性）、橄榄石、角闪石和黑云母（少见），有时还可见石英，基质成分与斑晶基本一致。

（5）次生变化：常见蚀变矿物为橄榄石、角闪石和黑云母。橄榄石蚀变→蛇纹石、绿泥石（中温非氧化条件）、伊丁石（低温、氧化条件）。角闪石和黑云母：常见暗化边（由其分解为易变辉石和磁铁矿），斑晶多见溶蚀现象。

辉长岩：属于深成侵入岩，灰黑至黑色，全晶质等粒结构，块状构造。主要矿物为斜长石和辉石，其次有橄榄石、角闪石和黑云母。辉长岩强度高，抗风化能力强，如图 3.4 所示为辉长岩和碱性辉长岩。

图 3.4 辉长岩和碱性辉长岩

（1）颜色：呈黑色、灰黑色或带红的深灰色。

（2）结构：具辉长结构、次辉绿结构、反应边结构和出溶结构。

（3）构造：通常为块状构造，部分辉长岩具层状构造，反映了岩浆分离结晶过程中矿物成分或粒度的韵律性变化，层状辉长岩多见于层状基性杂岩及蛇绿岩套堆积杂岩中。

（4）矿物组分：主要矿物成分为辉石（普通辉石、透辉石、紫苏辉石等）和富钙斜长石，两者含量近于相等。次要矿物成分为橄榄石、角闪石、黑云母、石英、正长石和铁的氧化物等。

3. 中性岩-安山岩和闪长岩

中性岩是指 SiO_2 含量中等（52%～65%）的岩浆岩。矿物成分的特点是浅色矿物含量比基性岩高，暗色矿物含量比基性岩低，色率为 20～35；浅色矿物以长石族矿物为主，不含或含少量石英，偶含少量似长石；暗色矿物以角闪石为主，其次为辉石和黑云母。中性岩很少形成独立岩体，常与酸性岩或基性岩共生过渡。

安山岩类：属于喷出岩，灰色、紫色或灰紫色。斑状结构，斑晶常为斜长石。气孔状或杏仁状构造，安山岩与粗面岩在颜色、外观上较为接近，但不具粗面岩的粗糙感，图 3.5 所示为安山岩切片。

（1）颜色：紫红色、灰绿色、浅褐色。

（2）结构、构造：斑状结构、块状、气孔状、杏仁状构造。

（3）矿物成分：斜长石、角闪石、辉石、黑云母，橄榄石、石英少见。杏仁体主要为方解石、绿泥石、蛋白石、沸石等。

（4）次生变化：青盘岩化（变安山岩），颜色为绿色及绿灰色，石英岩化、高岭土化、叶腊石化等。青盘岩化与铁、铜、金、银关系密切，野外工作应注意观察，并采化学分析样品。

（5）命名原则：与玄武岩命名相似。

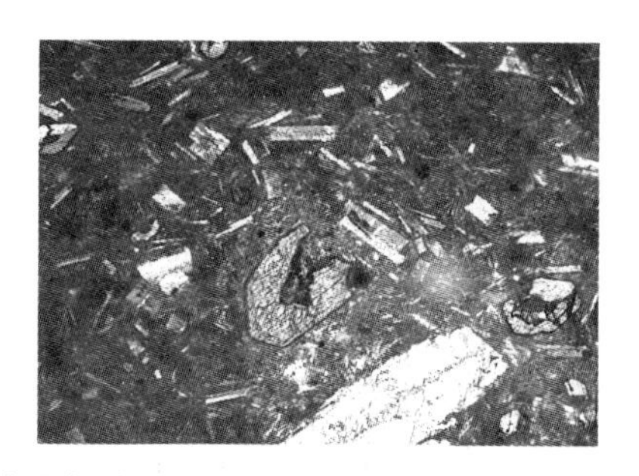

图 3.5　安山岩切片

闪长岩：属于深成侵入岩，灰白、深灰至黑灰色。主要矿物为斜长石和角闪石，其次有黑云母和辉石，全晶质等粒结构，块状构造。闪长岩结构致密，强度高，且具有较高的韧性和抗风化能力，是良好的建筑石料，如图 3.6 所示。

（1）颜色：呈灰白、深灰至黑灰色。

（2）结构：常见半自形粒状结构、似斑状结构。

（3）构造：通常为块状构造，部分具层状构造、气孔状结构、斑状结构。

（4）矿物组分：主要矿物成分为石英、斜长石、钾长石。斜长石一般多于钾长石，暗色矿物含量也较高。伴生主要矿物为铜、铁等。

图 3.6　闪长岩和闪长玢岩

4. 酸性火山岩（英安岩和流纹岩）

酸性岩：是指 SiO_2 含量大于 65%的岩浆岩。特点是铁、镁、钙含量较低，暗色矿物含量较少。颜色多为灰白。主要由石英、钾长石、酸性斜长石和白云母及少量黑云母、角闪石组成。与酸性岩有关的最重要矿产是钨、锡、铍、铜、铅、锌、铁、金、铌、钽、稀土以及沸石、叶蜡石、明矾石、萤石等。

英安岩：是一种中酸性喷出岩，属火山岩，相当于花岗闪长岩的喷出物。在中国，主要产于东南沿海各地。

流纹岩：是喷出岩，呈岩流状产出。常呈灰白、灰红、浅黄褐等色。矿物成分同花岗岩，具典型的流纹构造，隐晶质斑状结构。细小的斑晶常由石英或长石组成。英安岩和流纹岩如图 3.7 所示。

图 3.7　英安岩和流纹岩

（1）颜色：灰色、灰红色、红色。

（2）结构、构造：斑状结构，基质为隐晶质及玻璃质、流纹构造、气孔状构造。

（3）矿物成分：斑晶有石英（高温六方双锥状，具溶蚀边）、斜长石（具环带）、正长石（钾长石）、黑云母、角闪石（具暗化边），基质由火山玻璃组成。

（4）次生变化：热液作用下常形成次生石英岩（由石英、刚玉、红柱石、明矾石、高岭石、叶蜡石、绢云母、水硬铝石等富铝矿物组成，可指示寻找斑岩铜、钼矿、叶蜡石、高岭石、刚玉等矿产。另有绢云母化、高岭土化等蚀变）。

（5）英安岩与流纹岩、流纹岩与流纹英安岩的区别：

英安岩与流纹岩的区别：前者斑晶以长石为主，石英次之，后者斑晶以高温石英为主，大于10%，具有流纹构造。

流纹英安岩与流纹岩野外不好区别，只能根据化学成分来区分，流纹岩的 SiO_2 含量大于70%，而英安岩一般具偏低的 SiO_2 含量（>63%），Na_2O+K_2O 含量亦偏低（<6%），但 CaO 含量（>4%）高于流纹岩。

3.5.2 潜火山岩类

根据产状和岩石外貌，潜火山岩类分为：① 熔岩状潜火山岩；② 浅成岩状潜火山岩；③ 角砾状潜火山岩：a. 隐爆角砾岩，b. 侵入角砾岩，c. 震碎角砾岩，d. 崩塌角砾岩；④ 熔结凝灰岩状潜火山岩。

3.5.3 火山碎屑岩

1. 火山碎屑岩类型与粒级划分（见表3.2、表3.3）。

表3.2 火山碎屑岩类岩石的分类

<table>
<tr><td>类</td><td>火山碎屑熔岩类</td><td colspan="2">正常火山碎屑岩类</td><td colspan="2">火山-沉积碎屑岩类</td><td rowspan="4">碎屑粒径/mm</td></tr>
<tr><td>亚类</td><td>火山碎屑熔岩</td><td>熔结火山碎屑岩</td><td>火山碎屑岩</td><td>沉积火山碎屑岩</td><td>火山碎屑沉积岩</td></tr>
<tr><td>火山碎屑物含量×10^{-2}</td><td>10～75</td><td colspan="2">>75</td><td>75～50</td><td><50～25</td></tr>
<tr><td>胶结类型</td><td>熔浆胶结为主</td><td>熔结为主</td><td>压结为主</td><td colspan="2">压结和水化学胶结</td></tr>
<tr><td rowspan="5">基本岩石名称</td><td>集块熔岩</td><td>熔结集块岩</td><td>集块岩</td><td>沉集块岩</td><td>凝灰质巨角砾岩（凝灰质巨砾岩）</td><td>≥64</td></tr>
<tr><td>角砾熔岩</td><td>熔结角砾岩</td><td>火山角砾岩</td><td>沉火山角砾岩</td><td>凝灰质角砾岩（凝灰质砾岩）</td><td><64～2</td></tr>
<tr><td rowspan="3">凝灰熔岩</td><td rowspan="3">熔结凝灰岩</td><td>凝灰岩</td><td rowspan="3">沉凝灰岩</td><td>凝灰质砂岩</td><td><2～0.05</td></tr>
<tr><td rowspan="2">细火山灰凝灰岩（火山尘凝灰岩）</td><td>凝灰质粉砂岩</td><td><0.05～0.005</td></tr>
<tr><td>凝灰质泥岩
凝灰质页岩</td><td><0.005</td></tr>
</table>

表3.3 火山碎屑岩类型与粒级划分

粒度范围/mm	破碎和堆积时的特点		
	刚性	半塑性	塑性
≥64	火山岩块	火山弹	火焰体
<64～2	火山角砾	火山砾	（塑性岩屑）
<2～0.05	火山砂（晶屑、岩屑）	粗火山灰（玻屑）	粗火山灰（塑性玻屑）
<0.05	细火山灰（火山尘）		

2. 三种主要碎屑物的区别

岩屑：通常大于 2 mm，包括同源岩屑和外来岩屑。刚性同源岩屑及外来岩屑往往呈棱角状、少数见熔蚀现象，半塑性岩屑往往形成火山弹和火山砾；塑性同源岩屑则呈透镜状、焰舌状，可含斑晶、杏仁体等，称火焰体（浆屑）。

晶屑：多数介于 0.25 ~ 2 mm，一般小于 5 mm，可分为斑晶晶屑和外来晶屑（早先斑晶碎片），常见石英、斜长石、钾长石，少量黑云母、角闪石，辉石、橄榄石少见。形态多呈棱角状，少数圆形或港湾状，石英多为不规则裂纹，长石具阶梯状裂纹，角闪石和黑云母常有暗化边，或扭折、弯曲现象。

玻屑：多数在 0.5 mm 以下，少数 1 ~ 2 mm，形态常见有浮岩状、鸡骨状、弓形状、楔形状、撕裂状等。塑性玻屑常见似流动构造。

3. 火山碎屑岩类命名

（1）根据火山碎屑物含量和胶结类型，确定火山碎屑岩亚类名称，没有固结的称火山碎屑堆积物。

（2）火山碎屑物按粒级分集块、角砾、凝灰三级，岩石命名以全岩中相应粒级火山碎屑大于 50×10^{-2} 者作岩石基本名称，如火山角砾 $> 50\times10^{-2}$，称火山角砾岩。若没有任何一种粒级达到大于 50×10^{-2}，则按前少后多原则用复合术语命名，如角砾凝灰岩。

（3）凝灰岩根据碎屑组成进一步划分，按前少后多原则命名，当三种碎屑含量相当，且均大于 20×10^{-2} 时，称复屑凝灰岩。

（4）命名时应尽量定出与熔岩相应的岩性并作为前缀进行命名，如流纹质、安山质凝灰岩等，或复成分火山角砾岩等。

（5）特殊命名：可根据需要，反映火山碎屑岩特殊特征，并加以修饰。如异源火山角砾岩（突出异源碎屑）；火山弹角砾岩（反映特定形态和内部构造）；球泡熔结凝灰岩（特征结构、构造）；层状凝灰岩（火山碎屑成层堆积）；岩颈角砾岩（反映产出状态）；空落凝灰岩；湖积凝灰岩等。

3.5.4 火成岩的野外观察记录要点地

（1）按颜色指数[35×10^{-2}（V/V）]大致区分为玄武岩和安山岩：大于 35×10^{-2} 为玄武岩，小于 35×10^{-2} 为安山岩。

（2）注意观察火山熔岩斑晶矿物种类、含量，岩石中是否有包体及其物质组成，是否有杏仁体，杏仁体的成分、含量（约占气孔总数%）。

（3）火山熔岩（玄武岩）的示顶（底）特征。

① 气孔状熔岩顶、底、中部气孔特征不一。

② 气孔状熔岩中气孔拖尾（出气口）指示上部。

③ 半充填杏仁状熔岩中杏仁体位于下部。

④ 风化壳、氧化顶（红色气孔带）指示顶部。

⑤ 层状火山碎屑岩同一韵律层，粒级变化往往为上细下粗。

（4）火山口观察除观察火山口大小、形状、深度、有无火山口垣、火山熔岩流出口等（完整的应拍照、素描），还应注意区分火山颈相、次火山相（或侵出相）岩石，火山颈相及次火山相往往具冷凝边或烘烤边，柱状节理发育。岩铸内接触带常见围岩捕虏体，岩穹发育穹形“L”节理及垂直张性节理。

（5）对火山碎屑岩的调查应查清其产状（成层或杂乱堆积），调查层状火山岩是否夹在火山熔岩中还是沉积岩，初步判断是陆相还是水下堆积，调查火山岩中的沉积夹层及夹层有无古生物，一般对泥炭质-粉砂质夹层应采集微古生物鉴定样品。其次还应注意火山碎屑物成分和粒度在纵向和横向上的变化规律，一般纵向上表现为上细下粗，上酸性（长石、石英、富玻璃质）下基性（富铁镁矿物）；横向上表现为靠近喷发中心粒度较大、远离喷发中心粒度较小。另外还应注意有无特殊颜色或结构、构造等。

（6）应注意辨别火山碎屑物的来源（同源或异源）。

（7）调查火山熔岩产状除以上介绍的示顶（底）特征来确定外，还可通过其中夹层或特殊物质层来确定。

（8）面上填图应注意火山熔岩流的流动方向。可通过研究火山岩的流动构造、气孔排列方向（长轴与水平面夹角方向为流动方向）、半充填气孔及多次充填晶洞面产状确定。

（9）注意寻找与火山岩有关的矿产，如巨晶矿物中刚玉、橄榄石等可做宝石矿；凝灰岩中常见有色金属和稀有、放射性元素充填于裂隙或孔隙中；纯质的流纹质凝灰岩可做抗硅酸盐水泥混合材料等。

4 变质岩野外鉴别

变质岩（metamorphic rocks）是由火成岩、沉积岩及变质岩经过变质作用形成的岩石，如图 4.1 所示。

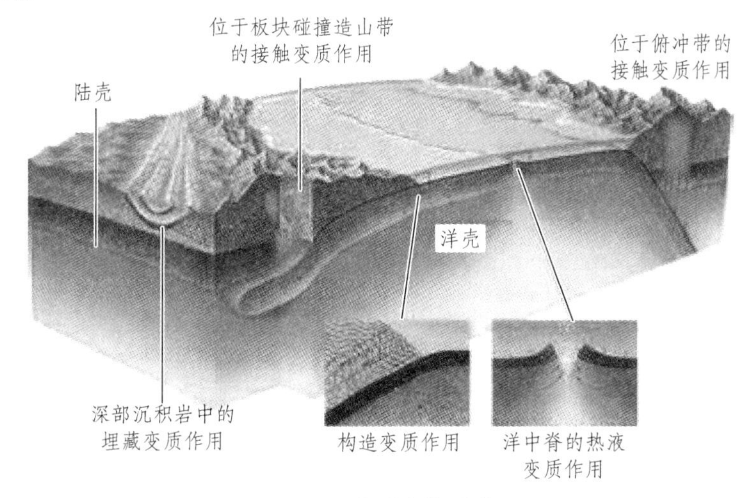

图 4.1　变质岩的形成

在变质作用条件下形成的新的岩石称为变质岩，它是大陆地壳形成演化过程形成的主要岩石类型之一，也是中下大陆地壳中最丰富的一类岩石。

根据变质岩的原岩类型可划分为：

（1）正变质岩-岩浆岩变质所成。

（2）副变质岩-沉积岩变质所成。

（3）复变质岩-变质岩变质所成，也称叠加变质岩。

变质作用的方式主要包括：重结晶作用、变质结晶作用、交代作用、变质分异作用、变形和碎裂。

4.1　变质岩的分类

（1）动力变质岩类。

（2）热接触变质岩类。

（3）区域变质岩类。

（4）混合岩类。

（5）交代变质岩类。

4.2 变质岩的结构

火成岩与沉积岩的结构通过变质作用可以全部或者部分消失，形成变质岩特有的结构。

1. 变晶结构

指岩石在固体状态下，通过重结晶和变质结晶而形成的结构。它表现为矿物形成、长大而且晶粒相互紧密嵌合。重结晶作用在沉积岩的固结成岩过程中即已开始，在变质过程中尤为重要和普遍。变晶结构的出现意味着火成岩及沉积岩中特有的非晶质结构、碎屑结构及生物骨架结构趋于消失，并伴随着物质成分的迁移或新矿物的形成。由变质作用形成的晶粒称为变晶。变晶的大小可分为粗粒、中粒、细粒等。按变晶大小的相对关系可分为等粒变晶及斑状变晶。前者的变晶颗粒等大，后者的变晶颗粒有两种，其粒径相差悬殊。变晶的形态各异：由石英、长石等矿物组成者为粒状；由云母、绿泥石等矿物组成者为片状；由阳起石、硅灰石等矿物组成者为柱状、纤状、放射状。

2. 变余结构

有些岩石经过变质以后，重结晶作用不完全，原岩的矿物成分和结构特征一部分被保留下来，即构成变余结构。如泥质砂岩变质以后，泥质胶结物变成绢云母和绿泥石，而其中碎屑物质（如石英）不发生变化，便形成变余砂状结构。还有其他的变余结构，如与岩浆岩有关的变余斑状结构、变余花岗结构等。

3. 碎裂结构

指动力变质作用使岩石发生机械破碎而形成的一类结构。特点是矿物颗粒破碎形成外形不规则的带棱角的碎屑，碎屑边缘常呈锯齿状，并具有扭曲变形等现象。按碎裂程度，可分为碎裂结构、碎斑结构、碎粒结构等。

4. 交代结构

指变质作用过程中，通过化学交代作用（物质的带出和加入）形成的结构。其特点是，在岩石中原有矿物被分解消失，形成新矿物。

一种变质岩有时具有两种或更多种结构，如兼有斑状变晶结构与鳞片变晶结构等。此外，在同一岩石中变余结构也可与变晶结构并存。

4.3 变质岩的构造

火成岩与沉积岩的构造通过变质作用可以全部或部分消失，形成变质岩特有的构造。

1. 变成构造

变成构造，是通过变质作用而形成的新构造，有以下类型（见图 4.2）：

（1）斑点状构造（spotted structure）：岩石中某些组分集中成为或疏或密的斑点。斑点为圆形或不规则形状，直径常为数毫米，成分常为炭质、硅质、铁质、云母或红柱石等，基质为隐晶质-细晶。它是在较低变质温度影响下，岩石中部分化学组分发生迁移并重新组合而成；如温度进一步升高，斑点有可能转变成变斑晶。

（a）板状构造

（b）千枚状构造

（c）片状构造

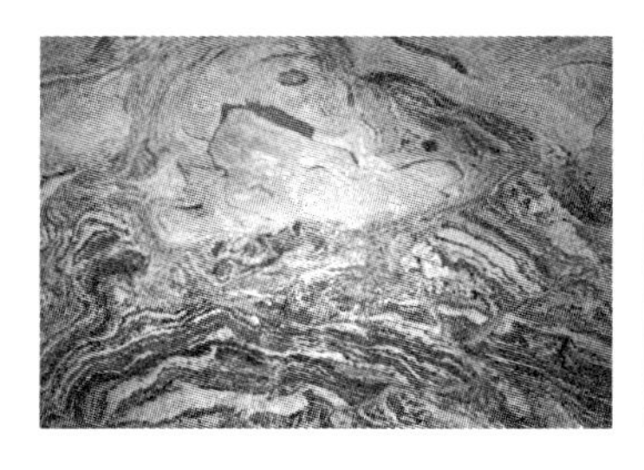

（d）片麻状构造

（e）块状构造

（f）楔状交错层理

图 4.2　变质岩的构造

（2）板状构造（platy structure）：岩石具有平行、密集而平坦的破裂面，沿此面岩石易分裂成薄板。单层厚从数毫米到百余毫米不等。此种岩石常具有变余泥状结构或显微变晶结构。它是岩石受较强的定向压力作用而形成的。

（3）片理构造（schistose structure）：岩石中片状或长条状矿物连续而平行排列，形成平行、密集而不甚平坦的纹理，称为片理（schistosity）或面理（foliation）。沿片理方向岩石易于劈开。若岩石的矿物颗粒细小，且在片理面上出现丝绢光泽与细小皱纹者，则称为千枚状构造（phyllite structure）；若矿物颗粒较粗，肉眼能清楚识别者，称为片状构造（schistose structure）。

片理的形成与定向压力的作用关系很大。第一，岩石中的片状矿物或长柱状矿物在定向压力下可以发生位置转动从而定向排列；第二，粒状矿物在定向压力作用下可以被压扁或拉长，从而定向排列；第三，矿物在平行于压力的方向上溶解，在垂直于压力的方向生长，溶解与生长同时发生。应该指出，在片理的形成过程中往往伴随着矿物的重结晶作用，因此，温度也是不可缺少的因素。第二及第三种情况都是在温度和压力密切配合下发生的。第一种情况与温度也有一定关系。不同矿物对定向压力的敏感性是不同的，敏感性强者容易定向排列，如黑云母、白云母、绢云母、绿泥石等片状矿物，以及角闪石、阳起石、透闪石、硅灰石、矽线石等柱状或纤状矿物。此外，石英、长石、方解石等粒状矿物在较强的定向压力作用下，也能发生变形并压扁拉长，从而定向排列。

（4）片麻状构造（gneissic structure）：组成岩石的矿物以长英质粒状矿物为主，伴随部分平行定向排列的片状、柱状矿物，后者在前者中呈断续的带状分布。片麻状构造的形成除与造成片理的因素有关外，还有可能受原岩成分的控制，即不同成分的物质层通过变质形成不同矿物的条带；也可以是在变质过程中不同组分发生分异并分别聚集的结果。

具有片麻状构造的岩石，其矿物的颗粒一般较粗。有时长石可以变成粗大、似眼球者，称为眼球状构造（augen structure）。

（5）拉伸线理（stretching lineation）：岩石中的矿物颗粒或集合体、岩石碎屑、砾石等，在温度和剪切应力的联合作用下，被强烈剪切拉长、定向排列，呈现为平行密集的线状构造，称为拉伸线理。拉伸线理是变质岩中一种透入性的线状构造，在片理面上最为醒目。

（6）块状构造（massive structure）：矿物均匀分布，无定向排列。它是温度和静压力对岩石联合作用的产物。

2. 变余构造

变余构造是指变质岩中残留的原岩构造，如变余气孔构造、变余杏仁构造、变余层状构造等。

应该指出，当变质程度不深时，原岩的构造易于部分保留。因此，变余构造的存在，便成为判断原岩属于火成岩还是沉积岩的重要依据。前面所说的变余结构也起着类似的作用。

一般将由火成岩变质而成的岩石，称为正变质岩（orthometemorphic rock）；由沉积岩变质而成的岩石，称为副变质岩（parametamorphic rock）。

某些变质岩具有一些特征性的矿物、结构及构造，其质地优异，纹理美观，可做优等建筑装饰材料，如蛇纹石大理岩、汉白玉。有些变质矿物质地细腻、硬度大、色泽艳丽，是宝玉石的优良原料，如红宝石与蓝宝石（刚玉）。

4.4 变质岩的野外工作方法

按变质作用类型和成因，变质岩分为区域变质岩、接触变质岩、动力变质岩、气-液蚀变岩和混合岩。

4.4.1 区域变质岩野外观察及调查要点

1. 区域变质岩分类

（1）区域变质岩的野外分类主要根据岩石中矿物成分、含量及结构、构造等特征划分，常见岩石类型见表 4.1。

表 4.1　常见区域变质岩的岩石类型及特征

岩石类型	矿物成分	结构构造	原岩类型
板岩	原岩成分没有发生明显的重结晶，见有少量细小石英、绢云母、绿泥石等新生矿物	变余结构，板状构造	泥质岩、泥质粉砂岩、钙质泥质岩
千枚岩	主要为细小绢云母、绿泥石、石英、钠长石，其次为少量黑云母微晶及硬绿泥石、方解石、锰石榴石等	显微鳞片变晶结构、显微粒状变晶结构、斑状变晶结构，千枚状构造	泥质岩、粉砂岩、石英质泥质岩
片岩	黑云母、白云母、斜长石、钾长石、石英、白泥石、红帘石、普通角闪石、蛇纹石、阳起石等	粒状变晶结构、鳞片变晶结构、柱（纤）状变晶结构，片状构造	泥质岩、粉砂岩、砂岩、泥灰岩、酸~基性火山岩
片麻岩	斜长石、钾长石、石英、普通角闪石、辉石、黑云母、白云母等	鳞片粒状变晶结构、柱粒状变晶结构，片麻状构造	泥质岩、砂岩、中酸性火山岩
变粒岩	主要由钾长石、斜长石和石英组成，其次为黑云母、角闪石、辉石、白云母等	粒状变晶结构，块状构造	砂岩、中酸性火山岩
石英岩	主要为石英，其次为长石、云母、绿泥石、角闪石等	粒状变晶结构，块状构造	石英砂岩、长石石英砂岩、中酸性火山岩
角闪岩	主要由角闪石和斜长石组成，其次为少量石英、黑云母、绿帘石、透辉石等	柱粒状变晶结构，块状构造	基性火山岩
大理岩	主要由方解石和白云石组成，其次为少量透闪石、透辉石、方柱石、云母、斜长石、石英等	粒状变晶结构，块状构造、条带状构造	钙质-镁质碳酸盐岩
钙硅酸盐岩	透辉石、透闪石、硅灰石、石榴石、云母、长石、方解石、石英等	柱粒状变晶结构，块状构造、条带状构造	不纯的钙质岩石

注：各类岩石的具体分类及命名见 GB/T 17412.3—1998。

（2）区域变质岩的结构。

① 变余结构。

指变质岩中，由于变质结晶作用不彻底，仍保留原岩的结构，如变余砂状结构、变余泥质结构、变余砾状结构。

② 变晶结构。

按矿物粒度大小分为：

粗粒变晶结构　　≥3 mm

中粒变晶结构　　< 3 ~ 1 mm

细粒变晶结构　　< 1 ~ 0.1 mm

显微变晶结构　　< 0.1 mm

按变晶矿物的形态分：

粒状变晶结构（花岗变晶结构）；

镶嵌粒状变晶结构；

鳞片变晶结构；

纤状变晶结构；

针、柱状变晶结构；

毛发状变晶结构。

③ 交代结构。

是由交代作用形成的结构，如：交代假象结构、交代蠕英结构、交代条纹结构、交代净边结构等。

（3）区域变质岩的构造。

① 变余构造。

指变质岩中仍保留原构造特点，如：变余层理构造、变余结核构造、变余流纹状构造等。

② 变成构造。

变质结晶和重结晶所形成的构造，常见类型有：斑点状构造、板状构造、千枚状构造、片状构造、片麻状构造、块状构造等。

2. 观察要点

（1）变质矿物的种类、含量及其特征。

（2）岩石的结构构造特征。

（3）变质岩区变形特征。

① 了解面理（破劈理、压溶劈理、板劈理、折劈理、片理、片麻理）的类型，测量其产状，并判别面理置换型式（“W”型、“N”型、“I”型）及面理期次。

② 了解线理（交面线理、皱纹线理、拉伸线理、石香肠构造、杆状构造等）的类型、成分、规模，测量其产状，并判别线理期次。

③ 了解小褶皱（片内无根型、强揉皱型、箱型、开阔型等）的类型、形态、规模，测量轴面与两巽的产状，注重对叠加褶皱及期次的判别。

4.4.2 接触变质岩野外观察及调查要点

1. 接触变质岩分类

按岩石成因分为热接触变质岩和接触产状变质岩。

（1）热接触变质岩。

按主要矿物成分及结构特征，常见角岩类的岩石类型划分见表 4.2。

（2）接触交代变质岩。

按主要组成矿物的化学成分特点进行划分，矽卡岩类主要岩石类型见表 4.3。

表 4.2　角岩类的岩石类型划分

岩石类型	矿物成分	结构构造	原岩类型
云母角岩	主要为云母、长石和石英，云母呈较大的等轴状鳞片，杂乱分布，通常出现红柱石、董青石、石榴石、矽线石、刚玉等特征变质矿物	鳞片粒状变晶结构，块状构造	泥质岩、泥质粉砂岩
长英角岩	主要矿物为长石和石英，可含少量云母、红柱石、董青石、石榴石、矽线石、透辉石等	角岩结构，块状构造	长石石英砂岩、酸性火山熔岩和凝灰岩
钙硅角岩	通常为石榴石（钙铝榴石-钙铁榴石）、透辉石、透闪石、阳起石、斜长石、符山石、石英、方解石等	粒状变晶结构，致密块状构造、条带状构造	泥灰岩
基性角岩	主要矿物为透辉石、基性斜长石、石英。有时有少量石榴石、黑云母、角闪石，较低温时出现阳起石、帘石类矿物	粒状变晶结构、斑状变晶结构，致密块状构造	基性和中性火山岩
镁质角岩	主要矿物为镁橄榄石、紫苏辉石、直闪石、镁铁闪石、董青石、绿泥石等	粒状变晶结构，块状构造	蛇纹岩、硅质白云岩

表 4.3　矽卡岩类主要岩石类型划分

岩石类型		矿物成分	结构构造	原岩类型
钙质矽卡岩类	石榴矽卡岩	主要由钙铝榴石-钙铁榴石系列的石榴石组成	细、中、粗、巨粒状变晶结构。较大的石榴石晶体常具光性异常和环带结构，块状构造	中酸性侵入岩与钙质碳酸盐岩接触带
	透辉矽卡岩	主要由透辉石-钙铁辉石系列的辉石组成	细、中、粗、巨粒状变晶结构或柱状、放射状变晶结构，块状构造	
	符山矽卡岩	主要由符山石组成	柱状、帚状或放射状变晶结构，块状构造	
	硅灰石矽卡岩	主要由硅灰石组成	柱状、放射状、束状或纤状变晶结构，块状构造	
	锰质矽卡岩	主要由锰、铁、钙、硅酸盐矿物组成。常见矿物有锰铝榴石、锰钙辉石、锰黑柱石、锰硅灰石等	柱状、粒状变晶结构，块状构造	
镁质矽卡岩类	镁橄榄石矽卡岩	完全由镁橄榄石组成的矽卡岩少见。镁橄榄石常呈浸染状分布，并与透辉石、硅镁石、尖晶石等矿物伴生	粒状变晶结构，斑杂状构造	中酸性侵入岩与镁质碳酸盐岩接触带
	粒硅镁石矽卡岩	由粒硅镁石（或斜硅镁石、硅镁石）组成的单矿物矽卡岩少见，常伴生有镁橄榄石、透辉石、顽火辉石、尖晶石等	粒状变晶结构，斑杂状构造	
	尖晶石矽卡岩	一般不形成单矿物尖晶石矽卡岩，而常与镁橄榄石、透辉石等矿物伴生	粒状变晶结构，斑杂状构造	

2. 接触变质岩观察及描述要点

观察要点：

（1）岩石的矿物成分、含量及结构构造特征。

（2）围岩的成分、结构构造特征及裂隙的发育程度。

（3）接触带的形态、规模及接触带内岩性变化情况。

4.4.3　气-液蚀变岩野外观察及调查要点

1. 气-液蚀变岩分类

以蚀变矿物或蚀变矿物组合为基础，气-液蚀变岩类主要岩石类型见表 4.4。

表 4.4　气-液蚀变岩类的主要岩石类型划分

岩石类型	蚀变矿物	结构构造	原岩类型	蚀变性质
蛇纹岩类	主要为蛇纹石（叶蛇纹石、纤蛇纹石、胶蛇纹石等），其他矿物有磁铁矿、钛铁矿、水镁石、尖晶石、透闪石、阳起石、直闪石、金云母、滑石及碳酸盐矿物	交代残留结构、交代假象结构、网环结构，块状构造	超镁铁质岩（橄榄岩类、辉石岩类）、白云岩，白云质灰岩等	蛇纹石化属中低温（< 400 ℃）热液蚀变
青磐岩类	主要为绿泥石、绿帘石、阳起石、钠长石、碳酸盐矿物（方解石、白云石、铁白云石等），其次有绢云母、石英、黄铁矿及其他金属硫化物	显微细粒变晶结构、变余斑状结构、变余安山结构、变余火山碎屑结构，块状构造	中性～基性火山岩	青磐岩化属中低温热液蚀变，是钠长石化、阳起石化、绿帘石化、绿泥石化及碳酸盐化等的综合作用
云英岩类	主要由浅色云母（白云母、锂云母、铁锂云母等）、石英以及黄玉、萤石、锡石、电气石、磷灰石等矿物组成	粒状鳞片变晶结构、鳞片粒状变晶结构，块状构造	花岗岩类	云英岩化属气化高温热液蚀变
黄铁绢英岩类	主要由绢云母、石英和黄铁矿组成，有时含钾长石、钠长石、绿泥石、铁白云石等	细粒至显微粒状鳞片变晶结构、鳞片粒状变晶结构，块状构造	酸性～中酸性浅成岩、超浅成岩	黄铁绢英岩化是一种中低温（100～400 ℃，0.015～0.020 GPa）热液蚀变
次生石英岩类	主要矿物为石英和绢云母、明矾石、高岭石、红柱石、水铝石、叶蜡石，次要矿物有刚玉、黄玉、电气石、蓝线石和氯黄晶等	显微鳞片粒状变晶结构、细粒粒状变晶结构、交代假象结构，致密块状构造	中酸性火山岩、潜火山岩	在火山硫质喷气和热液影响下发生的硅化作用

2. 气-液蚀变岩野外观察及描述要点

观察要点：

（1）岩石的矿物成分、含量及结构、构造特征。

（2）岩石的空间分布情况及规模、形态。

（3）判别岩石成因及与围岩的关系。

5 构造地质作用野外鉴别

5.1 褶皱

褶皱是指层状岩石的各种面（如层面、面理面等）受力后所产生的弯曲变形现象，是岩石塑性变形的具体表现。或者说：原始产状的岩层，在地壳运动产生的构造力作用下发生永久性塑性变形所形成的一系列连续弯曲构造，叫作褶皱构造。

褶曲是褶皱构造的基本单位，即褶皱构造的每一个单独的弯曲。褶曲的基本单位有背斜和向斜。背斜：地层向上弯曲，核心部分的地层较老，外侧地层逐渐变新。向斜：地层向下弯曲，核心部分的地层较新，外侧地层逐渐变老。

向斜在地面上的出露特征是从中心到两侧，岩层是由新到老的层序对称重复出露（见图 5.1a）；而背斜在地面上的出露特征却恰好相反，从中心到两侧岩层是从老到新对称重复出露（见图 5.1b）。

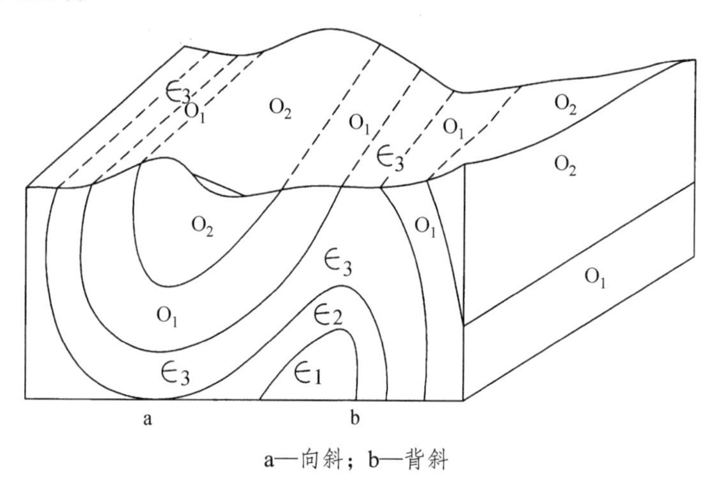

a—向斜；b—背斜

图 5.1　背斜和向斜在剖面上和平面上的特征

5.1.1　褶皱的要素

褶皱要素：是指褶皱的各个组成部分。主要包括核、翼、翼间角、转折端、枢纽、轴面、轴迹、脊线、槽线、脊面、槽面（见图 5.2）。

核（核部）：泛指褶皱中心部位的岩层。

翼（翼部）：泛指褶皱两侧部位的岩层。

翼间角：指两翼相交的二面角。

转折端：指褶皱从一翼过渡到另一翼的弯曲部分。

枢纽：指同一褶皱面上各最大弯曲点的连线。枢纽可以是直线，也可以是曲线或折线，可以是水平线，也可以是倾斜线。

轴面（枢纽面）：各相邻褶皱面的枢纽连成的面称为褶皱轴面。轴面可以是平面，也可以是曲面。轴面的产状与任何构造面的产状一样是用走向、倾向和倾角来确定的。

轴迹：轴面和包括地面在内的任何平面的交线均可称为轴迹。

脊、脊线和槽、槽线：背形的同一褶皱面上的最高点为脊，它们的连线为脊线；向形的同一褶皱面上的最低点为槽，它们的连线为槽线。脊线或槽线沿着自身的延伸方向，可以有起伏变化。

脊面和槽面：若干相邻褶皱面上的脊线或槽线连成的面，分别称为脊面和槽面。

5.1.2 褶皱的形态描述

正确地描述褶皱形态是研究褶皱的基础，描述褶皱就是要描述褶皱的要素特征并测量其产状，而这些要素特征和其产状通常在剖面中显示出来，以构成褶皱的剖面形态。褶皱的剖面形态是表现褶皱形态的重要方式，常用的剖面有水平剖面、铅直剖面和正交剖面。铅直剖面指垂直于水平面的剖面；正交剖面指垂直于枢纽的剖面（见图 5.2）。同一褶皱在不同方向和不同位置的剖面上表现出的形态各不相同。在地质生产工作中，通常采用横剖面（铅直剖面）和平面来观察和反映褶皱的形态特征。

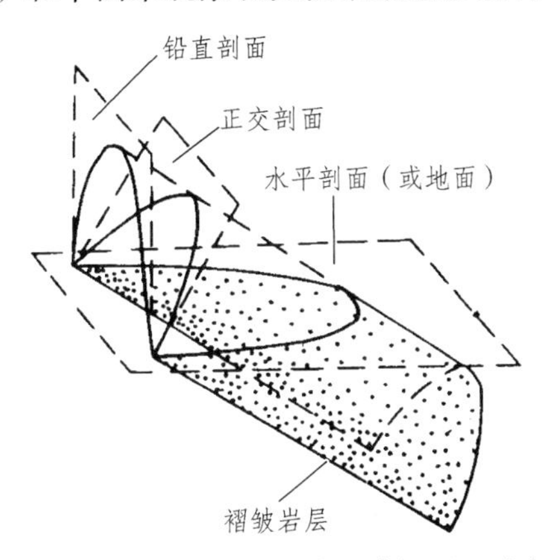

图 5.2 褶皱的水平剖面、铅直剖面和正交剖面

1. 横剖面图上褶皱形态的描述

（1）根据轴面产状，结合两翼产状特点，将褶皱分为以下 5 种（见图 5.3）。

① 直立褶皱：轴面近于直立，两翼倾向相反，倾角近于相等[见图 5.3（a）]。

② 斜歪褶皱：轴面倾斜，两翼倾向相反，倾角不等[见图 5.3（b）]。

③ 倒转褶皱：轴面倾斜，两翼向同一方向倾斜，有一翼地层层序倒转[见图 5.3（c）]。

④ 平卧褶皱：轴面近于水平，一翼地层正常另一翼地层倒转[见图 5.3（d）]。

⑤ 翻卷褶皱：轴面弯曲的平卧褶皱[见图 5.3（e）]。

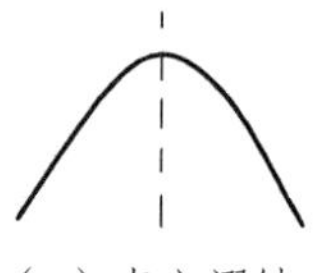

（a）直立褶皱

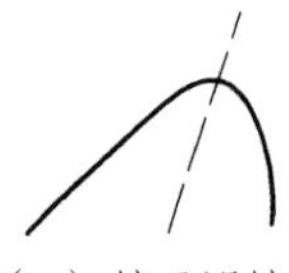

（b）斜歪褶皱

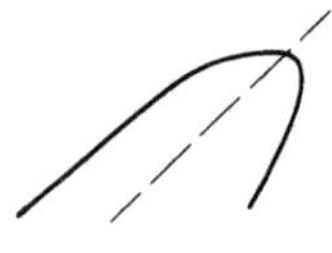

（c）倒转褶皱

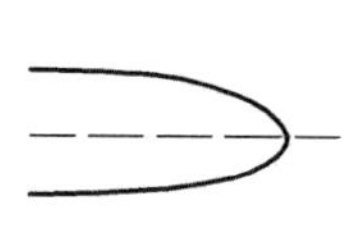

（d）平卧褶皱

（e）翻卷褶皱

图 5.3　按轴面产状的褶皱分类

（2）根据翼间角大小，可以将褶皱描述为以下 5 种（见图 5.4）。

① 平缓褶皱：翼间角 120°~180°。

② 开阔褶皱：翼间角 70°~120°。

③ 闭合褶皱：翼间角 30°~70°。

④ 紧闭褶皱：翼间角<30°。

⑤ 等斜褶皱：翼间角近于 0，两翼近于平行。

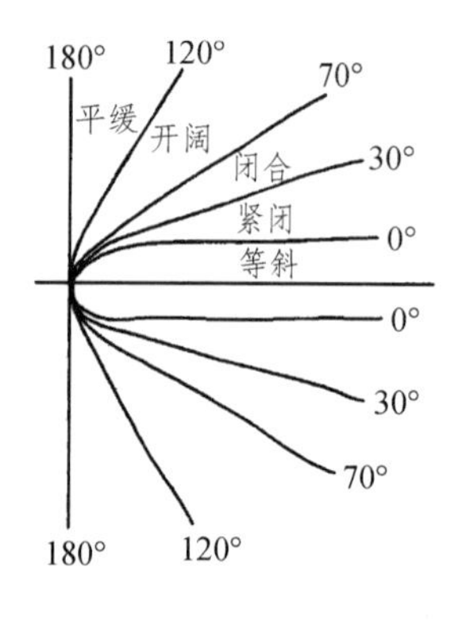

图 5.4　根据翼间角来描述褶皱

（a）圆弧褶皱

（b）尖棱褶皱

（c）箱状褶皱

（d）扇状褶皱

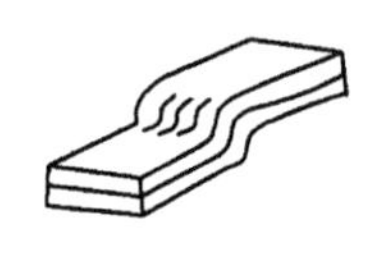

（e）挠曲

图 5.5　褶皱转折端的弯曲形态

（3）根据转折端的弯曲形态，可以将褶皱分为以下 5 种（见图 5.5）。

① 圆弧褶皱：褶皱岩层（褶皱面）呈圆弧形弯曲，如图 5.5（a）所示。

② 尖棱褶皱：两翼平直相交，转折端呈尖角状，且两翼等长，如图 5.5（b）所示，如两翼长度不等，可称“膝折褶皱”。

③ 箱状褶皱：两翼陡，转折端平直，褶皱呈箱状，常常具有一对共轭轴面，如图 5.5（c）所示。

④ 扇状褶皱：两翼岩层均倒转，褶皱面呈扇状弯曲，如图 5.5（d）所示。

⑤ 挠曲：缓倾斜岩层中的一段突然变陡，形成台阶状弯曲，如图 5.5（e）所示。

2. 地面上的褶皱形态的描述

根据褶皱的某一岩层（褶皱面）在地面（平面）上出露的纵向长度和横向宽度之比，可将褶皱描述为：

① 线状褶皱：长与宽之比超过 10∶1 的各种狭长形褶皱。

② 短轴褶皱：长与宽之比在 3∶1~10∶1 的褶皱。

③ 穹隆构造：长与宽之比小于 3∶1 的背斜构造。

④ 构造盆地：长与宽之比小于 3∶1 的向斜构造。

5.1.3 褶皱的分类

根据轴面产状和枢纽产状，褶皱可分为七种主要类型（见图 5.6）。

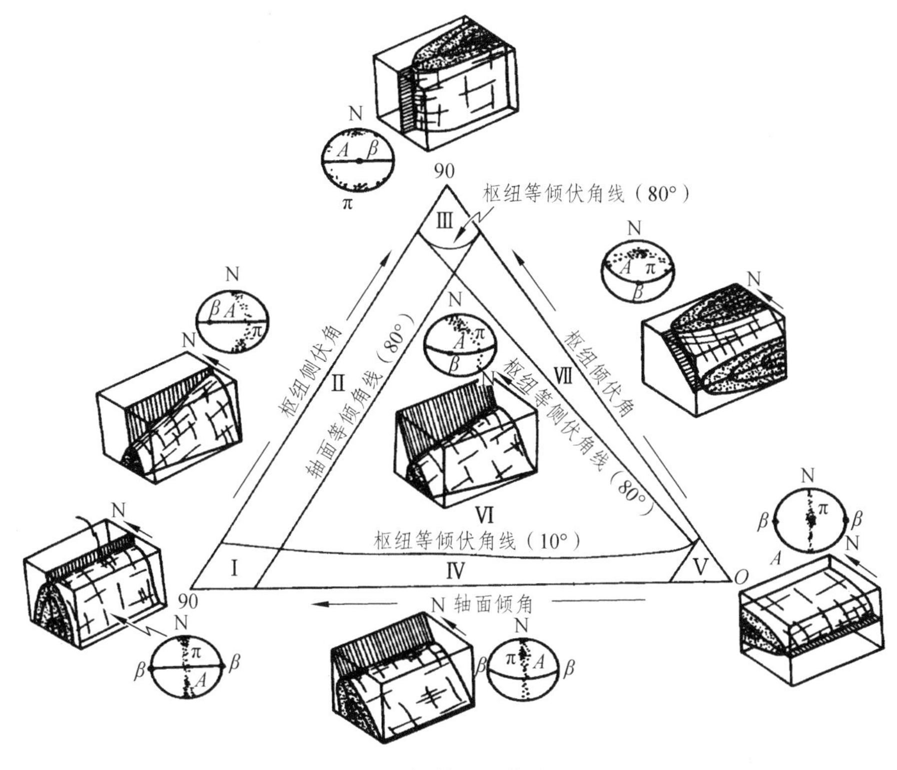

图 5.6 褶皱的产状类型

（1）直立水平褶皱（见图 5.6Ⅰ区）。轴面近于直立（倾角 80°~90°），枢纽近于水平（倾伏角 0°~10°）。

（2）直立倾伏褶皱（见图 5.6Ⅱ区）。轴面近于直立（倾角 80°~90°），枢纽倾伏角 10°~80°。

（3）倾竖褶皱（直立褶皱）（见图 5.6Ⅲ区）。面与枢纽均近于直立（倾角和倾伏角 80°~90°）。

（4）斜歪水平褶皱（见图 5.6Ⅳ区）。轴面倾斜（倾角 10°~80°），枢纽近于水平（倾伏角 0°~10°）。

（5）平卧褶皱（见图 5.6Ⅴ区）。轴面和枢纽均近于水平（倾角和倾伏角均为 0°~10°）。

（6）斜歪倾伏褶皱（见图 5.6Ⅵ区）。轴面倾斜（倾角 10°~80°），枢纽也倾伏（倾伏角 10°~80°），但二者倾向和倾角均不一致。

（7）斜卧褶皱（重斜褶皱）（见图 5.6Ⅶ区）。轴面倾角和枢纽倾伏角均为 10°~80°，而且二者倾向基本一致，倾斜角度也大致相等，即枢纽在轴面上的倾伏角为 80°~90°。

5.1.4 褶皱的组合

在地壳中的褶皱大多数不是单个、孤立的出现，而往往是不同形态、不同规模和级次的褶皱以一定的组合形式分布于不同的构造地区，在不同的地区褶皱组合形式不尽相同，这些组合形式往往同该地区的地质背景密切相关。常见的褶皱组合形式有以下几种：

（1）复背斜和复向斜（阿尔卑斯式褶皱）：复背斜或复向斜系指一个两翼被一系列次一级褶皱所复杂化了的大背斜或大向斜，有的文献认为典型的复背斜或复向斜翼部上的次一级褶皱轴面常向该复背斜（或复向斜）的核部收敛（见图 5.7）。不过，实际上许多复背斜和复向斜都经历过多次构造运动，以致其次一级褶皱产状和形态极为复杂。

（a）　　　　（b）

图 5.7　复背斜（a）和复向斜（b）

（2）隔挡式褶皱和隔槽式褶皱（侏罗山式褶皱）（见图 5.8）：一个平行褶皱群内，如果背斜呈紧密褶皱，而向斜呈开阔平缓褶皱，则称为隔挡式褶皱，如渝北就有这样的褶皱群[见图 5.8（a）]。隔槽式褶皱则是一系列相间排列的开阔背斜被一系列紧密向斜所隔开[见图 5.8（b）]。

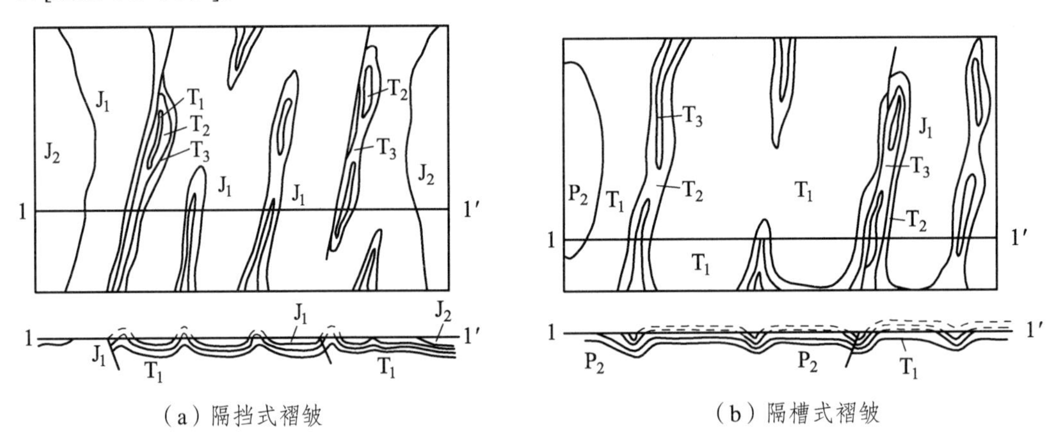

（a）隔挡式褶皱　　　　（b）隔槽式褶皱

图 5.8　隔挡式和隔槽式褶皱平面图和剖面图

（3）穹隆和构造盆地：大都是形态简单、平缓或开阔的褶皱，有的地区孤立曲线，在平面组合往往没有特别明显的规律性，轴线并无一定的方向。

（4）雁行褶皱群：一个地区内一系列背斜和向斜相间平行斜列如雁行，例如柴达木盆地中就有这样的褶皱群（见图 5.9）。这是区域性水平力偶作用形成的。

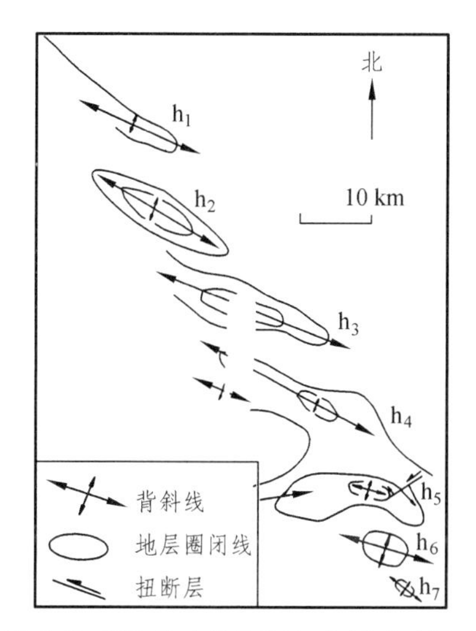

图 5.9 青海柴达木黄瓜梁-甘森地区雁行背斜群（据孙殿卿等 1958）

5.1.5 褶皱的识别和野外观察

褶皱的研究意义体现在揭示一个地区地质构造的形成规律和地质发展史。许多矿产，特别是石油、天然气和地下水等矿产与褶皱构造的关系极为密切，世界上许多的大油气田，其油气都聚集在背斜，特别是穹隆构造的顶部。

在野外对褶皱的研究，首先是要了解区域内总的构造轮廓，明确所要研究的褶皱在区域中的分布位置。然后分析研究工作区内的小比例尺地质图、航空照片、卫星照片等，或进行横穿区域构造线的路线地质调查，了解全区地层时代、地层层序和构造总体特征，从而确定调查研究褶皱构造的调查路线或地震勘探方案。

观察的主要内容有以下几方面：

1. 褶皱几何学特征的分析

（1）查明地层层序和追索标志层。

查明地层层序是研究褶皱和区域构造的基础，因此，首先要进行地层研究。根据古生物和岩石沉积特征，查明其时代层序，进行地层划分，或根据岩石中各种原生构造及伴生小构造（如层间小褶皱、节理、劈理等）来查明岩层相对顺序，区别层序正常和倒转的地层。然后根据地层对称重复的关系，确定背斜和向斜的所在位置。通常背斜核部地层较老，而向斜核部地层较新。

为了查明褶皱的规模和形态，还应追索标志层，圈出标志层的出露界线，测量其产状变化。在构造复杂的变质岩地区，在层理和地层层序不太清楚的情况下，追索石英岩、大理岩等标志层的分布特点和产状变化，就成了填图和研究构造的一个重要方法。

（2）确定褶皱枢纽和轴面产状。

不知道褶皱枢纽和轴面的产状，就无法判断褶皱的产状和真实形态。弄错枢纽和轴面的产状，就会歪曲褶皱的产状和形态。对于露头良好的小褶皱来说，它们的枢纽和轴面的产状可以根据系统地测量两翼同一岩层产状，用几何作图或赤平投影方法来确定。

（3）观察褶皱出露形态。

在考察褶皱露头形态时，必须注意到地面是从任意方向切割褶皱的，地面这个天然切面，起伏不平，很不规则，常常歪曲褶皱的真实形态。不过万变不离其宗，基本格局总是可以查明的。例如，原来虽是一个简单的褶皱，但在不同方向剖面上所出露的形态是很不相同的，因为地面可以是这些剖面中的任一个面，所以褶皱在地面出露的形态也可以是任何一种。不过地面可以纵横观察，详细测量，通过对褶皱在不同位置、不同方向上的出露形态的综合观察分析，就可以揭示褶皱的真实面貌。地段的褶皱形态同时反映到一个横截面上，因此，对于枢纽倾伏向有变化的褶皱，要按枢纽倾伏向的变化划分区段，垂直于枢纽倾伏向绘制一系列横截面（横剖面图也需如此）。

此外，还应认真研究褶皱的纵剖面，了解其纵向变化规律。把纵、横剖面结合起来，加以综合研究，就能掌握褶皱在三度空间内的整体形态及在不同区段内形态变化特征与变化规律。

2. 褶皱形成时代的研究（角度不整合分析法）

根据地层不整合面的存在以及不整合面上、下褶皱形态是否连续一致，可以推断包括褶皱在内的各种构造的形成时代的上限和下限。如果不整合面以下的地层均褶皱，而其上的地层未褶皱，则褶皱运动应发生在不整合面下伏的最新地层沉积之后和上覆最老地层沉积之前；如果不整合面上、下地层均褶皱，而上下地层即不整合面的褶皱方式又都完全一致，则褶皱运动是后来发生的；如果不整合面上、下地层均褶皱，但褶皱方式、形态又都互不相同，则至少发生过两次褶皱运动；如果一个地区的地层有两个角度不整合面，且两个不整合面上、下地层均褶皱，则该区发生过三次或更多次褶皱运动。

如从江西上饶东田大坟山地质剖面上可以看出两个不整合面（见图 5.10），其中下二叠统和上二叠统之间的不整合代表的时间很短，可以推测下二叠统的地层褶皱时间大致相当于东吴运动的时间。侏罗纪与下二叠统的不整合时间间距较大，不过根据这一带大区域地层对比，二叠系与三叠纪之间是连续沉积的，而三叠纪晚期的印支运动对本区影响较广泛，因此可以认为上二叠统地层的褶皱是印支运动造成的，而上二叠统与侏罗纪地层之间的不整合面显然也褶皱过，因此本区可能还发生过第三次褶皱运动，即在我国尤其是江南有广泛影响的燕山运动也曾波及当地。

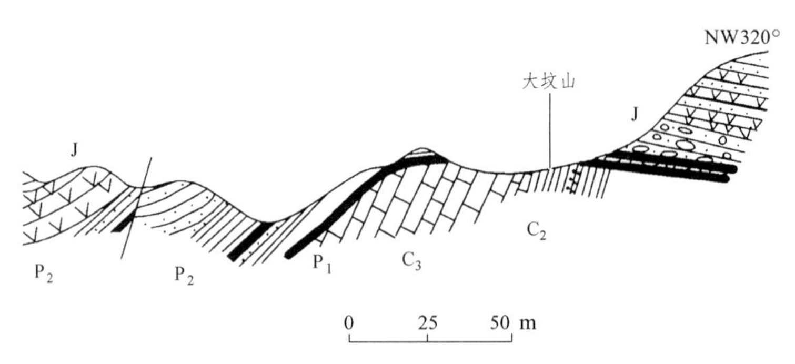

图 5.10　江西上饶东田大坟山地质剖面

5.2 节 理

节理：岩石中的裂隙，是指没有发生明显位移的断裂。断裂包含节理（无显著位移者）和断层（有显著位移者）。在石油行业中节理多称为裂缝，其形态各异，长短不一，成群出现。

节理面：节理构造的破裂面叫节理面。节理面可以是平面，也可以是曲面。节理面的产状反映了节理在空间的位态，仍用走向、倾向和倾角来表示。

节理组：是指在一次构造作用的统一应力场中形成的，产状基本一致、力学性质相同的一群节理。

节理系：是指在一次构造作用的统一应力场中形成的两个或两个以上的节理组构成的，如 X 形共轭节理系等。在一次构造作用的统一应力场中形成的产状呈规律性变化的一群节理，如一群放射状张节理或同心环状张节理，也称节理系。在野外工作中一般都以节理组或节理系为对象进行观测，故应注意正确划分节理组和节理系。

5.2.1 节理的分类

节理根据其形成的地质原因有原生节理、非构造节理和构造节理。

原生节理：在成岩过程中形成的，如玄武岩中的柱状节理、细粒沉积岩中的泥裂等。

非构造节理：在外动力地质作用下形成的，如风化作用或滑坡形成的节理等。其特点是发育的范围和深度有限，与各级各类构造无规律性关系，产状和方位极不稳定，以张节理为主。

构造节理：由内动力地质作用（主要是构造运动）产生的节理。分布也有一定的规律性。其特点是方位和产状稳定，与区域构造或局部构造存在一定的关系，它往往与褶皱和断层紧密相伴，成因密切，而且发育的范围和深度较大，既有剪节理又有张节理。

通常对构造节理分类主要依据两个方面，即按节理与相关构造的几何关系及按节理形成的力学性质，这两者又是相互关联的。节理与相关构造的几何关系反映了它们的力学成因，而同一力学成因的节理、褶皱和断层又具有一定的几何关系。

1. 节理与相关构造的几何关系分类

（1）根据节理与所在岩层的产状关系分类（见图 5.11）。

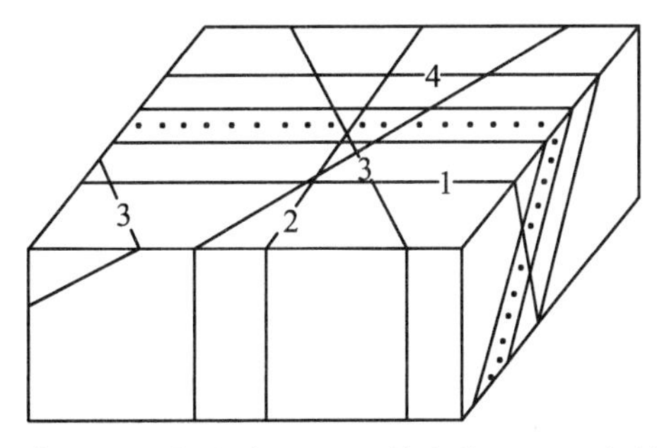

1—走向节理；2—倾向节理；3—斜向节理；4—顺层节理。

图 5.11 根据节理与所在岩层的产状关系分类

走向节理：节理走向与岩层走向平行。

倾向节理；节理走向与岩层走向垂直。

斜向节理：节理走向与岩层走向斜交。

顺层节理：节理面平行于岩层层面。

（2）根据节理走向与所在褶皱枢纽间的关系分类（见图 5.12）。

纵节理：节理走向与褶皱枢纽平行。

斜节理：节理走向与褶皱枢纽斜交。

横节理：节理走向与褶皱枢纽垂直。

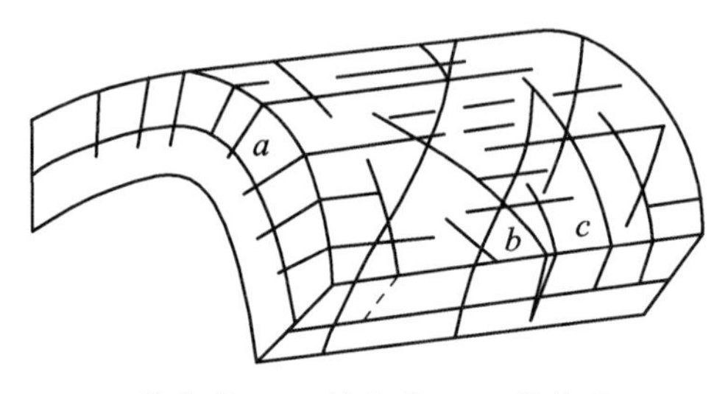

a—纵节理；b—斜节理；c—横节理。

图 5.12　根据节理走向与所在褶皱枢纽间的关系分类

2. 节理的力学性质分类

节理按其形成时的力学性质，可分为张节理和剪节理两类。

（1）张节理。

张应力作用而产生的节理是张节理，其方位垂直于主张应力或平行于主压应力。张节理的形成机制和规律是：岩石在单剪作用下会形成与剪切方向大致成 45°的拉伸，在与拉伸垂直的方向产生张节理；岩石在拉伸作用下会产生与主张应力垂直的张节理；岩石在一个方向上受压时会形成与受压方向相平行的张节理。以及以受力方向为锐角等分线的一对共轭剪裂面，这个剪裂面小的时候成节理，若是张大时，会成为纵向逆断层，或斜向撕裂断层。如图 5.13 所示，在平行受压的方向出现一系列相互近于平行的张节理，在沿共轭剪切面方向形成两组雁列张节理带。

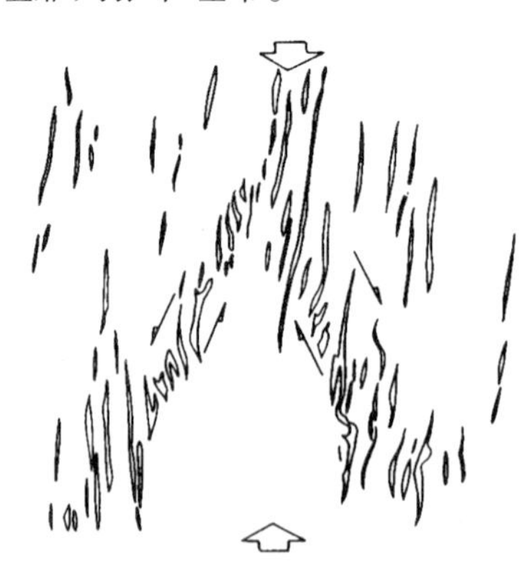

图 5.13　北京坨里奥陶系白云质灰岩中的张节理系

张节理主要具有以下特征：

① 张节理产状不稳定，往往延伸不远即行消失。单个节理短而弯曲，若干张节理则常以侧列关系出现。

② 张节理面粗糙不平，发育在砾岩中的张节理往往绕砾石而过。平面观察张节理，虽可看出总的走向，但却明显呈不规则的弯曲状或规则的锯齿状，后者乃追踪先已形成的两组共轭剪切面而成，故又称（锯齿状）追踪张节理。

③ 张节理面没有擦痕。

④ 张节理一般发育稀疏，节理间距较大，而且即使局部地段发育较多，也是稀密不匀，很少密集成带。

⑤ 张节理两壁之间的间距较大，呈开口状或呈楔形，并常被岩脉充填。

⑥ 张节理的尾端变化形式有两种：树枝状分叉及杏仁状结环。树枝状分叉的小节理没有明显的方向性，可与剪节理尾端的节理叉区别开来；杏仁状结环呈椭圆形，棱角不明显，也可与剪节理尾端的菱形结环区别开来。

⑦ 一般在挤压和拉伸作用方式下形成的张节理彼此平行排列，而在剪切作用下形成的张节理，在平面或剖面（如正、逆断层的剪切滑动）上呈雁行排列。

（2）剪节理。

剪节理是由于剪应力作用而形成的节理，其两侧岩块沿节理面有微小剪切位移或有微小剪切位移的趋势，位移的方向与 σ_2 垂直。剪节理面则与 σ_2 平行，与 $\sigma_1\sigma_3$ 呈一定的夹角（见图 5.14）。

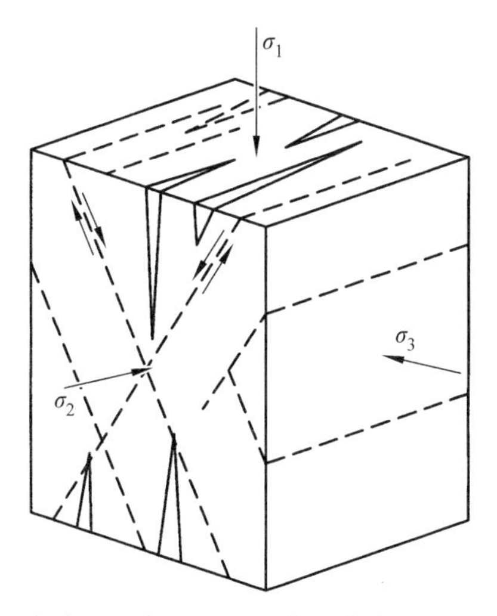

图 5.14　剪节理（虚线）及张节理（τ）与主应力轴（$\sigma1$、$\sigma2$、$\sigma3$）的关系

最大主应力轴 σ_1 方向与剪切破裂面之间的夹角称为剪裂角。包含最大主应力 σ_1 象限的共轭剪切破裂面之间的夹角称为共轭剪切破裂角。根据莫尔-库仑理论，岩石内两组初始剪裂面的交角常以锐角指向最大主应力方向，故共轭剪切破裂角常小于 90°（通常 60° 左右），两剪裂角则小于 45°。

剪节理主要特征如下：

① 剪节理产状较稳定，沿岩层走向和倾向延伸较远，但穿过岩性差别显著的不同岩层时，其产状可能发生改变，反映岩石性质对剪节理方位有一定程度的控制作用。

② 剪节理面平直光滑，这是由于剪节理是剪破（切割）岩层而不是拉破（裂割）岩层。

③ 在砾岩、角砾岩或含有结核的岩层中，剪节理同时切过胶结物及砾石或结核。由于沿剪节理面可以有少量的位移，因此常可借被错开的砾石确定其相对移动方向。

④ 剪节理面上常有剪切滑动时留下的擦痕、摩擦镜面，但由于一般剪节理，沿节理面相对移动量不大，因此在野外必须仔细观察。擦痕可以用来判断节理两侧岩石相对移动方向，见第 6 章有关部分。

⑤ 由于剪节理是由共轭剪切面发展而来的，所以常成对出现。典型剪节理常组成 X 形共轭节理系，X 形节理发育良好时，可将岩石切割成菱形、棋盘格式岩块或这种类型的柱体。不过在某些地区，两组剪节理的发育程度可以不等。X 形共轭节理系两组节理的交角，在一般情况下，锐角等分线与挤压应力方向一致，钝角等分线与引张应力方向一致。

⑥ 剪节理排列往往具有等距性。

⑦ 剪节理一般发育较密，即相邻二节理之间的距离较小，常密集成带。但节理间距的大小又同岩性与岩层厚度有着密切的关系，硬而厚的岩层中的节理间距大于软而薄的岩层。同时，剪节理发育的疏密还与应力作用情况有关。

⑧ 剪节理常呈现羽列现象，往往一条剪节理经仔细观察并非单一的一条节理，而是由若干条方向相同首尾相近的小节理呈羽状排列而成。小节理方向与整条节理延长方向之间为小于 20°的夹角。

⑨ 剪节理的尾端变化有折尾、菱形结、节理叉等三种形式（见图 5.15）。

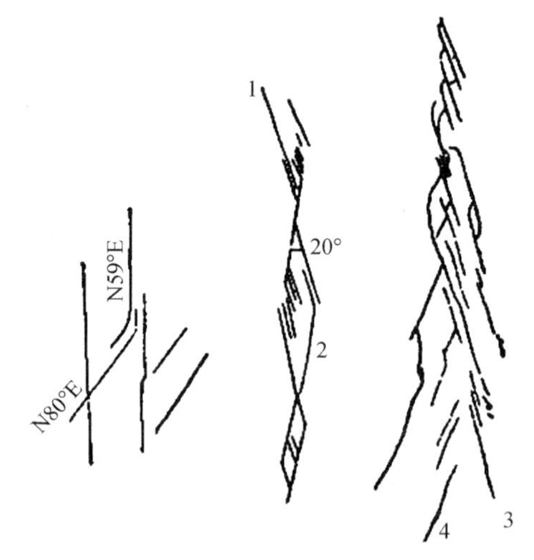

（a）尾端转折　（b）菱形结环　（c）尾端分叉

1、2、3、4—分别组成 X 剪节理系。

图 5.15　剪切节理的尾端变化

5.2.2 节理的分期与配套

节理一般是长期多次构造活动的产物。从时间、空间和形成力学上研究一个地区节理的形成发育史及分布产出规律，恢复古应力场，必须首先对节理进行分期配套研究。

1. 节理的分期

节理分期是将一定地区不同时期形成的节理加以区分，将同期节理组合在一起。即从时间尺度上对一定地区的所有节理进行分类，划分出先后次序，确定其长幼关系，以便从时间、空间和形成力学上研究一个地区节理的发育史和分布产出规律，探讨该地区的构造变形史。

根据节理组的交切关系，节理的分期主要依据两个方面：节理组的交切关系以及节理与有关各期次地质体的关系。节理组的交切关系包括错开、限制、互切、追踪和改造几个方面（见图 5.16）。

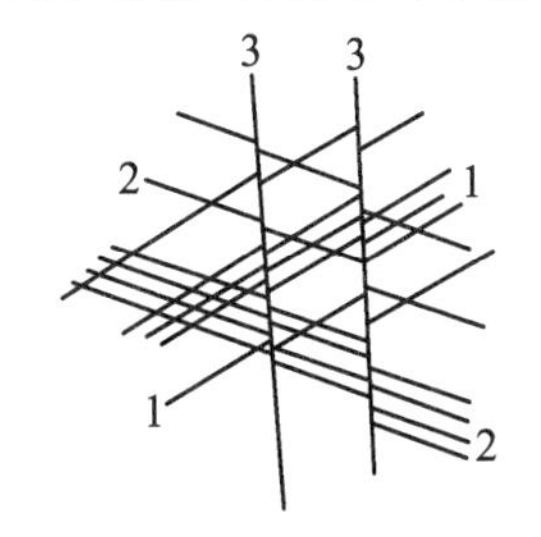

（a）不同期节理对应错开

（b）湖北湘溪石灰岩中不同节理的限制现象（据马宗晋等，1965）

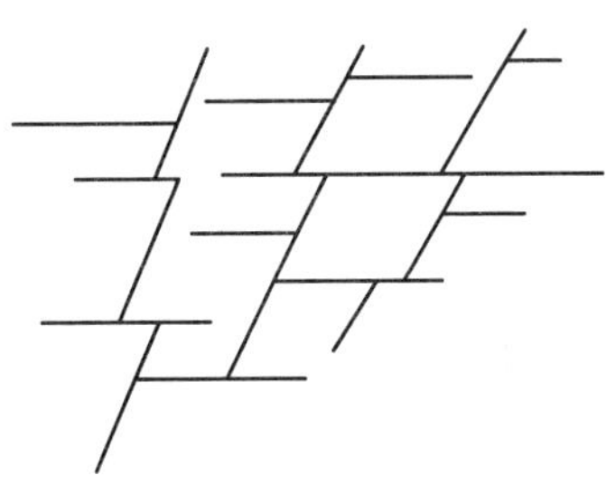

（c）两组共轭节理的互切

图 5.16　不同期次节理组的交切关系

（1）错开：指后期形成的节理常切断前期的节理，错断线两侧标志点对应错开［见图 5.16（a）］。

（2）限制：指一组节理延伸到另一组节理前突然终止的现象。一组节理被限制在另一组节理之间或其一侧，使得被限制者不能切穿通过，则限制者为先期节理，被限制者为后期节理。如图 5.16（b）中 3、4 组节理是被限制的节理组，形成时间较晚，1、2 组为限制节理，形成时间较早。

（3）互切：指两组互相交切或切错的节理是同时形成的，两者成共轭的关系［见图 5.16（c）］。

（4）追踪和改造：指后期形成的节理有时利用早期节理，沿早期节理追踪或对其改造，使一些晚期节理常比早期节理更加明显。

2. 节理的配套

节理配套是将在一定构造期的统一应力场中形成的各组节理组合成一定系列。其是从亲缘关系（或成生联系）上对一定空间范围内的所有节理进行组合，显然一个地区至少可以有一个或多个具亲缘关系的节理系。分期与配套的目的是为研究区域构造和恢复古应力场提供依据。

构造应力场的基本表示方法是确定三根主应力轴 σ_1、σ_2、σ_3 的空间方位。而节理的研究，特别是共轭剪节理的研究对于恢复构造应力场、有效地确定主应力轴的方位有着重要的意义。所以节理的配套工作是各种构造配套的基础，其任务主要是在各个方向的节理组中确定同期形成的、具有共轭关系的成对剪节理。

节理的配套主要依据共轭节理的组合关系，并辅以节理发育的总体特征及其与有关地质构造的关系来确定统一应力场中形成的各组节理。

（1）由于同期形成的两组共轭剪节理具有统一的剪切滑动关系，并常留下滑动的痕迹和标志，因此可以利用剪节理面上的擦痕、节理和羽列及派生张节理等所显示的剪切滑动方向来确定其共轭关系。其中尤以羽列现象最为常见和可靠（见图 5.17）。图 5.17 所示的两对共轭剪节理羽列指示的动向反映 σ_1 的方位为近南北向（P_1）及近东西向（P_2）。

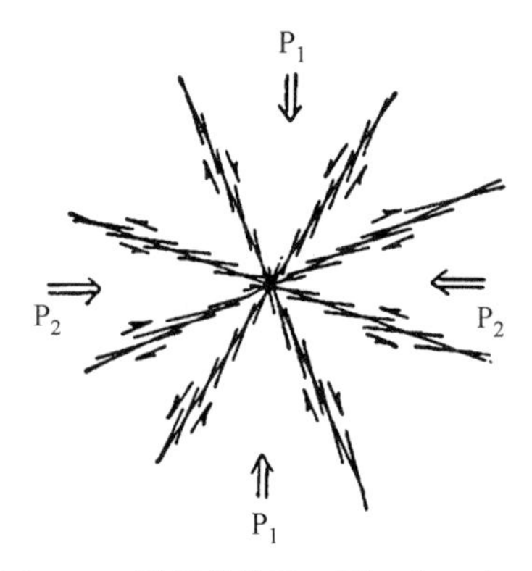

图 5.17　利用剪节理羽列配套示意图

（2）利用剪节理的尾端变化确定其共轭关系，两组剪节理的折尾与菱形结环所交之锐角等分线，在一般情况下即为 σ_1 之所在。

（3）利用两组剪节理相互切断错开的对应关系确定其共轭关系。如图 5-17 所示，其 σ_1 的方位大致为北东东-南西西。

5.2.3　节理的识别和野外观察

节理在自然界虽然广泛发育，但是尚未形成一套系统的研究方法。研究方法因任务不同而异，但不外乎系统的观察、测量统计，然后结合地质构造进行分析。通常在工作之前，对航、卫片进行解释，宏观地观察认识工作区节理的特点和规律，常能收到事半功倍之效。航卫片上可确定节理的方向、产状及其与各级构造的关系，节理的组合型式及其变化，节理发育程度、展布范围和被充填的情况。

1. 观察点的选定

视研究任务而定，一般不要求均匀布点，而是根据构造情况及节理发育情况布点，做到疏密适度。选定观察点时还应注意到：① 露头良好，最好能观察到两个面，露头面积一般不小于 10 m^2，便于大量测量；② 构造特征清楚，岩层产状稳定；③ 节理比较发育，组、系相互关系明确，且观测点要选择在重要的构造部位；④ 一定地区各种不同的构造层，各类构造，岩体和岩石组合中的节理总是互有差异的。因此，可划分不同的节理区域，分别进行测量统计。

（1）地质背景的观测（构造部位、地层及产状、岩性及成层性、褶皱、断裂的特点）；岩性对节理发育程度有明显的影响，其表现为：

① 韧性岩层：剪节理发育，共轭剪裂角大；

② 脆性岩层：张节理发育，共轭剪裂角小；

③ 岩层单层厚度对节理发育有影响。一般来说单层厚度大，则节理间距大，节理分布稀疏；单层厚度小，则节理间距小，节理分布密集。其原因是层理降低强度。

（2）节理的分类和组系划分。

（3）节理的分期与配套。

（4）节理发育程度的研究。节理发育程度常用密度或频度表示：

① 密度或频度：指节理法线方向上的单位长度（米）内的节理条数，条/m。

② 缝隙度（G）（水工建筑、油气勘探）为密度（μ）与节理平均壁距（t）的乘积，即 $G=\mu t$。

③ 单位面积内长度 $u=l/\pi r^2$（r 半径圆内节理总长度 l）。

（5）节理的延伸。

（6）节理的组合型式观测。

（7）节理面的观察。

（8）含矿性和充填物的观察：含矿性、充填与否、充填状况（半充填或全充填）、充填物性质。在观察和测量过程中，对有代表性的节理形迹特征和组合关系应采集标本样品和绘制素描图或照相。

2. 节理的观测记录

根据上述观测内容，在每个节理观测点上均要参照表 5.1 逐项进行记录。

表 5.1　节理记录

观测点			岩层的层位、岩性、厚度、产状及所在的构造部位	垂直节理组侧线长/m	节理条数	节理产状		节理的频度/（条/m）	节理宽度	节理长度	节理的形态特征及伴生构造特征	充填物矿化标志及交切关系	节理的力学性质	节理分期	节理配套	标本、素描图、照片编号
编号	位置	面积				倾向	倾角									

日　期：

测量人：

记录人：

3. 节理测量资料的室内整理

在野外，通过观察节理所获得的大量原始资料，必须进行室内整理，编制相应的节理图件，然后结合地质图等图件进行分析研究，以探讨构造应力场及解决生产实际问题。为了简明清晰地反映不同性质节理的发育规律，需要将野外所测节理产状要素资料分成不同的组、系，并予以整理绘图。常用的节理图件主要有节理玫瑰花图、节理极点图及节理等密图等。

（1）节理玫瑰花图。

节理玫瑰花图分走向图和倾向图两种。

① 节理走向玫瑰花图，是将野外测得的节理走向资料，根据作图要求和地质情况，按其走向方位角的一定间隔分组，通过统计每组的节理数，计算每组节理平均走向而绘制的。如图 5.18（a）所示，从图上可一目了然地看出三个方位的节理最为发育，其走向为 N10°-20°E、N40°-50°W、N70°-80°E 三组。因此，节理走向玫瑰花图多用于直立或近于直立产状为主的节理统计整理。

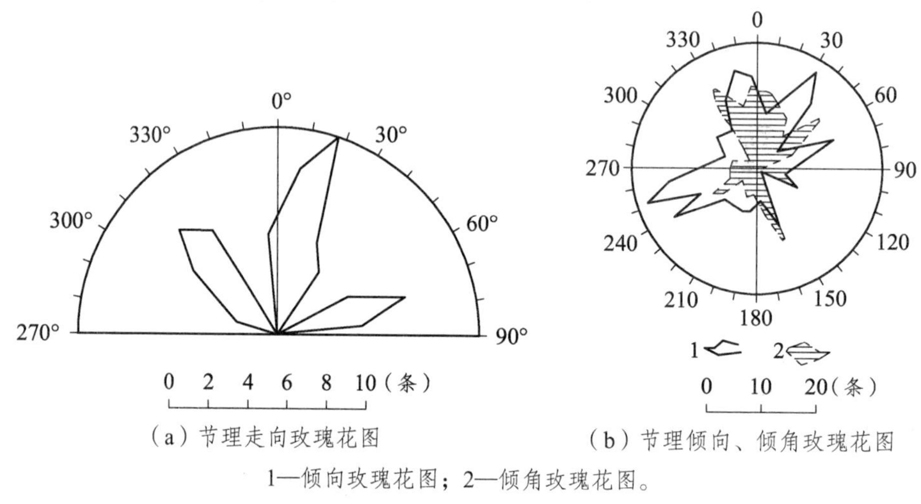

1—倾向玫瑰花图；2—倾角玫瑰花图。

图 5.18 节理走向玫瑰花图和节理倾向、倾角玫瑰花图

② 在节理产状变化较大的情况下，共轭剪节理的统计整理则可用倾向玫瑰花图表示。节理倾向玫瑰花图，是按节理倾向资料分组，求出各组节理的平均倾向和节理数目，用圆周方位代表节理的平均倾向，用半径长度代表节理条数制作而成的，作法与节理走向玫瑰花图相同，但用的是整圆［见图 5.18（b）］。

③ 节理倾角玫瑰花图是按以上已分的节理倾向方位角的组，求出各组的平均倾角，用半径长度显示倾角大小，然后用节理的平均倾向和平均倾角作图，圆半径长度代表倾角，由圆心至圆周从 0°~90°，找点和连线方法与倾向玫瑰花图相同。倾向、倾角玫瑰花图一般重叠画在一张图上。作图时，在平均倾向线上，可沿半径按比例找出代表节理数和平均倾角的点，将各点连成折线即得。图上用不同颜色或线条加以区别［见图 5.18（b）］。

④ 节理玫瑰花图的分析。

玫瑰花图是节理统计方式之一，作法简便，形象醒目，能比较清楚地反映出主要节理的方向，有助于分析区域构造，最常用的是节理走向玫瑰花图。

（2）节理极点图。

节理极点图是用节理面法线的极点投影绘制的，网的圆周方位表示倾向，由 0°~360°，半径方向表示倾角，由圆心到圆周为 0°~90°。作图时，把透明纸蒙在网上，标明北方，当确定某一节理倾向后，再转动透明纸至东西向（或南北向）直径上，依其倾角定点，该点称极点，即代表这条节理的产状。为避免投点时转动透明纸，可用与施密特网投影原理相同的极等面积投影网。网中放射线表示倾向（0°~360°），同心圆表示倾角（由圆心到圆周为 0°~90°）。作图时，用透明纸蒙在该网上，把观测点上的节理都分别投成极点，即成为该观测点的节理极点图［见图 5.19（a）］。

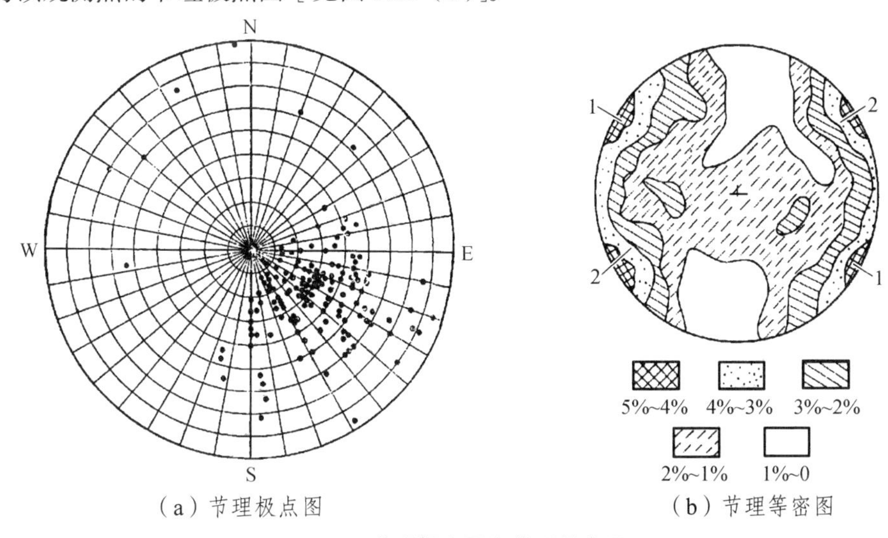

（a）节理极点图　（b）节理等密图

图 5.19　节理极点图和节理等密图

（3）节理等密图。

等密图是在极点图的基础上，用密度计统计节理数，通过统计、连线、整饰而成。如极点图系利用等角距网制作，则用普洛宁网统计节理极点的密度。将节理极点的密度标在透明图上，按插入法勾绘出极点密度的等值线，并以不同符号表示出各个密度区间的节理极点百分数，由此绘制而成［见图 5.19（b）］。

5.3　断层

岩石因受力而破裂，沿破裂面两侧岩块有明显位移的断裂构造叫断层。断层与节理均为地壳浅层中发育的断裂构造，节理以岩石沿破裂面没有发生明显的相对位移或仅有微量位移而区别于断层。断层和节理就其力学性质而言，并无本质上的差别，断层往往是节理进一步发展而形成的。

断层在地壳中分布很广泛，但其规模差异很大。大至成百上千千米，小至用显微镜才能观察研究。在垂向上，往地下深处随着温度、压力的增高，岩石由脆性变为韧性，致使地壳岩石中的断裂表现出层次性。即浅层次为脆性断裂，形成脆性断层，简称断层；

在深层次则形成韧性断层（或称韧性剪切带）。

5.3.1 断层的几何要素和位移

1. 断层的几何要素

断层的几何要素是指断层的组成部分及与阐明断层空间位置和运动性质有关的具有几何意义的要素。它包括以下几种：

（1）断层面。

断层面：是指将岩体断开，被断岩块沿着它滑动的破裂面。它是一种面状构造。它在局部地段可以是平面，但在较大范围内通常是不规则的曲面。和岩层产状一样，断层面的产状也用走向、倾向和倾角来表示。

断层破碎带：规模较大的断层的断层面常由一系列断裂面和次级破裂面组成的断层破碎带。

断层线：断层面与地面的交线叫断层线，它是断层面在地表的出露线。和岩层的地质界线一样，断层线的形态受地形、断层面产状的影响，其影响方式完全和“V”字形法则相同。因此，在大比例尺地质图上，可用“V”字形法则间接测定断层面的产状。

（2）断盘。

断盘：是在断层面两侧并沿断层面发生明显位移的岩块。

断层的上盘和下盘：如果断层面是倾斜的，则位于断层面上侧的一盘为断层的上盘，位于断层面下侧的一盘为断层的下盘。如果断层面是直立的，则可按断盘相对于断层线的方位来描述，如北东盘、南西盘、东盘、西盘等，并无上、下盘之分。

上升盘和下降盘：根据断层两盘的相对滑动方向，将相对上升的一盘叫上升盘，而相对下降的一盘叫下降盘。

2. 断层的位移

（1）位移：断层两盘岩块的相对运动既有直线运动，又有旋转运动。在直线运动中，两盘做相对的平直滑动而无旋转；在旋转运动中，两盘以断层面的某法线为轴做旋转运动。断层常常做这两种运动的综合运动，但多数断层都以直线运动为主。断层规模越大，直线运动所占的比例越大（见图 5.20）。

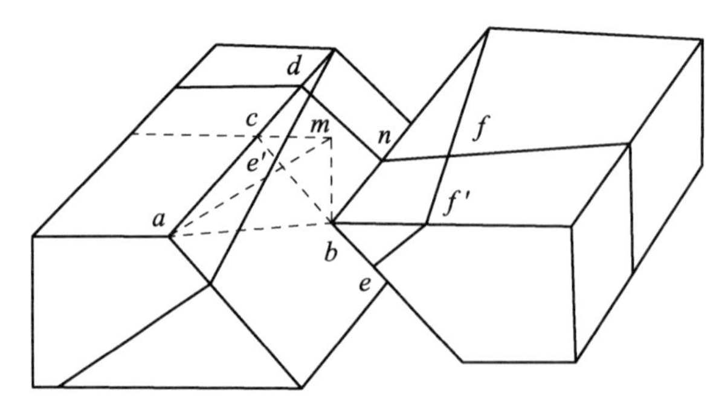

（a）断层位移立体图

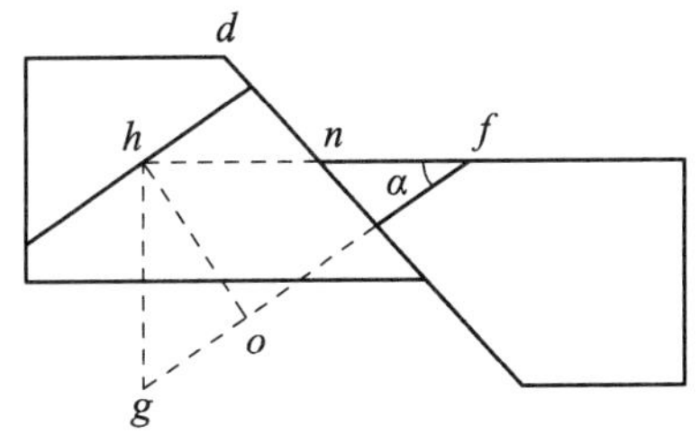

（b）垂直于被错断岩层走向的剖面图

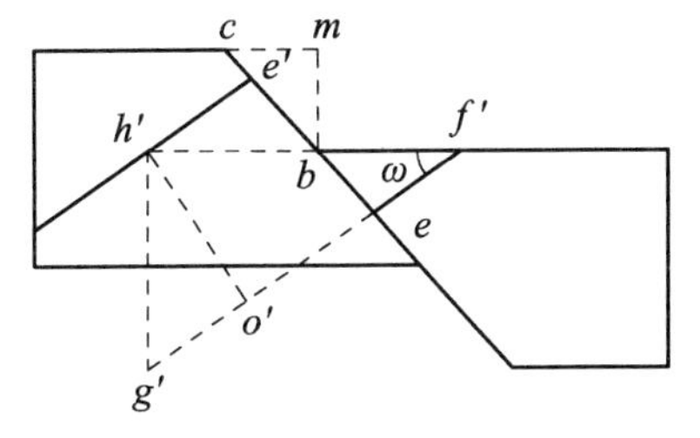

（c）垂直于断层走向的剖面图

ab—总滑距；ac—走向滑距；cb—倾斜滑距；am—水平滑距；ho、$h'o'$—地层断距；
hg、$h'g'$—铅直地层断距；hf、$h'f'$—水平地层断距；α—地层真倾角；ω—地层视倾角。

图 5.20　断层位移图（据 M. P. Billings）

（2）滑距（总滑距）：断层两盘的实际位移距离叫滑距。从理论上讲，它是指在断层错动前的某一点，错动后分成的两个点（即相当点）之间的实际距离［见图 5.20（a）中的 ab］，又称总滑距。

走向滑距：总滑距在断层走向线上的分量叫走向滑距［见图 5.20（a）中的 ac］。

倾斜滑距：总滑距在断层倾斜线上的分量叫倾斜滑距［见图 5.20（a）中的 cb］。

但在实际工作中，很难找到真正的相当点，因此，一般采用寻找相当层来近似测算断层的位移。

（3）断距：相当层之间的距离称断距。不同方位剖面上的断距值不同。相当层：断层错动前的同一岩层，错动后被分为两个对应层，这种在断层两盘上的对应层叫相当层。

① 在垂直于被错断岩层走向的剖面上［见图 5.20（b）］，可测得以下三种断距：

地层断距：断层两盘对应层之间的垂直距离［见图 5.20（b）中的 ho］。

铅直地层断距：断层两盘对应层之间的铅直距离［见图 5.20（b）中的 hg］。在石油钻探中，当直井穿过逆断层时，在断层面上、下两个对应的岩层面之间的进尺数之差就是铅直地层断距，现场工作中称为“落差”。

水平地层断距：断层两盘相当层之间的水平距离［见图 5.20（b）中的 hf］，又称水平错开。以上三种断距构成一定直角三角形关系，即图 5.20（b）中的△hof，其中 α 为岩层倾角。若已知岩层倾角和上述三种断距中的任一种断距，即可求出其他两种断距。

平错和落差：是在矿山开采的实际工作中，为便于设计竖井和水平巷的长度，在垂直于岩层走向的剖面上常常采用的断距术语（见图 5.21）。

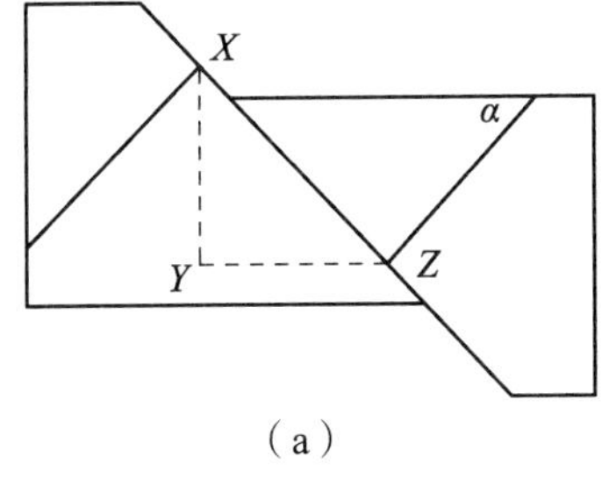

（a）

（b）

α—岩层倾角。

图 5.21　断层的平错和落差（垂直于岩层走向剖面）

② 在垂直于断层走向的剖面上［见图 5.20（c）］，可测得与垂直于岩层走向剖面上相当的各种断距，即 $h'o'$、$h'g'$、$h'f'$。

同一岩层，当岩层走向与断层走向一致时，这三种断距值在两种剖面上均相等；当岩层走向与断层走向不一致时，除铅直地层断距在两个剖面上相等外，其余断距值不相等。即图 5.20（b）中的 ho、hg、hf 都小于在图 5.20（c）中测得的数值 $h'o'$、$h'g'$、$h'f'$。因为 α（地层真倾角）$>\omega$（地层视倾角），故在 $\triangle hog$、$\triangle hof$ 与 $\triangle h'o'g'$、$\triangle h'o'f'$ 中，仅 $hg=h'g'$，而 $ho<h'o'$（视地层断距），$hf<h'f'$（视水平断距）。

5.3.2 断层的分类

断层的分类是一个涉及因素较多的问题，比如断层与地层产状之间的关系、断层两盘相对运动方向、断层本身产状特征等，目前广泛使用的是几何分类和成因分类。现仅就常用的几何分类加以介绍：

1. 断层的几何关系分类

（1）根据断层走向与所在岩层走向的关系划分：

① 走向断层：断层走向和岩层走向基本一致。

② 倾向断层：断层走向和岩层走向基本垂直。

③ 斜向断层：断层走向和岩层走向斜交。

④ 顺层断层：断层面与岩层层面基本一致。

（2）根据断层走向和褶皱轴向（或区域构造线）的关系划分（见图 5.22）：

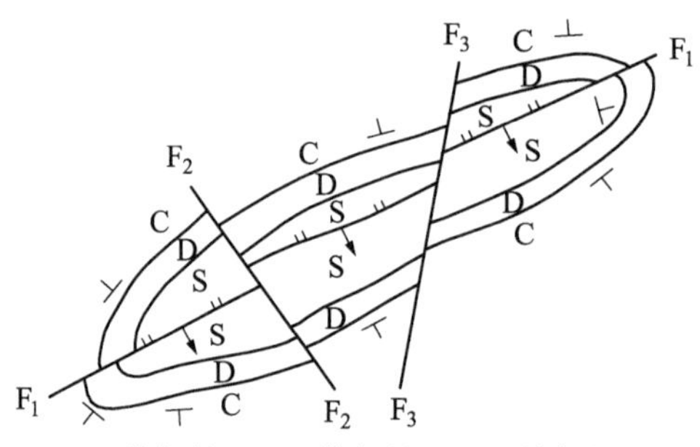

F_1—纵断层；F_2—横断层；F_3—斜断层。

图 5.22 根据断层走向和褶皱轴向（或区域构造线）的关系分类

① 纵断层：断层走向和褶皱轴向或区域构造线方向基本一致。

② 横断层：断层走向和褶皱轴向或区域构造线方向近于直交。

③ 斜断层：断层走向和褶皱轴向或区域构造线方向斜交。

2. 根据断层两盘的相对位移关系分类

（1）正断层：上盘相对下降、下盘相对上升的断层［见图 5.23（a）］。

（2）逆断层：上盘相对上升、下盘相对下降的断层［见图 5.23（b）］。

（3）平移断层：断层两盘沿断层面走向方向做水平位移，规模巨大的平移断层叫作走向滑动断层［见图 5.23（c）］。

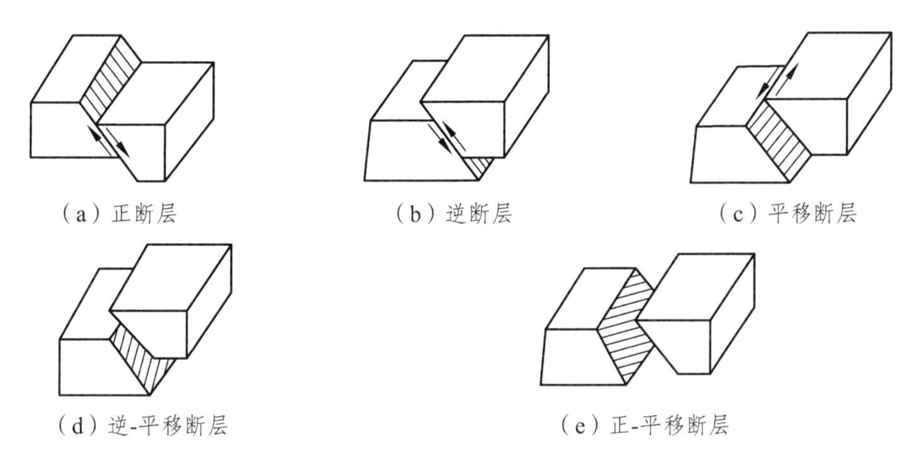

图 5.23 按断层两盘相对运动划分的断层和组合性命名断层

许多断层的两盘并不完全顺断层面的走向或倾向滑动，而是斜向滑动的，因此兼具有正（逆）-平移的双重性质。对这类断层采用复合命名法命名，如正-平移断层、逆-平移断层、平移-逆断层等复合名称，复合名称的后者表示主要运动分量，即复合命名通常是以后者为主、前者为辅的原则来进行命名的［见图 5.23（d）、（e）］。正、逆、平移断层的两盘相对运动都是直移运动，但自然界中还有许多断层常常有一定程度的旋转运动。

（4）枢纽断层：断层两盘不是做直线位移，而是具有明显的旋转性，这种断层叫作枢纽断层。其显著的特点是在同一断层的不同部位的位移量不等。断层的旋转有两种方式：一是旋转轴位于断层的一端，表现为在横切断层走向的各个剖面上的位移量不等［见图 5.24（a）］；另一种是旋转轴位于断层的中间，表现为旋转轴两侧的相对位移方向不同，一侧为上盘上升，另一侧则为上盘下降［见图 5.24（b）］。

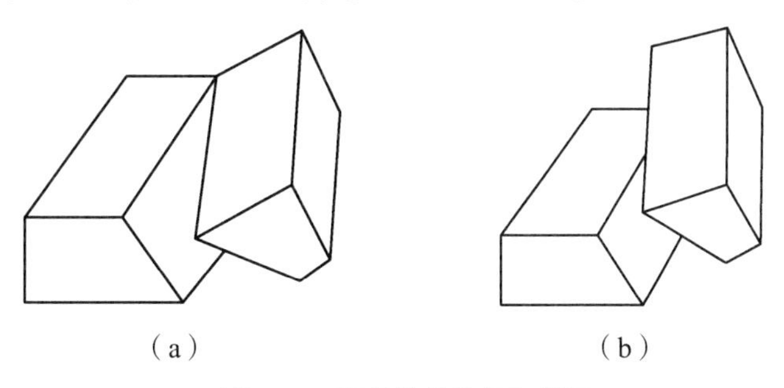

图 5.24 两种旋转的枢纽断层

（5）顺层断层：是顺着层面、不整合面等先存面滑动的断层。当层间滑动达到一定的规模并具有明显的断层特征时，则形成顺层断层。顺层断层一般顺软弱层发育，断层面与原生面基本一致。

前面提到断层面，尤其是大的断层其断面一般不会是一个平面，与我们在教科书中用块状图表示的大相径庭，实际往往很复杂。一条断层往深部追索，时而切层，遇到软弱岩层，有一段顺层，然后又切层下延的情况并不少见。初学者切莫把块状图中的形象看成放之四海而皆准的模型。

3. 几种特殊的逆断层

（1）高角度逆断层：断层面倾角大于 45°的逆断层。

（2）低角度逆断层（逆冲断层）：断层面倾角小于 45°（一般为 30°）的逆断层。

（3）逆掩断层：位移很大的低角度逆断层叫作逆掩断层。

（4）推覆构造：断层面十分低缓而推移距离在数千米以上的大型逆掩断层叫作推覆构造（见图 5.25）。推覆构造通常表现为老地层被推覆到新地层上，形成老地层在上、新地层在下的特征。推覆构造的上盘岩块自远处推移而来，因而叫外来岩块或推覆体；下盘岩块叫原地岩块。推覆构造的上盘岩体，由于受到剥蚀而局部露出的原地岩块，称为构造窗（见图 5.26）。构造窗具有大片较老地层中出现一小片由断层圈闭的较年轻地层的特点。如果剥蚀强烈，在大片原地岩块上地势较高的地方仅残留小片孤零零的外来岩块，表现为在原地岩块中残留一小片由断层圈闭的外来岩块，常常是在较年轻地层中出现一小片由断层圈闭的较老的地层，这种被断层圈闭的地质体称为飞来峰（见图 5.26）。构造窗和飞来峰均与周围原地岩块都呈断层接触关系。

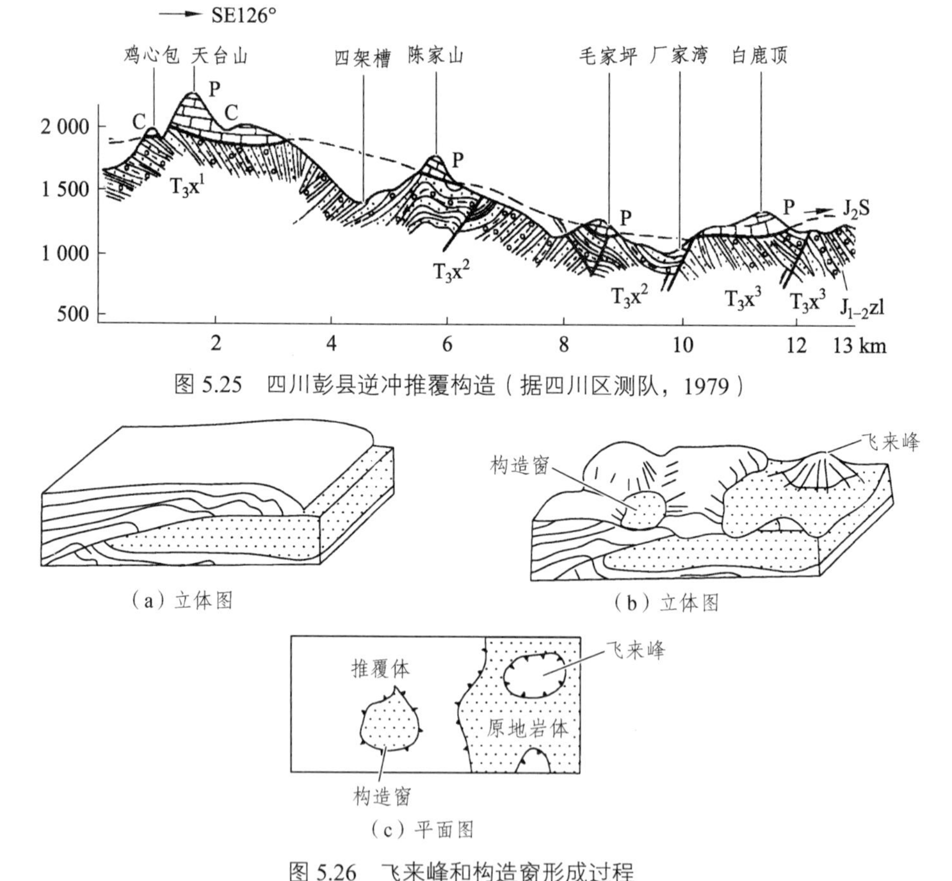

图 5.25　四川彭县逆冲推覆构造（据四川区测队，1979）

（a）立体图

（b）立体图

（c）平面图

图 5.26　飞来峰和构造窗形成过程

（M. Mattauer 著，孙坦、张道安译. 地壳变形[M]. 北京：地质出版社，1984.）

5.3.3　断层的形成机制和断层岩

1. 断层的形成机制

断层的形成机制是一个复杂的课题，涉及破裂的发生和断层的形成、断层作用与应力状态、岩石力学性质，以及断层作用与断层形成环境的物理状态等问题。下面对这些问题做一概括分析。

当岩石受力超过其强度，即应力差超过其强度便开始破裂。破裂之初，出现微裂隙，微裂隙逐渐发展，相互联合，形成一条明显的破裂面，即断层两盘借以相对滑动的断裂面。断层形成之初发生的微裂隙一般呈羽状散布，对其性质，通过扫描电子显微镜的观察，发现大多数微裂隙是张性的。

当断裂面一旦形成且应力差超过摩擦阻力时，两盘就开始相对滑动，形成断层。随着应力释放，应力差（σ_1-σ_3）趋向于零或小于滑动摩擦阻力，一次断层作用即告终止。

安德森（E. M. Anderson，1951）等学者分析了形成断层的应力状态。他认为因为地面与空气间无剪应力作用，所以形成断层的三轴应力状态中的一个主应力轴趋于垂直地平面。以此为依据提出了形成正断层、逆（冲）断层和平移断层的三种应力状态（见图 5.27）。

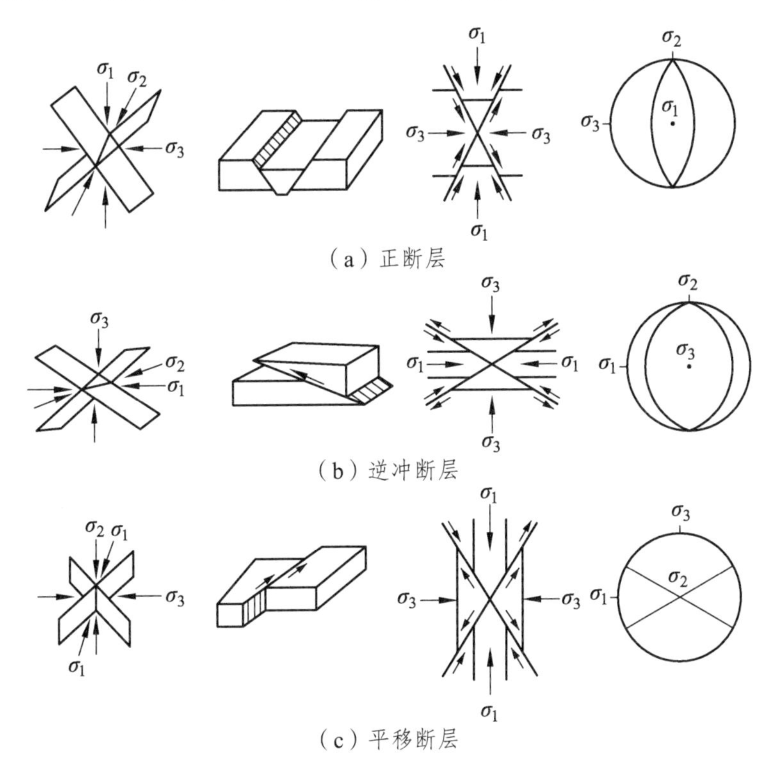

图 5.27　形成三类断层的三种应力状态及其表现形式（Anderson E. M. 1951, the Dynamics of Faulting and Dyke Formation with Application to Britain. Ediaburgh. lirer and Boyd.）

安德森模式为地质学家所接受，作为分析解释地表或近地表脆性断层的依据。现在一般认为，断层面是一个剪裂面，σ_1 与两剪裂面的锐角分角线一致，σ_3 与两剪裂面的钝角分角线一致。σ_1所在盘向锐角角顶方向滑动，就是说断层两盘垂直于σ_2方向滑动。

形成正断层的应力状态是：σ_1直立、σ_2和σ_3水平，σ_2与断层走向一致，上盘顺断层倾斜向下滑动。根据形成正断层的应力状态和莫尔圆表明，引起正断层作用的有利条件是：最大主应力（σ_1）在铅直方向上逐渐增大，或者是最小主应力（σ_3）在水平方向上减小。因此，水平拉伸和铅直上隆是最适合于发生正断层作用的应力状态。

形成逆（冲）断层的应力状态是：最大主应力轴（σ_1）和中间主应力轴（σ_2）是水平的，最小主应力轴（σ_3）是直立的，σ_2平行于断层面走向。根据逆冲断层的应力状态和莫尔圆表明，适于逆冲断层形成作用的可能情况是：σ_1在水平方向逐渐增大，或者是最小主应力（σ_3）逐渐减小。因此，水平挤压有利于逆冲断层的发育。

形成平移断层的应力状态是：最大主应力轴（σ_1）和最小主应力轴（σ_3）是水平的，中间主应力轴（σ_2）是直立的，断层面走向垂直于σ_2，滑动方向也垂直于σ_2，两盘顺断层走向滑动。

2. *断层岩*

断层岩是断层带中或断层两盘岩石在断层作用中被改造形成的，是具有特征性结构、构造和矿物成分的岩石。因此，它也是断层存在的一个重要标志。根据断层的性质不同，断层岩主要种类有：角砾岩、碎裂岩、糜棱岩、片理化岩等。

（1）断层角砾岩。

断层在错动过程中，将断层面附近或断层带中的岩石破碎成大小不等的角砾，这些角砾被研磨成细粒或粉末的基质（填隙物）所胶结，成为一种特殊的角砾岩。角砾粒径一般在 2 mm 以上，角砾和基质成分均保持原岩特点，但角砾外部有时有擦痕和磨光镜面。

断层角砾出现在各类型断层的破碎带中。正断层形成的角砾岩特点是角砾形状不规则，棱角显著，分布杂乱，无定向性排列，角砾之间多空隙［见图 5.28（a）］。逆断层形成的角砾岩，其角砾多具次圆状，大小不一，一般均成定向排列，填隙物多为断层泥、砂或显微破碎物，角砾多成透镜状变形且有定向排列或雁列式排列［见图 5.28（b）］。填隙物有时也显示定向排列或围绕角砾排列的特点，甚至发育成劈理。平移断层的构造角砾岩特点大体与逆断层相同，唯其角砾棱角磨圆度好、大小均匀。

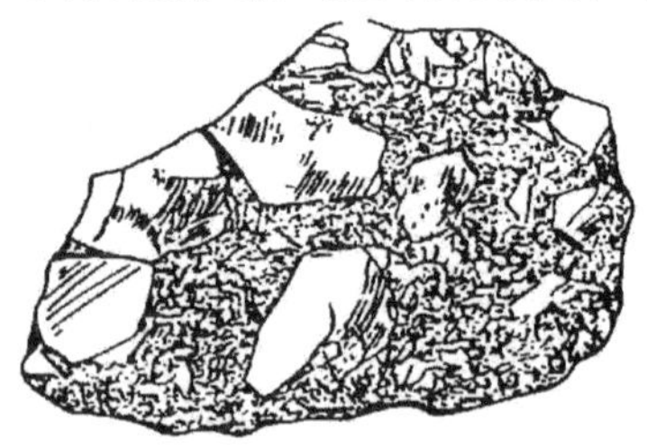

（a）苏州一正断层构造角砾岩标本素描图（据孙岩、韩克从）

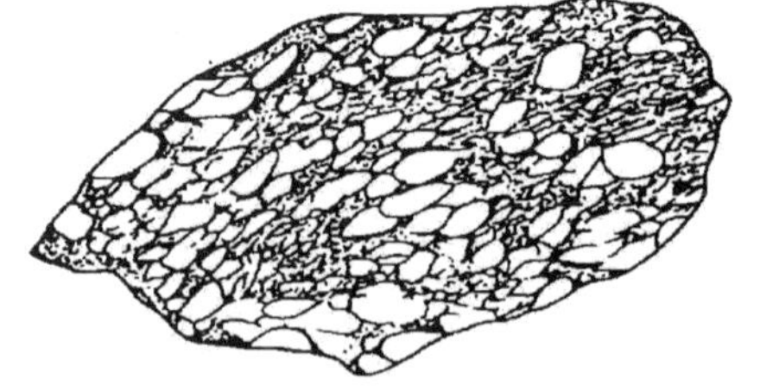

（b）苏州一逆掩断层中构造角砾岩标本素描图（×1/2 据孙岩、韩克从）

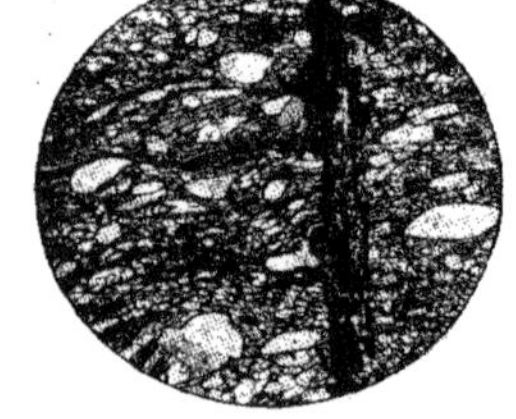

（c）糜棱岩

图 5.28　断层角砾岩和糜棱岩

（2）碎裂岩或碎斑岩。

碎裂岩是被断层两盘研磨得更细的断层岩，碎裂岩成分是由原岩的岩粉或细粒或原岩的矿物碎粒组成的。在偏光显微镜下，岩石具有压碎结构。碎裂岩中如残留一些较大矿物颗粒，则构成碎斑结构，这种岩石可称为碎斑岩。碎裂岩的颗粒一般在 0.1~2 mm，主要见于逆断层及平移断层中。

（3）糜棱岩及超糜棱岩。

在断层带中其相邻岩石及矿物颗粒被压碎碾磨成微粒和残留碎斑，这些微粒和残留碎斑因其定向排列形成糜棱结构，具有糜棱结构的岩石称为糜棱岩。糜棱岩因碾碎物成分和颜色的深浅不同、碾磨程度的差异，可形成条纹状构造或层状的外貌[见图 5.28(c)]。超糜棱岩是在高度压碎作用下经熔融而形成的隐晶质岩石，外表很像黑曜岩或致密状玄武岩，它是一种特殊类型的糜棱岩。一般呈数厘米厚的小透镜体或细脉产出于糜棱岩中，常见于逆断层及平移断层中。

（4）碎粉岩。

碎粉岩的岩石颗粒被研磨得极细，粒度比较均匀，一般在 0.1 mm 以下，这种岩石也可称为超碎裂岩。

（5）假玄武玻璃。

如果岩石在强烈研磨和错动过程中局部发生熔融，而后又迅速冷却，会形成外貌似黑色玻璃质的岩石，称为玻化岩，或称假玄武玻璃。玻化岩往往成细脉分布于其他断层岩中。

（6）断层泥。

如果岩石在强烈研磨中成为泥状，单个颗粒一般不易分辨，仅含少量较大碎粒，这种未固结的断层岩可称为断层泥。对比原岩成分与断层泥成分，发现两者不尽相同，这说明断层泥的细粒化不仅有研磨作用，而且有压溶作用等。

（7）片理化岩。

与糜棱岩相比，片理化岩具有显著的重结晶、变质现象，其内有大量的具片状构造的新生变质矿物，片理化岩实际上是重结晶程度较高的糜棱岩。

3. 断层效应

在实际工作中，由于岩层与断层复杂的交切关系以及两盘滑动引起的标志层在平面和剖面上的视错动，常常难以从标志层的相对视错动上正确判定两盘的相对滑动或断层的性质。尤其是斜向断层和横向断层容易引起标志层的视错动。例如倾向正断层，在平面上可能造成平移滑错觉。我们将这种由于斜向断层和横向断层引起的标志层的视错动称为断层效应。如图 5.29 所示是一个被一条横向平移为主的断层切断的背斜，但在两翼的纵剖面上却分别显示正断层和逆断层的错觉。

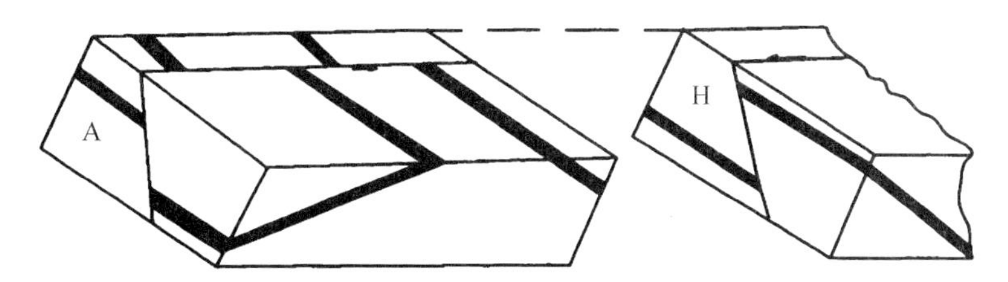

图 5.29　横向平移断层在剖面出现正（逆）断层的假象

（1）正（逆）断层引起的效应。

倾向断层的两盘沿断层倾斜方向滑动时，经地表侵蚀夷平后在水平面上两盘岩层表现为水平错移，给人以平移断层的假象。如图 5.30 所示，倾向正断层引起平移断层假象。在图 5.30（b）的水平面上显示上升盘的岩层界线向岩层倾斜方向错动，具有总滑距增大，岩层倾角变小时，水平地层断距越大的规律。

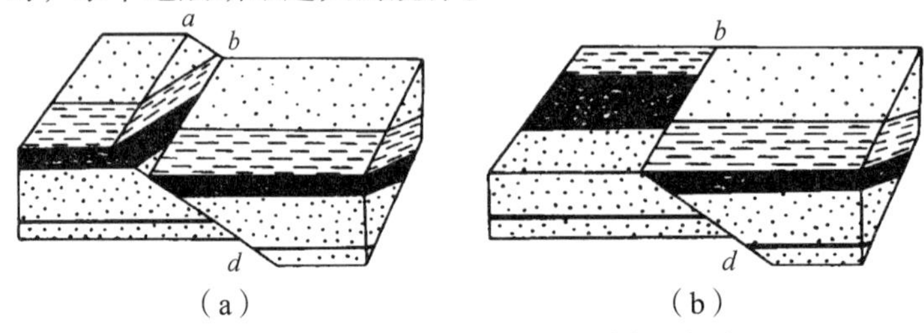

图 5.30　倾向正断层引起的平移断层假象

（2）平移断层引起的效应。

倾向断层的两盘顺断层面走向滑动时，剖面上会表现为正（逆）断层。如图 5.31 所示向岩层倾向平移错动的一盘在剖面上表现为上升盘。铅直地层断距随总滑距和岩层倾角的增大而增大。

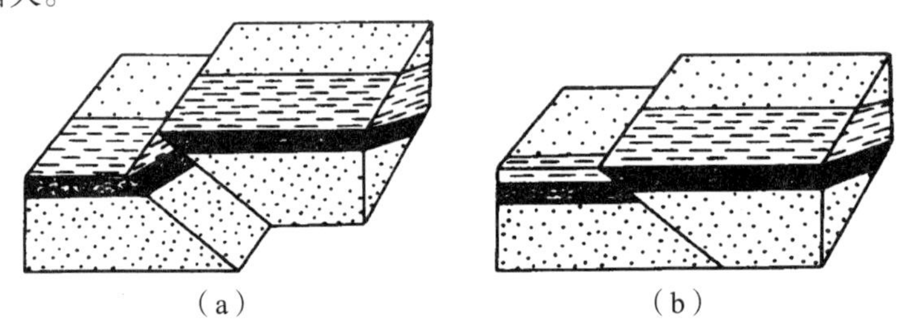

图 5.31　倾向平移断层（a）在剖面上引起的逆断层的假象（b）

在野外观察断层时，对于倾向正（逆）断层和倾向平移断层应综合岩层水平面和剖面的错移情况来进行正确判断。

（3）平移-正（逆）断层和正（逆）-平移断层引起的效应。

当倾向断层的上盘沿断层面斜向下滑时，会出现三种效应：

① 当滑移线与岩层在断层面上的交迹线平行时，不论总滑距大小，在平面或剖面上岩层好像没有错移（见图 5.32）。

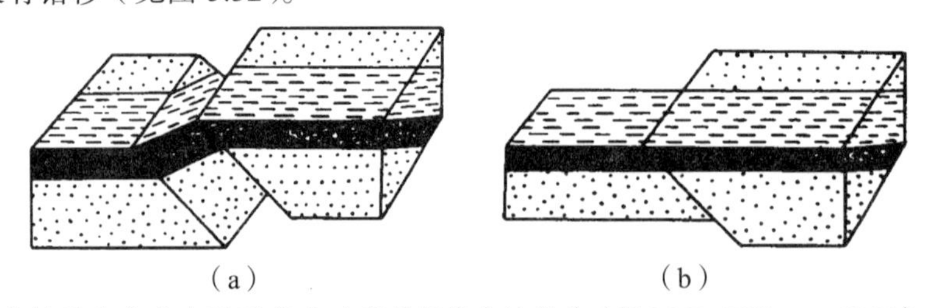

在剖面（a）和在平面（b）上岩层好像未被错动（据 M. B. Billings，1956）。

图 5.32　滑移线与岩层在断层面上的交迹线平行

② 当滑移线位于岩层在断层面上交迹线的下侧时，在剖面上表现为正断层[见图 5.33（a）]，而在平面上则表现为平移断层 [见图 5.33（b）]。

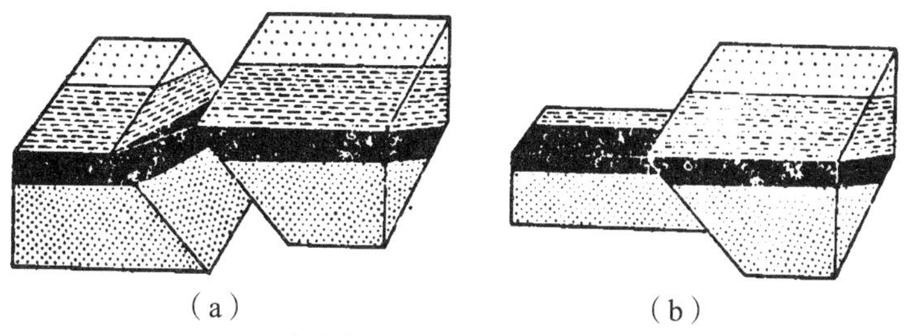

（a）　　　　　　　　　　（b）

图 5.33　滑移线位于岩层在断层面上交迹线的下侧

③ 如果滑移线位于岩层在断层面上交迹线的上侧，则在剖面上表现为逆断层 [见图 5.34（a）]，在平面上表现为平移断层 [见图 5.34（b）]。

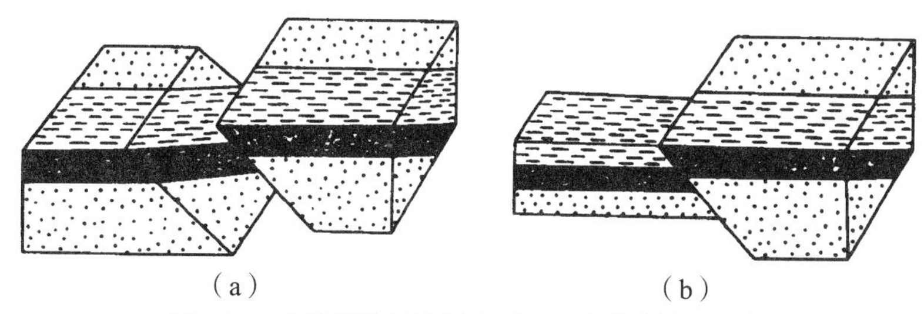

（a）　　　　　　　　　　（b）

图 5.34　滑移线位于岩层在断层面上交迹线的上侧

④ 横断层错断褶皱引起的效应。

褶皱被横断层切断后，在平面上有两种表现：一是断层两盘中褶皱核部宽度的变化，另一个是褶皱轴迹的错移。如果横断层完全沿断层走向滑动，则核部在两盘的宽度相等，但核部错开。如果横断层错断的褶皱为背斜，两盘沿断层倾斜方向滑动，则上升盘核部变宽 [见图 5.35（a）]；若横断层错断的褶皱为向斜，则上升盘核部变窄 [见图 5.35（b）]。如果沿断层面斜向滑动，不仅褶皱核部宽度发生变化，而且被错开。

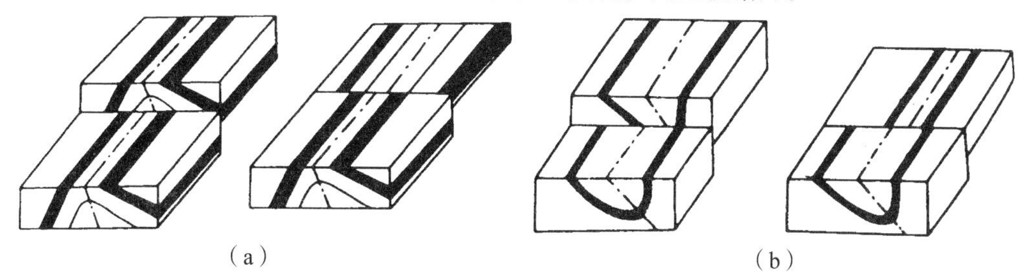

（a）　　　　　　　　　　（b）

图 5.35　褶皱被横断层切断后两盘核部宽度的变化和轴迹错移

断层是否具有平移性质，主要依据褶皱轴迹在平面上的错移情况来判断，被横向正断层切断的直立褶皱，两盘中的迹线仍连成一线，无平移滑动（见图 5.36）。反之，表明有平移分量。如果褶皱是斜歪的或倒转的，倾斜的轴面被横断层切断，若沿断层面倾斜滑动，被夷平后两盘在平面上表现出轴迹错移（见图 5.36），轴迹在两盘被错开的距离随倾角增大而减小。如果轴面倾斜的褶皱被横断层切断并夷平后，在平面上两盘轴迹仍在一条直线上，表明断层两盘沿着轴面在断层面上的迹线滑动既有顺断层面走向滑动的分量，又有顺断层面倾斜滑动的分量。

总之，断层两盘位移分量的大小和方向，两盘倾斜滑动分量的大小、褶皱轴面倾角这三个变量及其相互关系，决定褶皱轴迹是否错移及错移方向和距离。因此，在分析断层时，应从断层面产状、两盘位移大小和方向、岩层和褶皱的产状及其相互关系等，结合有关构造、地形切割进行整体分析。

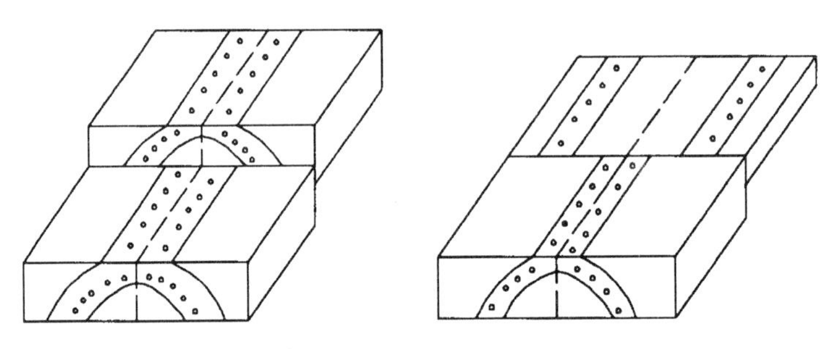

图 5.36　被横向正断层切断的直立褶皱

5.3.4　断层的识别和野外观察

断层构造广泛发育于不同的构造环境中，其类型很多，形成机制各异，大小差别很大，所以研究的内容、方法和手段各不相同。但是野外观测是研究断层的基础。断层的观察和研究的内容包括：断层的识别、断层产状的确定、断层两盘运动方向的确定、断距的确定、断层形成时代的确定以及探讨断层的组合类型、断层活动演化过程、断层的形成机制及其产出地质背景，等等。

1. 断层的识别

断层活动的特征会在产出地段的有关地层、构造、岩石及地貌等方向反映出来，即所谓的断层识别标志。识别断层有的是直接标志，如地质界线或构造线被错开、地层的重复与缺失、断层面和断层破碎带标志等。有的是间接标志，如地貌水文标志等。

（1）断层识别的地貌标志。

① 断层崖。

在差异升降运动中，由于正断层两盘的相对滑动，上升盘的断层面常常在地貌上形成陡立的峭壁，称为断层崖（见图 5.37）。

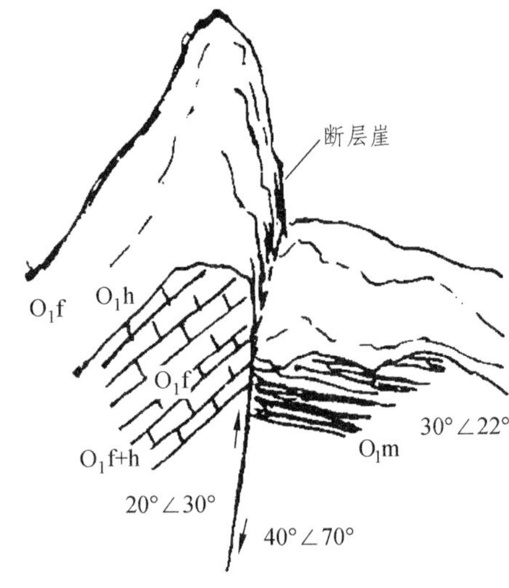

图 5.37　重庆彭水鹿角吊颈子断层剖面

② 断层三角面。

断层崖受到与崖面垂直方向的水流侵蚀、切割，被改造成沿断层走向分布的一系列三角形陡崖，这种三角形陡崖，即为断层三角面（见图 5.38）。

图 5.38　河南偃师五佛山断层形成的断层三角面（据马杏垣等，1980）

③ 错断的山脊。

有些山脉在延展方向上如遇有横向或斜向断层存在时，则组成山脉的各山脊便发生相互错开，叫错断山脊。错断的山脊往往是断层两盘相对位移所致，横切山岭走向的平原与山岭的接触带往往是一条较大的断层（见图 5.39）。

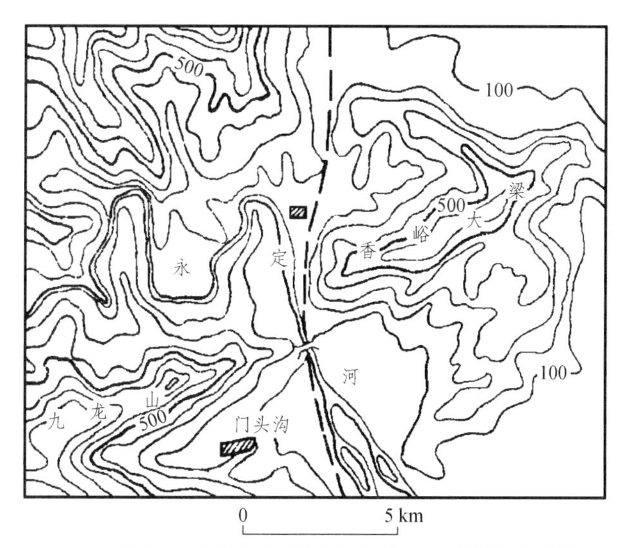

图 5.39　北京门头沟附近地形图（虚线表示可能存在有断层）

④ 山岭和平原的突变。

有的山脉在延长方向上突然中断，为山前平原所代替，形成山岭和平原的突变，这叫切断山脊。山岭和平原的分界线反映有断层存在的可能（见图 5.40）。

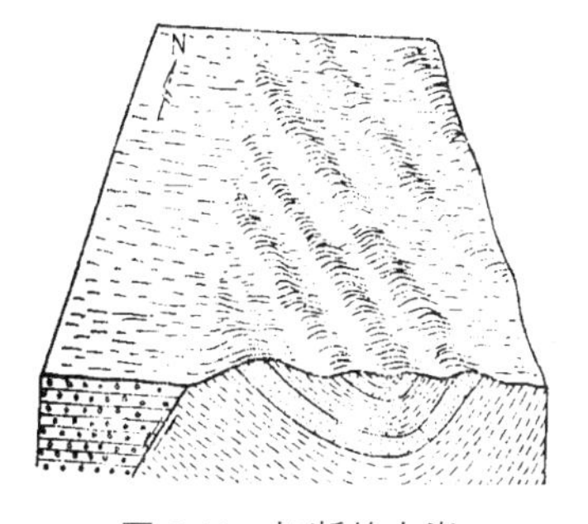

图 5.40　切断的山脊

⑤ 串珠状的湖泊洼地。

由断层活动引起的断陷常形成串珠状的湖泊和洼地。如北京玉泉山的泉水就是沿断层线上升的；陕西渭河地堑南侧沿秦岭北麓的大断层就有著名的临潼华清池、鄠邑区及眉县等一系列温泉出露；云南沿小江断裂带分布着草海、嵩明湖、阳宗海、滇池及抚仙湖等一系列湖泊盆地呈南北向串珠状展布。

⑥ 泉水的带状分布。

泉水的带状分布也为断层存在的标志，沿现代活动断层还会分布一系列温泉。如西藏的羊八井一带，泉、上升泉、温泉顺北东走向一字排列。

⑦ 水系特点。

断层的存在往往影响水系的发育，河流遇断层有可能急剧转向。在图 5.38 中，右岸支流通过主干断裂时呈反时针方向弯折。

（2）断层识别的构造标志。

断层活动总是形成和留下许多构造现象，这些现象是判别断层可能存在的重要标志。最常见的构造标志有许多，下面分别介绍其特征。

① 构造线的不连续。

断层可以造成构造线的不连续，主要表现为：早期形成的断层被后期断层所切割，这种现象既可表现在平面上或剖面上，也可以在平面和剖面上同时表现出来（见图 5.41）。

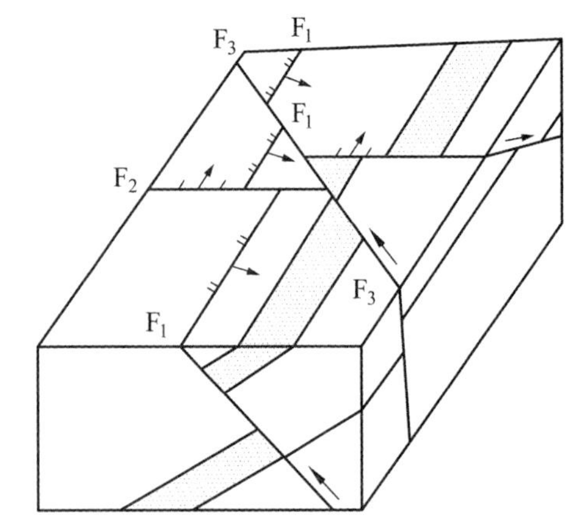

F_1—走向断层；F_2—倾向断层；F_3—斜向断层。

② 构造强化现象。

断层活动引起的构造强化是断层存在的重要依据，其中包括岩层产状的急变、节理化和劈理化带的突然出现、小褶皱急剧增加以及岩石挤压破碎、各种擦痕等。构造透镜体也是断层作用引起的构造强化的一种表现（见图 5.42）。

1—石英绿泥石片岩；2—绿泥石片岩；3—透镜体化石英脉。

图 5.42　西藏雅鲁藏布江断裂带内的透镜体化岩石（据宋鸿林摄，范崇彦素描，1978）

③ 断层两侧的复杂小褶皱。

断层带中或断层两侧，由于构造作用力的强烈作用，致使在断层附近发育有许多小褶皱，这些小褶皱通常是紧闭的，其在成因上与断层作用密切相关，并在几何上与断层有一定关系（见图 5.43）。

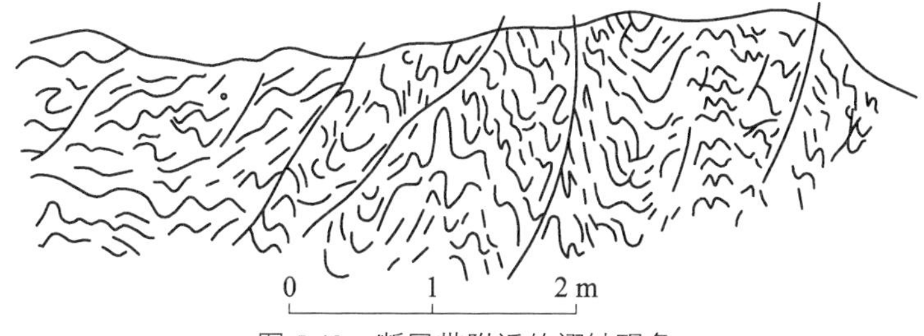

图 5.43　断层带附近的褶皱现象

（3）断层识别的地层标志。

一套顺序排列的地层，由于走向断层的影响常常造成两盘地层的缺失和重复。缺失是指地层序列中的一层或数层在地面上断失的现象。重复是原来顺序排列的地层部分或全部重复出现。由于断层的性质不同，断层与岩层的倾向、倾角不同，可以造成以下六种重复和缺失情况（见表 5.2 和图 5.44）。

表 5.2　走向断层造成的地层重复和缺失

断层性质	断层倾斜与地层倾斜		
	二者倾向相反	二者倾向相同	
		断层倾角大于岩层倾角	断层倾角小于岩层倾角
正断层 逆断层	重复（a） 缺失（d）	缺失（b） 重复（e）	重复（c） 缺失（f）
断层两盘相对动向	下降盘出现新地层	下降盘出现新地层	上升盘出现新地层

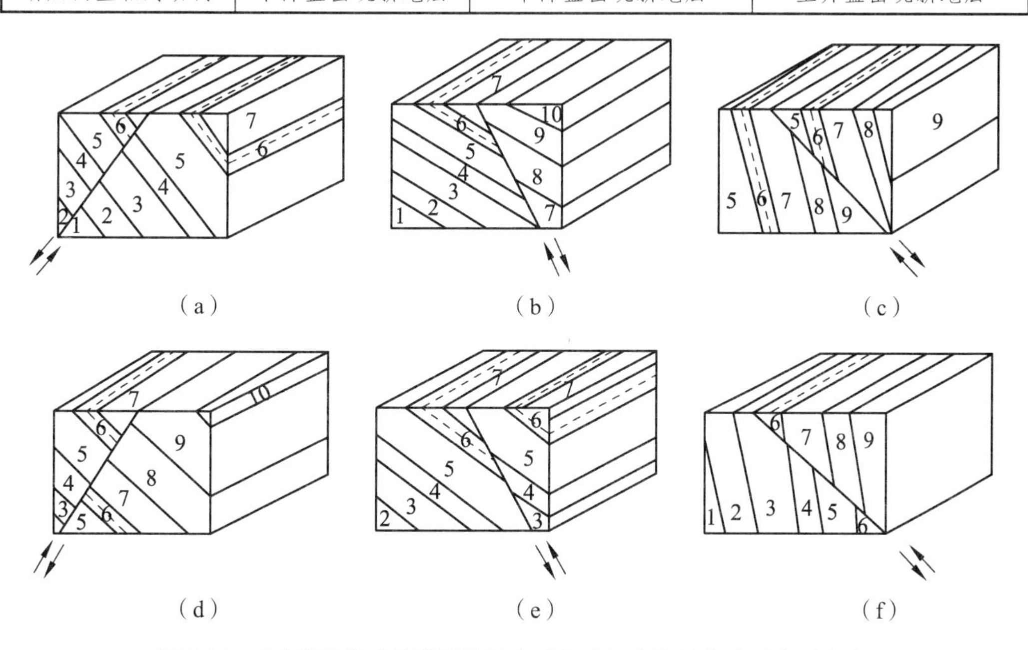

图 5.44　走向断层造成的地层重复（a）（c）（e）和缺失（b）（d）（f）

（4）断层识别的岩浆活动和矿化作用的标志。

大断层尤其是切割很深的大断裂常常是岩浆和热液运移的通道和储聚场所。如果岩体、矿化带、热液蚀变带等沿一条线断续分布，常常指示有大断层或断裂带的存在。

（5）断层识别的岩相和厚度的标志。

如果一个地区的沉积岩相和厚度沿一条线发生急剧变化，可能是断层活动的结果。断层引起岩相和厚度的变化有两种情况：一种是控制沉积盆地和沉积作用的同沉积断层的活动，另一种是断层的远距离推移，使相差很大的岩相带直接接触。

2. 断层面产状的测定

断层面产状是决定断层性质的重要因素，在观察和研究断层时，应尽可能测量其产状。出露于地表的断层可以直接用罗盘测量其产状，如果断层面比较平直、地形切割强烈且断层线出露良好，可以根据断层线的“V”字形来判定断层面产状。没有出露的断层只能用间接的方法测定其产状。隐伏断层的产状，主要根据钻孔资料，用三点法求出。

断层伴生和派生的小构造也有助于判定断层的产状。如断层伴生的节理带和劈理带，一般与断层面近一致，而断层派生的同斜紧闭褶皱带、片理化断层岩的面理以及定向排列的构造透镜体带等，常与断层面成小角度相交。这些小构造变形越强烈、越压紧，说明其与断层面越接近。但这些小构造有产状易变的性质，应经过大量测量并进行统计分析，以确定其代表性的产状加以利用。

尤其是逆冲断层的断层面，由于岩石可能沿两组交叉剪切面发生破裂，在断层发育过程中经进一步的挤压和摩擦而形成波状弯曲；或是大断层形成前由分散的先期出现的初始小断裂逐渐联合而形成的，因联合方式不同而常成波状起伏或台阶式。因此在确定断层面产状时，要充分考虑到断层产状沿走向和倾向可能发生的变化。

在对断层面产状测定时，由于不同深度物理条件对断裂的影响以及多期变形等，会影响断层产状及产状的变化。区域性逆冲断层以及一些正断层，常表现为上陡下缓的犁式；切割很深的大断裂，其产状总是具有一定的变化，如隆起边缘的大断层，地表常为低角度逆冲断层，向深处倾角可逐渐变大，甚至直立（见图 5.45）。因此不要简单地把局部产状作为一条较大断裂的总的产状，也不能认为某类断层一定具有某种固定形态。

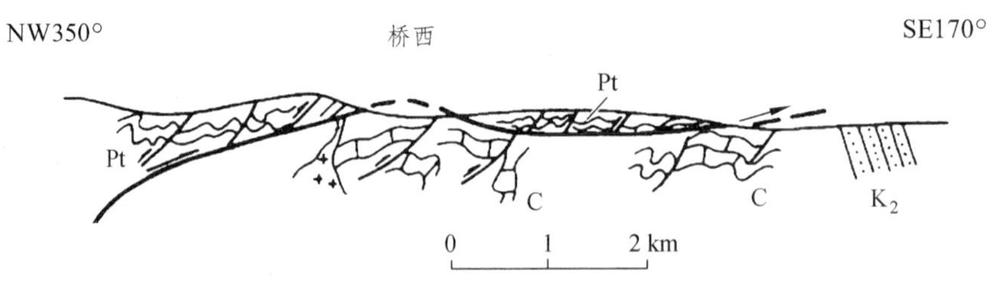

图 5.45　江西宜丰九岭隆起南缘逆冲断层向地下变为高角度断层

3. 断层两盘相对运动方向的确定

断层运动是复杂的，一定规模的断层常常经历了多次脉冲式滑动。一条断层的活动性质或一定阶段的活动性质常常又具有相对稳定性，这种运动总会在断层面上或其两盘留下一定的痕迹，如擦痕等。具体可以根据下面一些特征来判断断层的两盘相对运动方向。

（1）两盘地层的新老关系。

两盘地层的新老关系是判断断层相对错移的重要依据，对于走向断层，老地层出露盘常为上升盘，如图 5.44（a）、（b）、（d）、（e）所示。但如果地层倒转，或断层面倾角小于岩层倾角时，则老地层出露盘是下降盘，如图 5.44（c）、（f）所示。如果横断层切割褶皱，对背斜来说上升盘核部变宽，下降盘核部变窄；对于向斜，情况刚好相反。

（2）牵引构造。

地层断层两盘紧临断层的岩层常常发生明显的弧形弯曲，这种弯曲叫作牵引褶皱。褶皱弧形弯曲的突出方向指示本盘的运动方向（见图 5.46）。

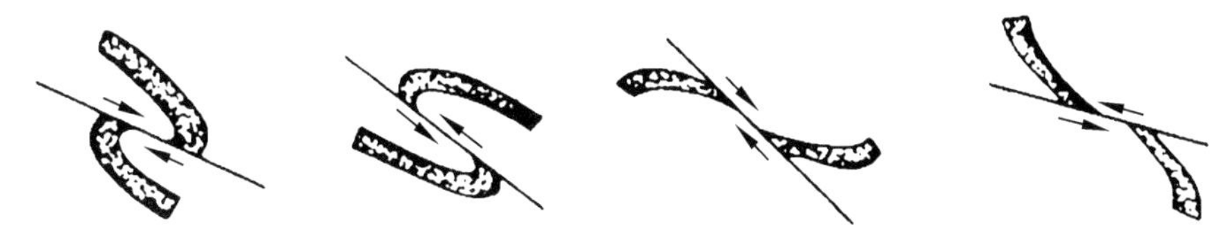

图 5.46 断层带中的牵引褶皱及其指示的两盘滑动方向

在水平岩层或缓倾斜岩层中的正断层下降盘，还可发育一种逆（或反）牵引构造，多以背斜形式出现，岩层弧形弯曲突出方向指示对盘的运动方向（见图 5.47）。逆牵引褶皱是由于正断层面是一个上凹的曲面，断层上盘沿断层面下滑时，因向下断面倾角变小而在上部出现裂口，为弥合这个空间，上盘下降的拖力使岩层弯曲，从而形成逆（或反）牵引构造［见图 5.47（a）］。这种逆（或反）牵引构造多发生在脆性岩层中，常会使岩层破裂而形成反向断层［见图 5.47（b）］，其弯曲的方向与正牵引构造刚好相反。

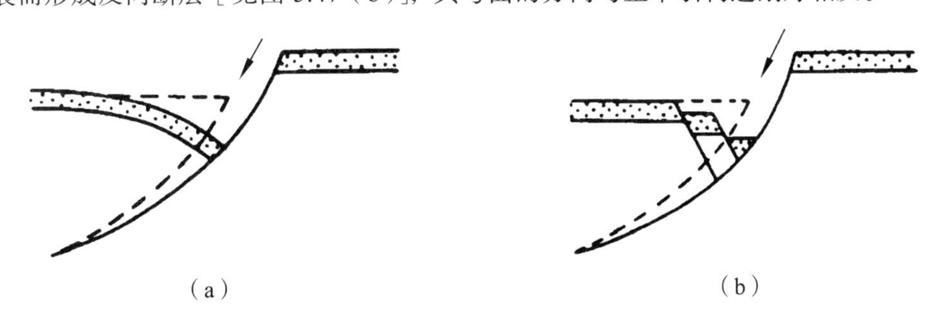

图 5.47 逆牵引构造（a）和反向断层（b）

（3）擦痕和阶步。

擦痕和阶步是断层两盘相对错动时在断层面上留下的痕迹。

擦痕表现为一组比较均匀的平行细纹；阶步则表现为一组与擦痕大致垂直的阶块。在硬而脆的岩石中，擦痕面常被磨光，有时附有铁质、硅质等薄膜，以致形成光滑如镜的面，称为摩擦镜面。

阶步也是断层两盘相对错动时在断层面上留下的痕迹。阶步的陡坎一般面向对盘的运动方向。但有时阶步的陡坎指示本盘运动方向，则称为反阶步。

擦痕和阶步能指示断盘运动方向。擦痕有时表现为一端粗而深，一端细而浅的“丁”字形，其细而浅端一般指示对盘运动方向（见图 5.48）。

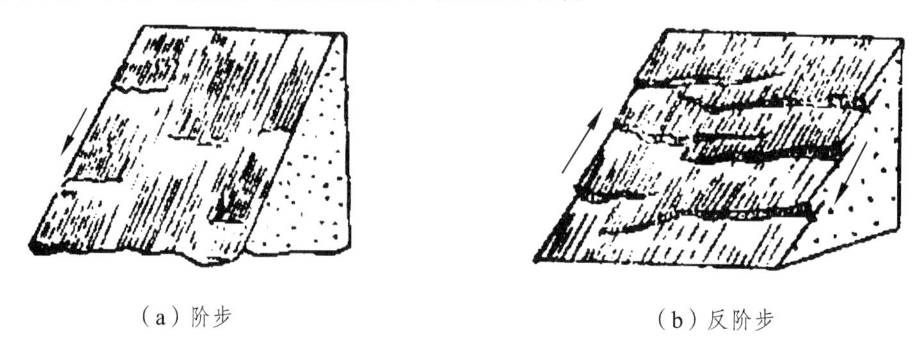

（a）阶步　　（b）反阶步

图 5.48　阶步和反阶步

（4）羽状节理。

断层两盘在相对运动过程中，在断层一盘或两盘的岩石中常常产生羽状排列的张节理和剪节理。这些派生的节理与主断层斜交。羽状张节理与主断层常成 45°相交，其锐角指示节理所在盘的运动方向（见图 5.49）。

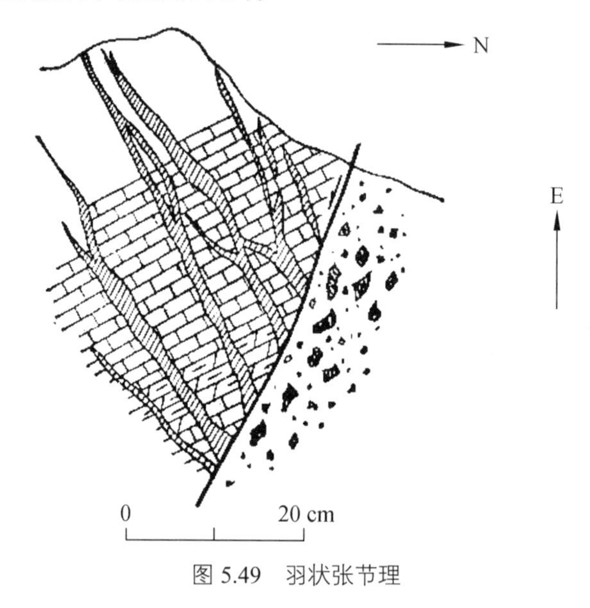

图 5.49　羽状张节理

（5）断层两侧小褶皱。

由于断层两盘的相对错动，断层两侧岩层有时形成复杂的紧闭小褶皱。这些小褶皱轴面与主断层常成小角度相交，其所交的锐角指示对盘运动方向（见图 5.46）。

（6）断层角砾岩。

如果断层切断并挫碎某一标志性岩层或矿层，根据该层角砾在断层带内的分布可以推断两盘相对位移方向。如图 5.50 所示则指示上盘上升。有时断层角砾岩呈规律性排列，这些角砾变形的 AB 面与断层所夹锐角指示对盘运动方向。

图 5.50　根据断层带中标志层角砾的分布推断两盘相对动向

4. 断层的描述

一条断层的描述内容一般包括：

（1）断层名称：地名+断层类型，或断层编号。

（2）位置：断层位于图区某方位、褶皱构造的某翼部，或某山脊等地形处。

（3）断层在平面上的展布情况：延伸方向（断层面走向两端的延伸方向）、通过的主要地点、延伸长度等。

（4）断层产状及与两盘地层产状的关系：断层面产状、断层两盘出露的地层及其产状、地层重复和缺失以及两盘相对位移方向。

（5）地质界线错开特征和断距的大小。

（6）断层与其他构造的关系。

（7）断层的形成时代及力学成因等。

比如，以星岗地区中部的某逆断层 F_1 为例（见图 5.51），其描述内容如下：

星岗地区中部的 F_1 横向逆断层位于北山坡东侧近山脊-王村-星岗一线，断层呈北东向展布，断层北端在北山坡处与 K_1 地层对接，被角度不整合所截，南端延出图外，图内全长约 6.5 km。断层面倾向北西，倾角 65°。上盘（即上升盘）为石炭系各统地层以及组成松村背斜的奥陶系、志留系地层，下盘（即下降盘）为二叠系各统地层和上、下石炭统地层以及构成石家向斜的志留系中、上统地层和核部的泥盆系下统地层组成。上盘地层逆冲叠复于下盘地层之上，水平地层断距约 1 250~1 500 m，由北向南逐渐增大。断层走向与褶皱轴向近于直交，为一横向断层。断层中部为早期形成的 F_3 走向逆断层错断。断层形成时代为晚二叠世（P_2）之后、早白垩世（K_1）之前。

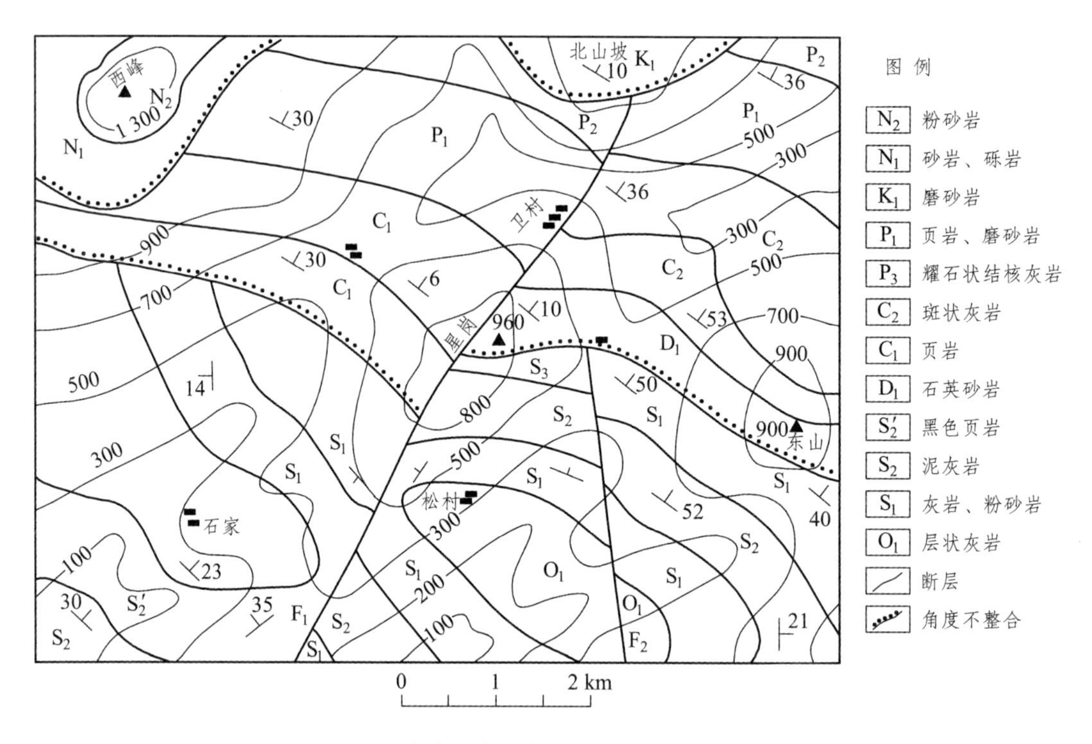

图 5.51　星岗地区地形地质图（比例尺 1∶50 000）

5. 断层活动时间的确定

断层作用的时间性涉及断层形成和活动的时间以及断层长期活动问题。断层是在一定的构造作用力的作用下而形成的，由于自然界构造力作用的复杂性、多期性以及长期作用的特点，从而使得断层的形成也是非常复杂的，其形成时间常常很难准确地确定。

（1）断层一般是在一定构造运动中形成的，对于这些基本上于一次构造运动中形成的断层，可以利用断层与同期变形的地层和褶皱等的相互关系来确定其形成时期。例如一条断层切割一套较老的地层，而其上又被另外一套较新的地层以角度不整合接触所覆盖，则该断层的形成时间是在不整合面下伏的最新地层形成以后和上覆地层中最老的地层形成之前这一时间区间内。

（2）如果断层被岩墙岩脉充填，而且岩墙岩脉有错断迹象，则岩体侵入于断层形成或活动时期。利用放射性同位素法测定岩体时代，从而确定出断层的形成时代或活动时代。

（3）如果断层被岩体切断，断层则形成于岩体之前；若断层切断岩体，则断层活动晚于岩体。

（4）如果断层与被其切断的褶皱成有规律的几何关系，很可能两者是在同一次构造运动中形成的。查明这次构造作用的时期，也就确定了断层的形成时期。

断层一般形成于某一构造运动时期，也可与某一沉积盆地的沉积作用同时活动，而重力滑动断层则可以在地质发展的任一阶段形成和发育。因此，研究时，应对具体断层进行具体分析。

5.4　河流的地质作用与山区河谷地貌

山区河流地质作用下常形成河谷地貌。河谷主要包括谷坡和谷底两部分。谷坡是河谷两侧的斜坡，常有河流阶地发育。谷底比较平坦，常年水流或经常性洪水淹没，由河床（见河床地貌）和河漫滩组成。谷坡与谷底的交界处称为坡麓，谷坡上缘与高地面交界处称为谷肩或谷缘。如图 5.52 所示为 U 形河谷。

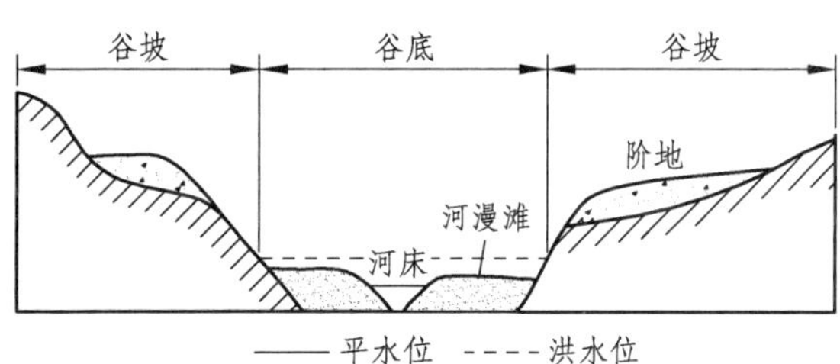

图 5.52　U 形河谷

5.4.1　河流的地质作用

河流的地质作用包括：侵蚀作用、搬运作用、沉积作用。

（1）侵蚀作用。包括下蚀作用和侧蚀作用（见图 5.53）。

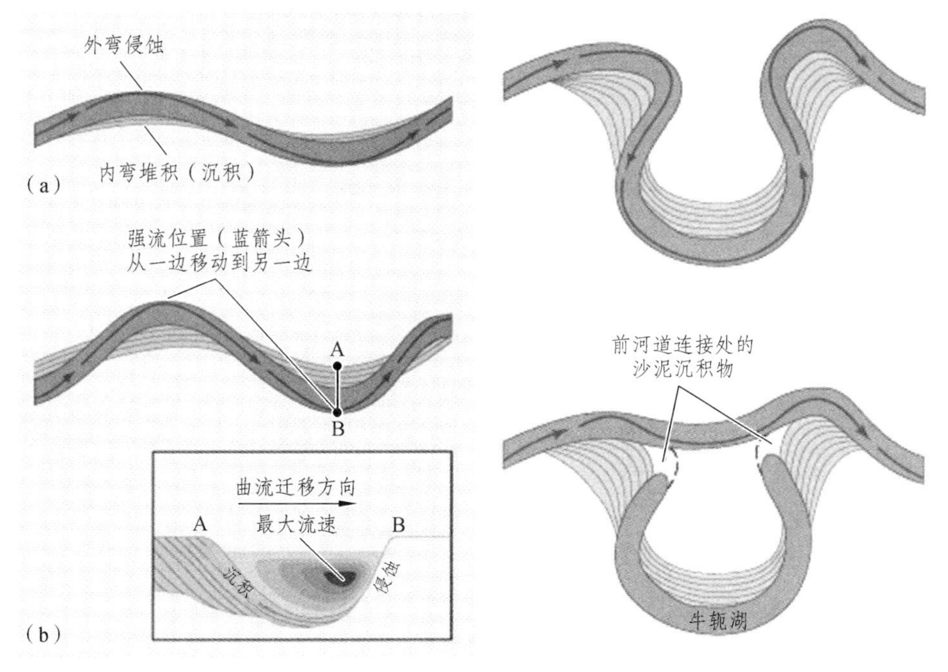

图 5.53　河流的侧蚀作用

① 下蚀作用：对河床基岩的撞击、磨蚀、溶解，主要发生于河流的上游段，强弱决定于岩石的软硬、含砂量、流速（更重要）。

下蚀作用极限位置：海平面（称为基本或永久侵蚀基准面）；主流对支流，河流入湖泊、水库的汇入口（称为暂时或局部侵蚀面）。

向源侵蚀：河谷形成后，河谷有向源头发展增长河谷长度的趋势。

② 侧蚀作用：河水环流对侧岸的掏蚀作用，主要发生于河流的中、下游段。

作用过程：凹岸被冲刷、掏空、跨落，凸岸堆积，河谷弯曲，最后形成牛轭湖，如图 5.54 所示。

图 5.54　河水环流的侧蚀作用

（2）搬运作用。包括机械搬运和化学搬运。

① 机械搬运：推移质的搬运方式有滑动、滚动、跳跃；悬移质的搬运方式为悬浮。但两种搬运模式是相对的，可以相互转化，二者相互转换的条件是流速。机械搬运的控制因素为：流量、流速、自然地理状况（植被、坡度、地质条件等）。

② 化学搬运：主要是指母岩经化学风化、剥蚀作用分解的产物（溶解物质）呈胶体溶液或真溶液的形式被搬运，称为化学搬运作用。化学搬运作用可分为胶体溶液搬运和真溶液搬运两种方式。Al，Fe，Mn，Si 的氧化物难溶于水，常呈胶体溶液搬运；Ca，Mg，Na 等元素所组成的盐类，常呈真溶液搬运。

胶体溶液搬运：低溶解度的金属氧化物、氢氧化物和硫化物，常呈胶体溶液被搬运。胶体溶液的性质介于悬浮液和真溶液之间，在普通显微镜下不能识别。胶体质点极小，存在着布朗运动，因此重力影响微弱，使得胶体能够搬运较远的距离；胶体质点常带电荷，当胶体具有相同符号的电荷时，因排斥力而避免胶粒聚集成大颗粒，有利于搬运；有机质的护胶作用可使胶体在搬运中保持稳定。当胶体进入海洋或湖泊中，由于化学条件发生变化，搬运过程结束，胶体凝聚沉积。

真溶液搬运：母岩风化、剥蚀产物中，Cl，S，Ca，Na，Mg 等成分多呈离子状态溶解于水中，即呈真溶液状态被搬运。有时 Fe，Mn，Al，Si 也可以呈离子状态在水中被搬运。可溶物质能否溶解、搬运或者沉淀，与其溶解度有关。可溶物质的搬运或沉淀还与水介质的酸碱度（pH 值）、氧化-还原电位（E 值）、温度、压力以及 CO_2 含量等一系列因素有关。

（3）沉积作用。

当地形坡度减小或搬运物质增加或流速减小时，河流的搬运能力下降，所携带的冲积物在适当的地点沉积下来的作用。

主要沉积场所：河流入海处，河流入湖（水库）处，支流入干流处，河流的中、下游段，河流的凸岸。

沉积规律：具有分选特征，上游沉积较粗，下游沉积较细。

5.4.2 山区河谷地貌

1. 河谷地貌类型

在不同地区和不同地段，河谷形态差别较大。但从河谷的纵剖面来看，河谷的形态变化是具有一定规律性的。从上游到下游河谷的形态在横剖面上，总体由“V”形，经“U”形，向“碟”形发展。在河谷深度上，从上游到下游的变化是由浅→深→浅；而在纵剖面上，从上游到下游谷底的纵坡降由大到小。

由于河水对谷地的侵蚀作用，自然的河谷经历了由短到长、由浅而深、由窄及宽的发展过程。因此，按照河谷的发育过程，可以划分为三个阶段。

（1）V 形谷：谷底很深、谷坡较陡、谷底初具滩槽雏形的河谷，横剖面呈“V”字形。由于河流的下蚀作用强于侧蚀作用，河床比降大，岩槛和瀑布发育，水流湍急。V 形谷在不同发育阶段特点也不同，可分为隘谷、嶂谷和峡谷。隘谷：是 V 形谷发育的初期，有近于垂直或十分陡峭的谷坡，谷地宽度上下几近一致，谷底几乎全部为河床所占据。隘谷进一步发展成为嶂谷。谷地稍变宽，谷底两侧略有缓坡，可出现窄小的砾石滩和基岩台地。嶂谷进一步发展而成峡谷。与嶂谷不同之处在于：峡谷谷底出现稳定的砾石滩和岩滩。谷坡上发育窄的侵蚀阶地，谷坡坡度变缓。V 形河谷各阶段广泛分布于山区河段，它们都是由河流沿坚硬岩层的节理、裂隙强烈下蚀形成。

（2）河漫滩河谷：具有宽广而平坦的谷底，河床只占有谷底的一小部分。有河漫滩发育，岩槛消失或减少，纵比降也变小。横剖面呈浅 U 形，由 V 形谷发展而成，主要是河流的旁蚀作用造成，因此，也叫宽谷。这一阶段，谷坡变缓，分水岭降低。河漫滩河谷主要分布于河流的中、下游河段。而在河流下游，分水岭表现为低矮的山丘。

（3）成型河谷：河漫滩河谷形成以后，河谷进入第三个阶段。这个阶段，河谷具有复杂的结构。有阶地存在，横剖面呈阶梯状，又称复式河谷。由于各种原因引起侵蚀基准面相对下降，河流下蚀作用恢复。前期形成的河漫滩被抬升形成阶地，形成成型谷。这类河谷可由构造抬升、气候变化、基准面下降造成。成型河谷由于成因复杂，常出现在河流的上、中游河段。

河谷地貌发育的条件：

① 强烈的地壳运动（地壳上升，水力坡度加大）。

② 软、硬岩石交替分布（如长江三峡）。

③ 横穿背、向斜相间分布区（如嘉陵江小三峡）。

④ 较大的水力优势：水能资源丰富（落差大）。

2. 河流阶地

河流阶地是指位于一般洪水位以上，古河谷所构成的沿河平台，一般保存在凸岸。

阶地形态构成：阶地面，阶坡，阶地的前、后缘，阶地的坡脚，如图 5.55 所示。

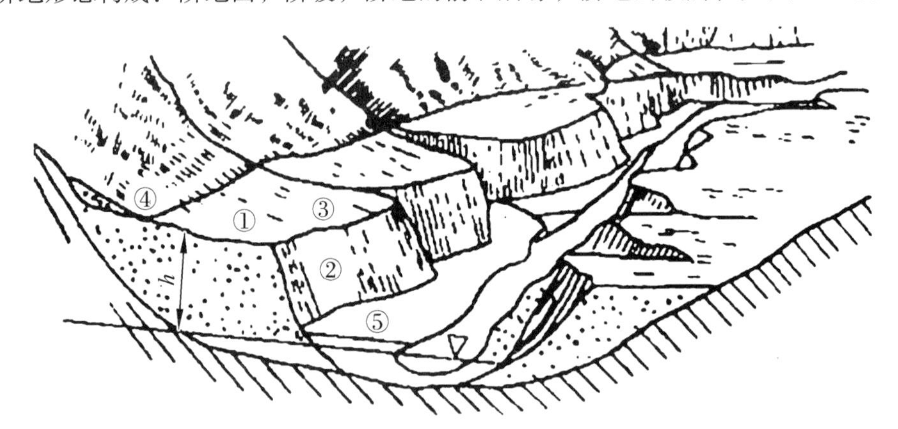

①—阶地面；②—阶坡；③—前缘；④—后缘；⑤—坡脚；h—阶地面高度。

图 5.55　阶地形态要素

图 5.56 所示为某阶地形态。

图 5.56　某阶地形态

阶地的物质构成一般为二元结构，河漫滩相（上部）、河床相（中部）、基座（下部），如图 5.57 所示。

（1）阶地的度量。

河拔高度：平水期的水面至阶地面的铅直距离。

级数：从下向上算，位置越高，形成年代越久，级数越大。如河漫滩之上为第 I 级阶地，记作 T1，常被农作物覆盖。特大洪水期间可能会被洪水淹没。

图 5.57　阶地的二元结构物质构成

（2）阶地的形成。

第一阶段：稳定的大地构造环境（侧蚀和堆积→河谷扩宽）。

第二阶段：地壳上升构造变动剧烈（河流下切→阶地形成）。

（3）阶地的物质构成。

阶地具有二元结构特征，上部为河漫滩相，中部为河床相。阶地的二元结构是识别阶地级数的最直接方法。

（4）阶地类别（见图 5.58）。

① 侵蚀阶地：距河床远，地势稍高。阶地面和阶坡均可见基岩出露。阶面上基本上没有河流沉积分布。发育于山区河谷，是良好的坝肩、地基岩体。

② 基座阶地：阶地面上堆积冲积物，阶坡为岩体基座。发育于地壳上升显著山区。

③ 堆积阶地：距河床近，阶地面和阶坡都是由河流冲积物构成，无基岩出露。可细分为上叠阶地、内叠阶地等。

A. 上叠阶地：不同时代的阶地沉积物成上叠切割关系，新阶地的切割深度小于老阶地的切割深度，该类阶地发育在构造运动有上升或下降的地区。构造抬升，导致局部侵蚀基准面抬升，河流流速降低，河谷内发生沉积。后期构造下降，河流流速恢复，侵蚀加剧，下蚀河谷形成阶地。

B. 内叠阶地：新老阶地呈切割关系，但是由于垂向构造运动微弱，切割深度基本在同一平面上。新阶地在老阶地内侧（靠近河床）。常见于河流下游、构造平稳但略有上升的地区。

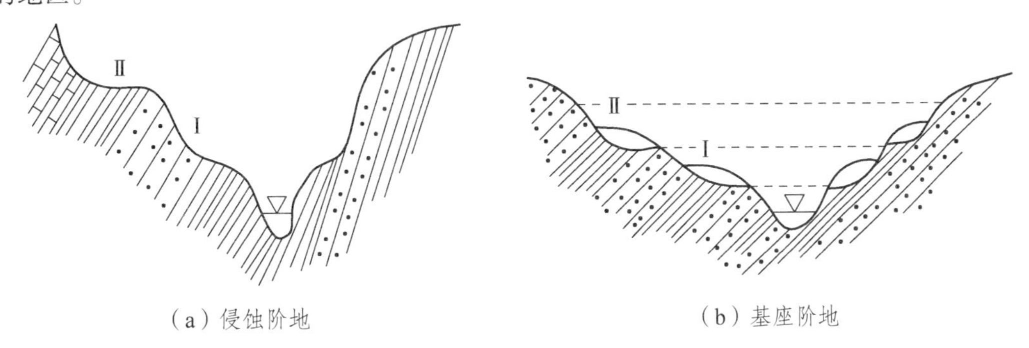

（a）侵蚀阶地　　（b）基座阶地

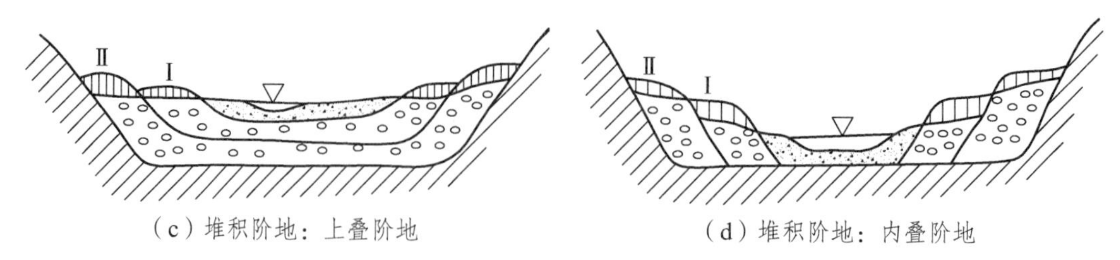

图 5.58　阶地类别

5.4.3　河流堆积地貌

河流的溶运物和部分悬运物，往往在入湖和入海之后，发生沉淀。而河流的底运物和部分悬运物，则由于流速降低，在河床开阔处或低凹处发生沉淀。也可通过不断地侵蚀-沉积作用反复进行，而不断向河口方向搬运。

1. 洪积地貌

严格来讲，洪积地貌不属于河流堆积地貌，是由侵蚀沟在沟口形成的堆积。但在干旱区，洪积物甚为发育。洪积物往往呈扇状分布，扇顶在沟口，扇形向山前低平地带展开，称为洪积扇。从剖面来看，扇顶物质较粗，扇缘逐渐变细。洪积扇的厚度，由扇顶向扇缘方向逐渐变薄。侵蚀沟动能越强，洪积扇越大。山前往往多个洪积扇相连，可形成洪积平原。其中富含地下水，可作为人类生活发展的基地。

2. 冲积物地貌

河流沉积的物质叫作冲积物。按照冲积物出现的位置，可分为心滩、边滩、河漫滩、三角洲。

（1）心滩：心滩由河床中部的沉积物构成。形成于河流从狭窄段流入开阔段的部位。最初形成的是雏形心滩。雏形心滩可因后来的冲刷而消失，也可通过进一步沉积而发展变大。由于雏形心滩出现，两侧形成环流，促进在河床中部发生沉积作用。雏形心滩不断扩大形成心滩。心滩在洪水期被淹没，枯水期露出。如心滩因大量堆积物而高出水面，则成为江心洲，如橘子洲。

（2）边滩与河漫滩：边滩即点沙坝，是弯道环流侵蚀凹岸后在凸岸形成的小规模沉积体。河漫滩是在洪水期间淹没的河床两侧的河谷部分，也称为漫滩，是边滩变宽加高面积增大的结果。在丘陵和平原地区，河床底部开阔，形成宽阔的河漫滩，甚至可达数万米，如黄河。洪水时，水流满溢出河床，摩擦增大，流速降低，形成堆积。由于洪积时的堆积物粒度较细，主要为砂质堆积，与下部砂砾质的冲积物一起，构成了河漫滩的二元结构。这种结构是丘陵及平原区河流沉积物具有的普遍特征。

（3）三角洲：河流入湖或入海，由于受到水流顶托，流速骤减，发生沉积。其外形如希腊字母 Δ，也被称为 Delta。山区河流经常形成入湖三角洲。湖口三角洲多具有三层结构：① 底部沉积于湖底，粒度较细，主要为黏土，产状水平，称为底积层。② 三角洲中部，沉积于湖盆倾斜的边坡，距离河口较远，粒度较粗，产状向湖心倾斜，称为前积层。③ 三角洲上部沉积发生在湖面附近，主要为河流溢流形成，沉积物比前两层粗，产状水平，称为顶积层。三角洲如图 5.59 所示。

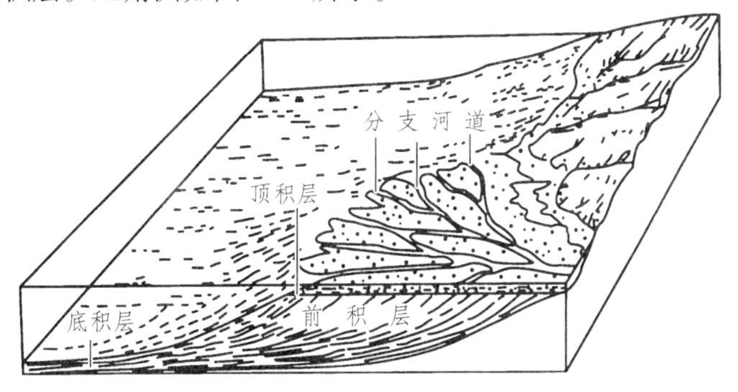

图 5.59 湖泊三角洲的三层结构

5.4.4 河流地貌的野外工作方法

1. 河谷地貌发育类型、阶段的识别

（1）峡谷（V 形谷）识别方法。

峡谷是一种狭而深的河谷。两坡陡峭，横剖面呈 V 字形，多发育在新构造运动强烈的山区，由河流强烈下切而成。一般是深度大于宽度、谷坡陡峻的谷地。常见于河流上游切穿岩石坚硬的地带。

（2）宽底河谷（U 形谷）识别方法。

宽底河谷的特点：谷底较宽，谷坡较陡，坡麓明显。横剖面呈 U 字形。多发育在新构造运动经历了一段稳定期的地区。

（3）复式河谷识别方法。

由于各种原因导致侵蚀基准面的下降，前期形成的河漫滩被相对抬升至谷坡，称为阶地。因此，两侧谷坡可见有多级阶地，是河流中下游常见的河谷形态。

2. 河流阶地的野外识别

河流阶地，是河谷中常见的地貌类型。阶地是指分布在谷坡上，由河流地质作用形成的阶梯状地形。

阶地的高度通常使用相对高度，即河拔高度。河拔高度是以阶面的前缘、后缘和中段到河面的距离计算的平均值。测量河拔高度，应以平水期为基准。

河谷中常见多级阶地。阶地的级次是从低往高记录的。最低一级为第 I 级阶地，向上以此类推。阶地的表示，第 I 级阶地用 T1 表示，河漫滩用 T0 表示。

在野外对阶地的观察应注意，阶地的级数，各阶地的基本要素，阶地的结构、类型与成因，阶地的高度，阶地物质组成及年代，两岸阶地的对称性与阶地的宽度，查明与河漫滩的接触关系，甚至阶地上是否有滑坡等现象。此外，还要根据阶地沿河流域的延续和变化情况，分析河流及水系的变迁，恢复该地区的古地理状况，以及分析新构造运动。如此，对阶地的生成、年代和发育过程就有了较为详细的了解。

河流（溪沟）的调查表参见第 9 章：表 9.14 河流（溪沟）调查表。

6 地质灾害野外鉴别

6.1 滑坡

滑坡是斜坡上的部分岩体或土体在自然或人为因素作用下沿着一定的面或带整体向下滑动的现象。

如 2003 年 7 月 13 日零时 20 分，三峡库区湖北省秭归县千将坪村二组和四组所在的山体突然高速滑入青干河中，滑坡量近 2 000 万 m^3，发生于 135 m 蓄水 1 个月后。激起近 30 m 高的涌浪，打翻青干河中 22 条渔船，滑坡体滑入河中堵塞河道，形成近 20 m 的堰塞坝（1 500 余万 m^3）。滑坡造成 14 人死亡，10 人失踪，近千人受灾，直接经济损失 5 735 万元，这是三峡蓄水以来一个重要的新发滑坡，如图 6.1 所示。

图 6.1 千将坪滑坡

图 6.2 所示为滑坡要素。

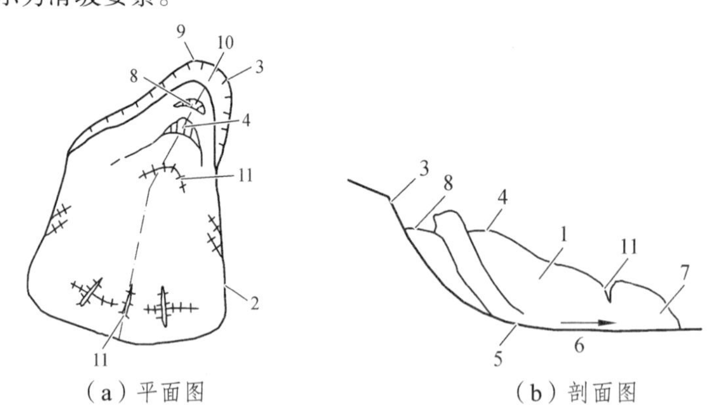

（a）平面图　　（b）剖面图

1—滑坡体；2—滑坡周界；3—滑坡壁；4—滑坡台阶；5—滑动面；6—滑床；7—滑坡舌；8—滑坡洼地；9—拉张裂隙；10—主滑轴线；11—滑坡裂缝。

图 6.2 滑坡要素

6.1.1 滑坡分类

滑坡可以根据不同的因素进行分类，常用的分类因素有：发生原因、运移形式、运动类型、物质组成等。

（1）按照发生原因分类。

工程滑坡：由于施工开挖山体或建筑物加载引起的滑坡。可以细分为：① 工程新滑坡：由于开挖山体或建筑物加载所形成的滑坡；② 工程复活古滑坡：久已存在的滑坡，由于“斩腰切脚”引起复活的滑坡。

自然滑坡：由于自然地质作用产生的滑坡。按其发生的相对时代，可分为古滑坡、老滑坡、新滑坡。

（2）按照运移形式分类。

广义上，滑坡的类型（见图 6.3）可以根据运移形式分为：

崩塌：崩塌（崩落、垮塌或塌方）是较陡斜坡上的岩土体在重力作用下突然脱离母体崩落、滚动、堆积在坡脚（或沟谷）的地质现象，对应的不稳定块体常称为危岩。

平动：滑坡的滑动面为平面，滑体沿着平面滑动面整体下滑。常发生在岩质滑坡、土石混合滑坡。

转动：滑坡的滑动面为圆弧滑面，滑体绕圆形发生整体旋转滑动。常发生在土质滑坡。

流滑：因山区沟谷或坡面在降雨、融冰、溃决等自然和人为因素作用下发生的一种挟带大量泥沙、石块或巨砾等固体物质的特殊泥流，也称为泥石流。

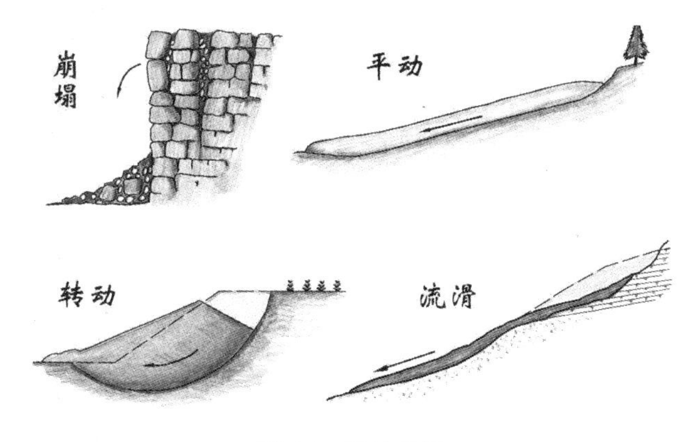

图 6.3　滑坡类型

狭义的滑坡主要是指平动滑坡和转动滑坡，该 2 类滑坡根据其发生的动力条件，可细分为：

推移式滑坡：上部岩层滑动，挤压下部产生变形，滑动速度较快，滑体表面波状起伏，多见于有堆积物分布的斜坡地段。

牵引式滑坡：下部先滑，使上部失去支撑而变形滑动。一般速度较慢，多具上小下大的塔式外貌，横向张性裂隙发育，表面多呈阶梯状或陡坎状。

（3）按照运动类型分类。

按照运动类型滑坡可分为缓慢蠕动型滑坡、匀速滑动型滑坡、间歇滑动型滑坡、高速滑动型滑坡。

（4）按照物质组成分类。

黏性土滑坡：黏性土滑坡是指滑坡体主要由第四纪各种不同成因的黏性土（包括半成岩的黏土）组成的滑坡。黏性土滑坡分两种：一种是均质的黏土滑坡，滑面呈弧形，滑体与底部母体都是黏土。另一种是以黏土为主，与砾岩层或其他土层组成的，在这种地层中的滑坡一般范围较大，周界清楚明显，多集中成滑坡群。黏性土滑坡的特点：滑体含有蒙脱石、伊利石及高岭石，容易吸水软化，具有干湿效应，渗透性差异大，存在相对隔水层，水的影响大。

黄土滑坡：黄土滑坡是发生在不同时期的黄土层中滑体的物质主要为第四系各种成因的黄土组成的滑坡，并多群集出现。黄土结构松散，垂直裂隙发育，透水性强。由于黄土渗透的异向性（垂直渗透大于水平渗透），常在黄土中，或和不同地层接触处，形成窝状地下水。地下水的泡浸软化，使黄土强度大大降低，从而产生滑坡。黄土滑坡的特点：滑动速度快，变形急剧，规模及动能巨大，破坏力强，且有崩塌性，危害极大。遇水软化，沿含水层顶面滑动，如图 6.4 所示。

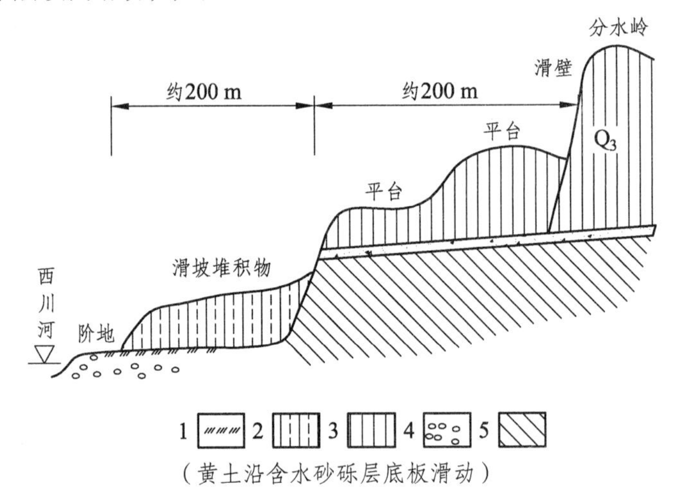

（黄土沿含水砂砾层底板滑动）

1—种植土；2—滑动崩出的黄土；3—黄土；4—砂砾石；5—黏土。

图 6.4　兰青线 K207 黄土滑坡剖面

堆填土滑坡：凡产生于路堤和弃土中的滑坡均称为堆填土滑坡。堆填土滑坡主要是人工填筑的路堤土，沿老地面或基岩面发生滑动，有时也能带动一部分老地面的残、坡积土一起下滑从而形成堆积土滑坡。

堆积土滑坡：堆积土滑坡是指滑体由第四系各种不同成因的石块与土的混杂物所组成的滑坡。

破碎岩石滑坡：破碎岩石滑坡是指组成滑体的岩体已经受构造作用而破碎，但仍保留有层状外貌，滑带沿断层、节理或其他软弱破碎带形成的滑坡，如图 6.5 所示。

岩石滑坡：① 均质滑坡：滑坡发生在均质岩体（土）中，滑动面沿曲线进行。② 顺层滑坡：滑动体沿两个岩层的层面或沿地质作用所形成的软弱层（或面）或已有裂隙滑动的滑坡。③ 切层滑坡：滑动面切割层面，一般是沿节理面和原有的裂缝滑动的滑坡。

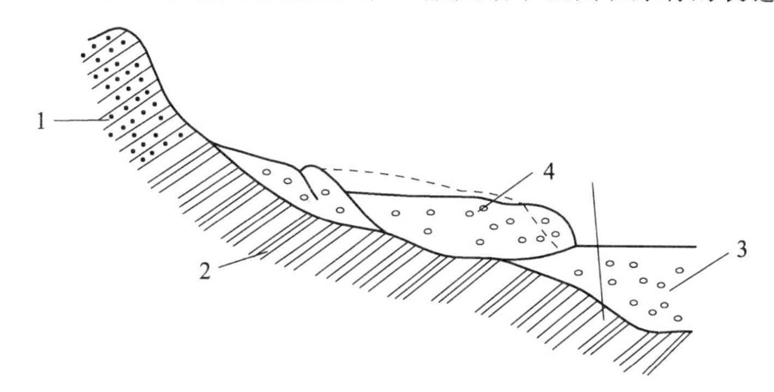

1—砾岩；2—砾岩黏土上页岩互层；3—松散的碎石土；4—滑动的碎石土体。

图 6.5　破碎岩石滑坡

6.1.2　滑坡的形成条件和因素

（1）岩土类型：岩、土体是产生滑坡的物质基础。通常，各类岩、土都有可能构成滑坡体，其中结构松软，抗剪强度和抗风化能力较低，在水的作用下其性质易发生变化的岩、土，如松散覆盖层、黄土、红黏土、页岩、泥岩、煤系地层、凝灰岩、片岩、板岩、千枚岩等及软硬相间的岩层所构成的斜坡易发生滑坡。

改变坡体的应力状态，增大坡脚应力和滑带土的剪应力（即下滑力）的因素，如河流冲刷、开挖坡脚、坡上加载等改变坡形的因素。

改变滑带土的性状，减小抗滑阻力的因素，如地表水下渗、地下水位变化、水库水位升降、灌溉水和生产生活用水下渗、潜蚀和溶蚀作用等降低滑带土强度的因素。

既增加下滑力，又减小抗滑力，甚至造成滑带土结构破坏（如液化）的因素，如地震和爆破震动等。

（2）地质构造：斜坡岩、土只有被各种构造面切割分离成不连续状态时，才可能具备向下滑动的条件。同时，构造面又为降雨等进入斜坡提供了通道。故各种节理、裂隙、层理面、岩性界面、断层发育的斜坡，特别是当平行和垂直斜坡的陡倾构造面及顺坡缓倾的构造面发育时，最易发生滑坡。

（3）地形地貌：只有处于一定地貌部位、具备一定坡度的斜坡才可能发生滑坡。一般江、河、湖（水库）、海、沟的岸坡，前缘开阔的山坡、铁路、公路和工程建筑物边坡等都是易发生滑坡的地貌部位。坡度大于 10°、小于 45°、下陡中缓上陡、上部成环状的坡形是产生滑坡的有利地形。

（4）水文地质条件：地下水活动在滑坡形成中起着重要的作用。它的作用主要表现在：软化岩、土，降低岩、土体强度，产生动水压力和孔隙水压力，潜蚀岩、土，增大岩、土容重，对透水岩石产生浮托力等。尤其是对滑坡（带）的软化作用和降低强度作用最突出。

（5）降雨对滑坡的影响。一是力的作用：当降雨入渗补给地下水时，将使地下水位抬高，顺滑坡方向的渗透力增大；当降雨入渗在浅层形成滞水时，将使非饱和带土层的含水量增加，加大该土层的湿容重，使自重荷载增加，同时使非饱和带负孔隙水压力减小；当降雨在地表形成坡面径流时，会对坡面形成冲刷力及动水压力。上述各种力的增加，对滑坡稳定及变形均属不利因素。二是对强度的影响：滑体及滑带在入渗水的物理及化学作用下均会使其抗剪强度参数降低；非饱和带负孔隙水压力减小也将使其抗剪强度大幅度的降低。

表 6.1 所示为滑坡稳定性影响因素。

表 6.1　滑坡稳定性影响因素

作用因素		对滑坡的作用
自然因素	风化作用	降低岩土体的强度
	降雨（雪）	增大滑体重量和下滑力；减少滑带土强度和抗滑力；灌入裂缝产生静水压力；提高地下水位
	地下水变化	增加滑带土孔隙水压力，减小抗滑力；增大动水压力和下滑力；潜蚀或溶蚀滑带减小抗滑力
	河流冲刷	增大斜坡高度和坡脚陡度和应力；减小抗滑支撑力
	地震	增大下滑力；减小抗滑力；滑带土液化
	崩塌加载	增大坡体重量和下滑力；增大地表水下渗
人为因素	开挖坡脚	增大坡脚应力，减小抗滑力
	坡上加载	增大坡体重量和下滑力；增大地表水下渗
	水库水位升降	增大动水压力和下滑力，浸泡抗滑地段，减小抗滑力；提高地下水位和滑带土孔隙压力；减小抗滑力
	灌溉水下渗	增大滑体重量和下滑力，提高地下水位，增加滑带土孔隙压力，减小抗滑力
	采空塌陷	增大下滑力；滑带松弛、地表水下渗，减小抗滑力
	爆破振动	增大下滑力；破坏滑带，减小抗滑力
	破坏植被	增大地表水下渗和下滑力，减小抗滑力

6.1.3　滑坡的稳定性分析

滑坡的稳定性系数计算公式如下：

$$\left.\begin{aligned} F_s = K = \frac{M_T}{M_S}\text{(抗滑力矩与下滑力矩之比)} \\ F_s = K = \frac{F_T}{T}\text{(抗滑力与下滑力之比)} \\ F_s = K = \frac{\tau_f}{\tau}\text{(抗剪强度与剪应力之比)} \end{aligned}\right\} \tag{6.1}$$

分析滑坡稳定性的目的：验算滑坡当前的稳定性状态，或设计出合理的滑坡治理方案。

1. 黏性土滑坡的稳定分析

根据一些实测的资料，黏性土坡的滑动面常常为曲面。土坡滑动前一般在坡顶先产生张力裂缝，继而沿某一曲面产生整体滑动。为便于理论分析，可以近似地假设滑动面为一圆弧面。

（1）瑞典圆弧法。

条件与假定：均质黏性土土坡，假定滑动面为圆柱面，截面为圆弧，将滑动面以上土体看作刚体，并以它为脱离体，分析在极限平衡条件下其上各种作用力，如图 6.6 所示。

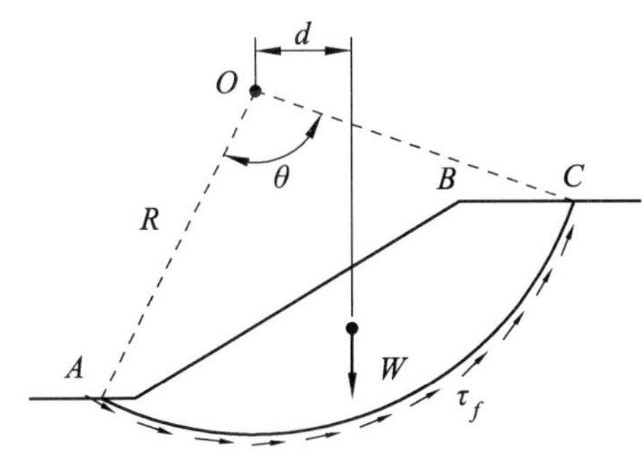

图 6.6　瑞典圆弧法

安全系数 F_s 定义为滑动面上的最大抗滑力矩与滑动力矩之比，则

$$F_s = \frac{M_f}{M} = \frac{\tau_f \widehat{L} R}{\tau \widehat{L} R} = \frac{\tau_f \widehat{L} R}{Wd} \tag{6.2}$$

式中，M_f 为滑动面上的最大抗滑力矩；M 为滑动力矩；$\widehat{L}$ 为滑弧长度；d 为土体重心离滑弧圆心的水平距离。

对于饱和黏土来说，在不排水剪条件下，φ_u 等于零，τ_f 就等于 c_u。上式可写成：

$$F_s = \frac{c_u \widehat{L} R}{Wd} \tag{6.3}$$

这时，滑动面上的抗剪强度为常数，利用式（6.3）可直接进行安全系数计算。这种稳定分析方法通常称为 φ_u 等于零分析法。上述方法是由瑞典彼得森（Petterson）于 1915 年首先提出，故称瑞典圆弧法。

（2）费仑纽斯最危险滑动面圆心的经验计算方法。

对于均质黏性土土坡，其最危险滑动面通过坡脚。

当 φ 等于零时，其圆心位置可由图 6.7（a）中 AO 与 BO 两线的交点确定，图中 β_1 及 β_2 的值可根据坡脚 β 由表 6.2 查出。

当 φ 大于零时，其圆心位置可能在图 6.7（b）中 EO 的延长线上，自 O 点向外取圆心 O_1、O_2…分别作滑弧，并求出相应的抗滑安全系数 F_{s1}、F_{s2}…然后找出最小值 F_{smin}。

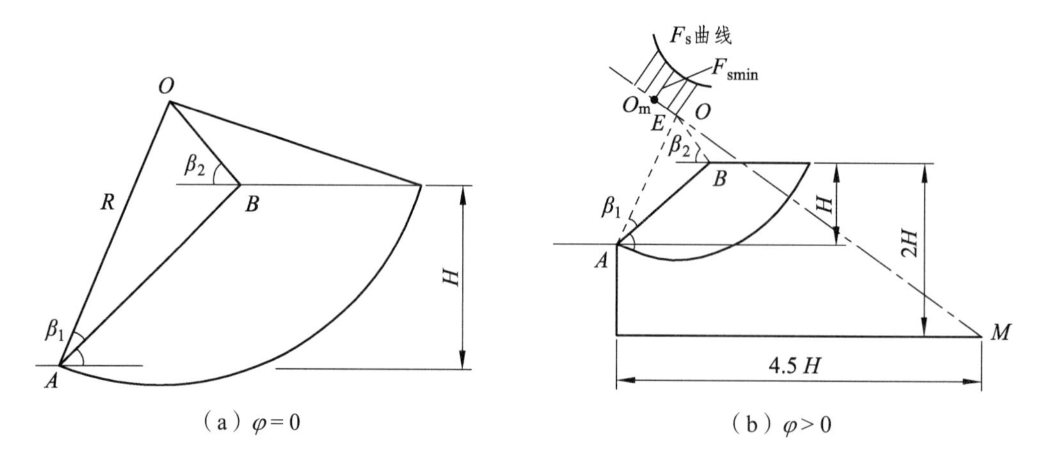

（a）$\varphi=0$　　（b）$\varphi>0$

图 6.7　最危险滑动面圆心位置的确定

表 6.2　不同边坡的 β_1、β_2

坡比	坡脚	β_1	β_2	坡比	坡脚	β_1	β_2
1∶0.58	60°	29°	40°	1∶3	18.43°	25°	35°
1∶1	45°	28°	37°	1∶4	14.04°	25°	37°
1∶1.5	33.79°	26°	35°	1∶5	11.32°	25°	37°
1∶2	26.57°	25°	35°				

对于非均质土坡，或坡面形状及荷载情况都比较复杂，尚需自 O_m 作 OE 线的垂直线，在其上再取若干点作为圆心进行计算比较，找出最危险滑动面圆心和土坡稳定安全系数。

2. 条分法

上述分析方法只适用于均质的简单土坡；而整体圆弧滑动法只适用于 $\varphi=0$ 的均质土坡。对于非均质土坡或比较复杂的土坡（如土坡形状比较复杂，或土坡上有荷载作用，或土坡中有水渗流时，或考虑动荷载作用）均不适用，费伦纽斯提出的条分法是解决这一问题的基本方法，至今仍得到广泛应用。

（1）瑞典条分法。

适用范围：外形比较复杂、$\varphi>0$ 的黏性土土坡，特别是土由多层土组成。

① 它的基本假定和计算方法，可以综述如下：

A. 假定问题是平面性质。

B. 假定可能的剪切面是一个圆弧，其位置及安全系数通过试算确定，即作若干个不同的圆弧，计算其相应的安全系数 F_s；其中最危险的（F_s 值最低）圆弧以及相应的 F_s 值就是所求的答案。

C. 各圆弧上的数值，根据下式计算，其中所有这些力矩都以滑弧的圆心 O 为矩心。

② 具体计算步骤如下：

A. 按比例绘出土坡剖面［见图 6.8（a）］。

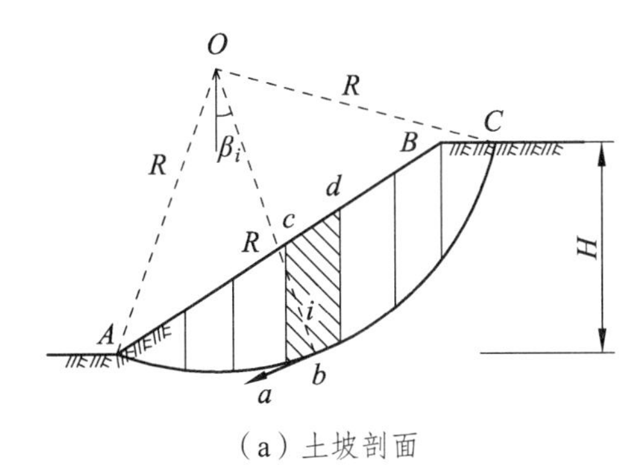

（a）土坡剖面

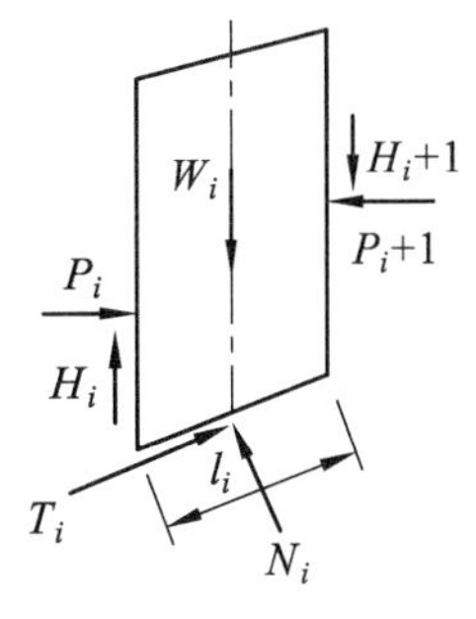

（b）作用在 i 土条上的力

图 6.8 瑞典条分法

B. 任选一圆心 O，以 $\overline{OA}$ 为半径作圆弧，AC 为滑动面，将滑动面以上土体分成几个等宽（不等宽亦可）土条。

C. 计算每个土条的力（以第 i 土条为例进行分析）[见图 6.8（b）]。

第 i 土条上作用力有（纵向取 1 m）：自重 W_i、沿着滑动面分解的法向反力 N_i 和剪切力 T_i。

土条侧面 ac 和 bd 上的法向力 P_i、P_{i+1} 和剪力 H_i、H_{i+1}。为简化计算，设 P_i、H_i 的合力与 P_{i+1}、H_{i+1} 的合力相平衡。

土条底部的切向阻力：

$$T_i = \tau l_i = \frac{\tau_f}{F_s} l_i = \frac{l_i}{F_s}[c' + (\sigma - u)\tan\varphi'] \tag{6.4}$$

土条底部的法向力：

$$N_i = W_i \cos\alpha_i = \gamma_i b_i h_i \cos\alpha_i \tag{6.5}$$

根据所有土条对圆心的力矩平衡，有

$$\sum W_i x_i - \sum T_i R = 0 \tag{6.6}$$

其中 $x_i = R\sin\alpha_i$，整理后得

$$\begin{aligned} F_s &= \frac{\sum T_i / F_s}{\sum W_i \sin\alpha_i} = \frac{\sum [c' l_i + (\sigma - u)\tan\varphi' l_i]}{\sum W_i \sin\alpha_i} \\ &= \frac{\sum [c' l_i + (N_i - u l_i)\tan\varphi']}{\sum W_i \sin\alpha_i} = \frac{\sum [c' l_i + (W_i \cos\alpha_i - u l_i)\tan\varphi']}{\sum W_i \sin\alpha_i} \end{aligned} \tag{6.7}$$

当采用总应力抗剪强度指标 c、φ 时，则

$$F_s = \frac{\sum [c l_i + N_i \tan\varphi]}{\sum W_i \sin\alpha_i} = \frac{\sum [c l_i + W_i \cos\alpha_i \tan\varphi]}{\sum W_i \sin\alpha_i} \tag{6.8}$$

注意：地下水位以下用有效重度；土的黏聚力 c 和内摩擦角 φ 应按滑弧所通过的土层采取不同的指标。

垂直荷载：自重，可将其分为两部分，地下水位线以上用天然容重计算，设为 W_{i1}（如果材料有显著毛细作用时，容重应适当提高），地下水位以下的部分应该用饱和容重计算，设为 W_{i2}。如果分条宽度不大，自重的作用线通过分条宽度的平分线。

水平荷载：包括水平孔隙压力（右侧为 $U_{i,i-1}$，左侧为 $U_{i,i+1}$）和其他水平荷载 Q_{ij}，如地震惯性力 kW_i 等。

剪切面上的空隙压力合力 U_i（与剪切面正交）：① 在边界上，同时存在着孔隙压力 U 和接触压力 N（土壤力学中称为有效压力）；② 在考虑块体的平衡条件时，应同时计入 N 和 U；③ 在计算摩阻力时，只考虑接触压力 N。

垂直荷载合力 $W_i = W_{i1} + W_{i2} + P_i$（向下为正，作用线距圆心平距 x_i）。

水平荷载合力 $Q_i = U_{i,i-1} - U_{i,i+1} + kW_i$（向剪切面的出口为正，其作用线距圆心的垂距为 Z_i）。

（2）考虑条间作用力的毕肖普公式。

毕肖普（A W Bishop）于 1955 年提出的一种简化计算方法。该方法可以考虑条块间的作用力，但在考虑整个滑动土体力矩平衡条件时，认为各土条的作用力对圆心力矩之和为零，如图 6.9 所示。

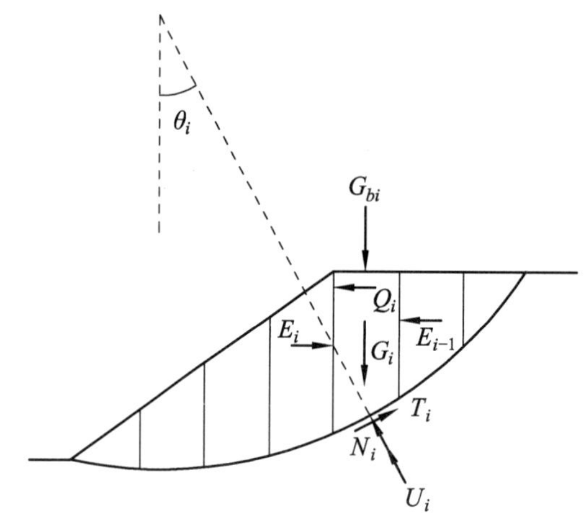

图 6.9　Bishop 条分法

原理与特点：假设滑裂面为圆弧；不忽略条间竖向作用力；土条的滑裂面上满足极限平衡条件；土条在 y 方向上（竖直）达到静力平衡；总体对圆心 O 力矩平衡。

① 土条中 $G_i = \gamma b_i h_i$，其中，b_i、h_i 分别为该土条的宽度和平均高度。

② 作用于土条底面的剪切力 T_i、有效法向反力 N_i，以及孔隙水压力 $u_i l_i$，其中，u_i、l_i 分别为该土条底面处的孔隙水压力和圆弧长度。

③ 作用于该土条两侧的法向力 E_i 和 E_{i+1}，以及切向力 x_i 和 x_{i+1}，$\Delta x_i = (x_{i+1} - x_i)$，且 G_i、N_i 及 $u_i l_i$ 的作用点均在土条底面中点。

由土条 i 的竖向力平衡，得

$$G_i + G_{bi} + \Delta x_i - T_i \sin\alpha_i - N_i \cos\alpha_i - u_i l_i \cos\alpha_i = 0 \qquad (6.9)$$

当土坡尚未破坏时，土条滑动面上的剪切强度只发挥一部分，土条的滑动面抗剪力为

$$T_i = \frac{N_i \tan\varphi_i + c_i l_i}{F_s} \tag{6.10}$$

将式（6.10）代入上式（6.9），可解得 N_i 为

$$N_i = \frac{1}{m_{\theta i}}(G_i + G_{bi} + \Delta x_i - u_i b_i - \frac{c_i l_i \sin\alpha_i}{F_s}) \tag{6.11}$$

$$m_{\theta i} = \cos\theta_i + \frac{\sin\alpha_i \tan\theta'}{F_s} \tag{6.12}$$

有圆弧滑动的稳定性计算公式，整个滑动土体对圆心 O 取力矩平衡，此时相邻土条之间的侧壁作用力的力矩将相互抵消，而各土条的 N_i 及 $u_i l_i$ 的作用点均在土条底面中点，故有

$$\sum(G_i + G_{bi})x_i - \sum T_i R = 0 \tag{6.13}$$

求得毕肖普的普遍公式：

$$F_s = \frac{\sum \frac{1}{m_{\theta i}}\left[c' l_i \cos\theta_i + (G_i + G_{bi} + \Delta x_i - u_i l_i \cos\theta_i)\tan\varphi_i\right]}{\sum(G_i + G_{bi})\sin\theta_i + \sum Q_i \cos\theta_i} \tag{6.14}$$

为了求得 F_s，需要估算 Δx_i，这里每个土条的 x_i 、E_i 均应该满足各自的平衡方程，同时整个滑体的 $\sum\Delta x_i$ 、$\sum\Delta E_i$ 均应该等于零。毕肖普证明，若令各个土条的 $\Delta x_i = 0$，所产生的误差仅为 1%，因此国内外使用的毕肖普简化公式为

$$F_s = \frac{\sum \frac{1}{m_{\theta i}}\left[c' l_i \cos\theta_i + (G_i + G_{bi} - u_i l_i \cos\theta_i)\tan\varphi_i\right]}{\sum(G_i + G_{bi})\sin\theta_i + \sum Q_i \cos\theta_i} \tag{6.15}$$

其中，

$$m_{\theta i} = \cos\theta_i + \frac{\sin\alpha_i \tan\theta'}{F_s} \tag{6.16}$$

$$U_i = \frac{1}{2}\gamma_w(h_{wi} + h_{wi-1})l_i \tag{6.17}$$

式中 F_s——边坡稳定性系数；

c_i——第 i 计算条块滑面黏聚力（kPa）；

φ_i——第 i 计算条块滑面内摩擦角（°）；

l_i——第 i 计算条块滑面长度（m），$b_i = l_i \cos\theta_i$；

θ_i——第 i 计算条块滑面倾角（°），滑面倾向与滑动方向相同时取正值，滑面倾向与滑动方向相反时取负值；

U_i——第 i 计算条块滑面单位宽度总水压力（kN/m）；

G_i——第 i 计算条块单位宽度自重（kN/m）；

G_{bi}——第 i 计算条块单位宽度竖向附加荷载（kN/m）；方向指向下方时取正值，指向上方时取负值；

Q_i——第 i 计算条块单位宽度水平荷载（kN/m）；方向指向坡外时取正值，指向坡内时取负值。

采用迭代法计算，为计算方便，可绘出 α_i、φ_i、F_s 与 $m_{\theta i}$ 的关系曲线，如图 6.10 所示，采用试算得出结果。

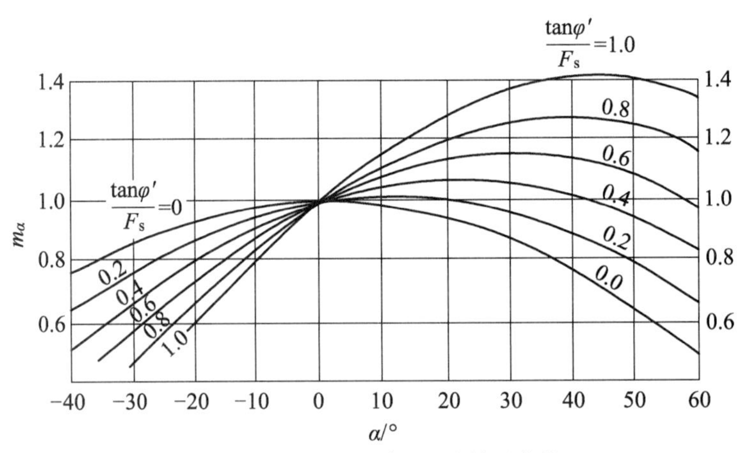

图 6.10　α_i、φ_i、F_s 与 $m_{\theta i}$ 的关系曲线

注意：当 $m_{\alpha i} \leqslant 0.2$ 时，应考虑 H_i 的影响或采用其他方法。

（3）不平衡推力传递系数法。

滑坡滑面形态呈折线形态，因此采用不平衡推力传递系数法进行计算。

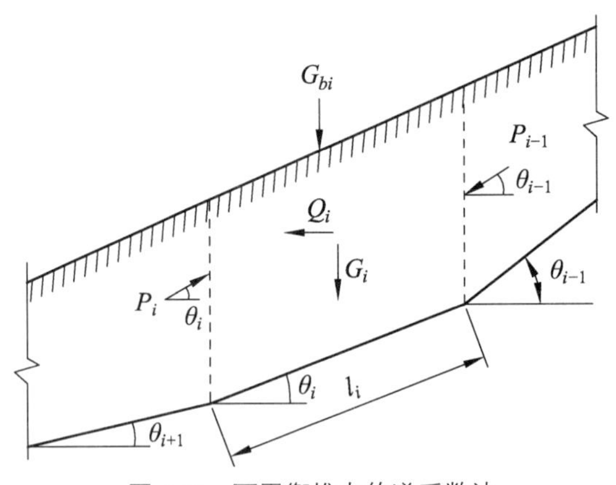

图 6.11　不平衡推力传递系数法

在滑体中取第 i 块土条，如图 6.11 所示，假定第 i−1 块土条传来的推力 P_{i-1} 的方向平行于第 i−1 块土条的底滑面，而第 i 块土条传送给第 i+1 块土条的推力 P_i 平行于第 i 块土条的底滑面。即是说，假定每一分界上推力的方向平行于上一土条的底滑面，第 i 块土条承受的各种作用力示于图 6.11 中。将各作用力投影到底滑面上，其平衡方程下：

$$
\begin{aligned}
&P_i - W_i \sin\alpha_i - Q_i \cos\alpha_i + T_i - P_{i-1}\cos(\alpha_{i-1}-\alpha_i) = 0 \\
&N_i - W_i \cos\alpha_i + Q_i \sin\alpha_i - P_{i-1}\sin(\alpha_{i-1}-\alpha_i) = 0
\end{aligned} \tag{6.18}
$$

整理得

$$
\begin{aligned}
&P_i = W_i \sin\alpha_i + Q_i \cos\alpha_i - T_i + P_{i-1}\cos(\alpha_{i-1}-\alpha_i) \\
&N_i = W_i \cos\alpha_i - Q_i \sin\alpha_i + P_{i-1}\sin(\alpha_{i-1}-\alpha_i)
\end{aligned} \tag{6.19}
$$

其中，

$$
\begin{aligned}
&T_i = \tau l_i = \frac{\tau_f}{F_S} l_i = \frac{1}{F_S}[c' l_i + N_i \tan\varphi' - u l_i \tan\varphi'] \\
&T_i = \frac{1}{F_s}\left\{c' l_i + \left[W_i \cos\alpha_i - Q_i \sin\alpha_i + P_{i-1}\sin(\alpha_{i-1}-\alpha_i)\right]\tan\varphi' - u l_i \tan\varphi'\right\}
\end{aligned} \tag{6.20}
$$

整理得

$$
\begin{aligned}
P_i = {} & W_i \sin\alpha_i + Q_i \cos\alpha_i - \\
& \frac{1}{F_s}\left[c' l_i + \left(W_i \cos\alpha_i - Q_i \sin\alpha_i - u l_i\right)\tan\varphi'\right] + P_{i-1}\psi_i
\end{aligned} \tag{6.21}
$$

其中，传递系数：

$$
\psi_i = \cos(\alpha_{i-1}-\alpha_i) - \frac{1}{F_s}\sin(\alpha_i-\alpha_i)\tan\varphi' \tag{6.22}
$$

① 隐式计算。

在进行计算分析时，需利用式（6.21）计算。即假定一个 F_s 值，从边坡顶部第 1 块土条算起，求出它的不平衡下滑力 P_i（其中 P_0=0），即为第 1 和第 2 块土条之间的推力。再计算第 2 块土条在原有荷载和 P_1 作用下的不平衡下滑力 P_2，作为第 2 块土条与第 3 块土条之间的推力。以此计算到第 n 块（最后一块），如果该块土条在原有荷载及推力 P_{n-1} 作用下，求得的推力 P_n 刚好为零，则所设的 F_s 即为所求的安全系数。如 P_n 不为零，则重新设定 F_s 值，按上述步骤重新计算，直到满足 P_n=0 的条件为止。

② 显式计算。

为了使计算工作更加简化，在工程单位常采用快捷的简化方法，即对每一块土条用下式计算不平衡下滑力：

不平衡下滑力=下滑力 × F_s −抗滑力

则式（6.21）改写成

$$
\begin{aligned}
P_i = {} & F_s(W_i \sin\alpha_i + Q_i \cos\alpha_i) - \\
& \left[c' l_i + \left(W_i \cos\alpha_i - Q_i \sin\alpha_i - u l_i\right)\tan\varphi'\right] + P_{i-1}\psi_i
\end{aligned} \tag{6.23}
$$

传递系数简化为

$$
\psi_i = \cos(\alpha_{i-1}-\alpha_i) - \sin(\alpha_{i-1}-\alpha_i)\tan\varphi'
$$

第 i 条块的安全系数计算公式为

$$F_s = \frac{P_i - P_{i-1}\psi_i + \left[c'l_i + \left(W_i \cos\alpha_i - Q_i \sin\alpha_i - ul_i\right)\tan\varphi'\right]}{(W_i \sin\alpha_i + Q_i \cos\alpha_i)} \tag{6.24}$$

第 n 条块的安全系数计算公式为

$$F_s = \frac{\sum_{i=1}^{n-1}(R_i \prod_{j=1}^{n-1}\psi_i) + R_n}{\sum_{i=1}^{n-1}(T_i \prod_{j=1}^{n-1}\psi_i) + T_n} \tag{6.25}$$

式中　F_s——稳定系数；

R_i——作用于第 i 块段的抗滑力（kN/m），其中 $R_i = N_i \tan\varphi_i + c_i l_i$；

T_i——作用于第 i 块段滑面上的滑动分力（kN/m），出现与滑动面方向相反的滑动分力时，T_i 取负值；

R_n——作用于第 n 块段的抗滑力（kN/m）；

T_n——作用于第 n 块滑动面上的滑动分力（kN/m）；

ψ_i——第 i 块段的剩余下滑力传递至第 i+1 块时的传递系数。

6.1.4　滑坡野外观察要点

1. 滑坡边界、规模、形态特征

通过滑坡舌、滑坡洼地、拉张裂缝等确定滑坡边界、滑坡前缘宽、纵向长（平距）、滑坡面积、滑体厚度、体积、滑体物质组成、滑坡平面形态、滑坡体自然坡度等以及滑坡周边环境。

2. 滑体特征

结合工程地质测绘和钻探，分析滑体物质的厚度变化及空间分布特征，并绘制工程地质剖面图。如人工填土（Q^{ml}）：灰黄色，主要由砂岩块石、粉砂质泥岩碎石、角砾及粉质黏土等组成，碎块石含量约占 65%，粒径一般为 10 ~ 40 mm，最大 120 mm。黏土含量约占 35%，黏土中含大量粉砂质泥岩角砾，局部黏土含水量明显较高。主要为当地公路修建所填，最大厚度 17.20 m。

3. 滑带（面）特征

调查滑带土的物质组成及变形特征，与滑体有无明显的差异，滑带（面）是否贯通等。

4. 滑床特征

滑床由基岩或者土层组成，调查滑床形态、倾角等。

5. 变形特征

调查滑坡出现开裂、蠕动、滑移的时间，变形的地面特征，如地表是否拉裂或局部滑塌，裂缝均在滑坡的变形区域内的分布规律；张拉裂缝及剪切裂隙、延伸长度和宽度、深度测量。

6. 滑坡形成条件

滑坡的形成原因分析，判断是由地形地貌、地层岩性、人类工程活动及水等何种或者多种因素作用的结果。

7. 计算参数

根据实验成果，结合地区经验及场地实际情况以及勘察区的防治工程设计参数，包括滑体和滑带、基底的力学参数。

6.2 泥石流

泥石流是山区沟谷或坡面在降雨、融冰、溃决等自然和人为因素作用下发生的一种挟带大量泥沙、石块或巨砾等固体物质的特殊洪流。它是介于挟沙水流和滑坡之间的山区土、水、气混合流。

我国每年发生数千至上万起突发性灾害，造成上百亿元的直接经济损失，死亡或失踪 1 000 人左右，是世界上山地灾害最严重的国家之一。

分布区域：约占国土面积 2/3 的山丘区，高易发区面积 112.7 万 km^2，中易发区面积 377 万 km^2，共 490 万 km^2 左右，占陆地领土的 51%①。

高风险区域：中国西南部和青藏高原周边区域。

危及人口：5.578 亿人，7 400 万人居住在危险区。已记录编目的地质灾害隐患点超过 24 万处，直接威胁人口达 1 359 万人。

灾害特点：点多面广、突发性强、频发多变、成灾迅速、危害严重、监测预报困难。

例如，2004 年 8 月 23 日晚至 24 日晨，一场暴雨袭击了四川省凉山彝族自治州德昌县，引发严重的泥石流、山体滑坡、洪水灾害。此次灾害已造成 10 人死亡、7 人失踪、4 人受伤。灾情发生后，凉山州及德昌县立即启动救灾应急预案，全力抢险救灾，如图 6.12 所示。

图 6.12　四川省凉山彝族自治州德昌县泥石流致灾现场图（2004.8）

① 资料来源：崔鹏，中科院山地所《山地科学概论》。

我国受泥石流危害的山区城镇数量分布如表 6.3 所示。

表 6.3 中国受泥石流危害的山区城镇表

省、直辖市、自治区、特别行政区	甘肃	四川	云南	西藏	新疆	重庆	青海	内蒙古	河南	贵州	辽宁	北京	湖北	广西	香港
受危害城镇	45	34	23	13	5	2	2	2	1	1	1	1	1	1	九龙，大屿山

6.2.1 泥石流的基本特性

1. 泥石流的特征

① 活动场所在山区；② 暴发突然，来势凶猛，一般历时短暂；③ 容重变化范围大；④ 固相物质粒度变化大；⑤ 冲淤和破坏能力大。

2. 泥石流的危害方式

（1）淤埋。

在泥石流活动区内的平缓地带，泥石流停止运动，大量泥沙淤埋各种目标并冲刷，如图 6.13 所示。

图 6.13 泥石流的淤埋（东川 1987 年泥石流拖沓沟淤埋桥涵冲毁栏杆）[①]

2009 年 7 月 23 日凌晨 2 时 57 分，四川省甘孜州康定县舍联乡干沟村响水沟发生特大泥石流灾害。泥石流直接穿过并掩埋位于沟口的长河坝水电站工地住宿区，造成 16 人死亡、38 人失踪、4 人受伤，冲毁和掩埋省道 211 线近千米。泥石流形成的堆积扇长约 410 m，最大宽度约 511 m，平均堆积厚度约 5 m，冲出物总体积约 40 万 m^3，如图 6.14 所示。

① 图片来源：谢涛. 地质灾害理论与控制，第一章泥石流的基本特性，2020.

图 6.14　四川省甘孜州康定县“7・23”特大泥石流①

（2）冲刷。

泥石流发生和流通区域内，大量坡面土体和沟床泥沙被带走，沟床被冲刷，岸坡垮塌，使沿岸设施、交通和水利工程遭破坏，如图 6.15 所示。

图 6.15　泥石流对铁路路基和岸坡的冲刷

（3）冲击。

快速运动的泥石流，尤其是其中的巨石具有很大的动能，可撞毁桥梁、房屋、车辆等基础设施，如图 6.16 所示。

图 6.16　泥石流冲击房屋、车辆等基础设施②

① 资料来源：全国地质灾害通报（2009 年）。

② 图片来源：谢涛. 地质灾害理论与控制，第一章泥石流的基本特性，2020.

（4）堵塞、挤压主河。

2011 年 7 月 2 日晚至 3 日，国道 213 线沿线高家沟发生泥石流，约 40 万 m^3 进入岷江形成堰塞体，堰塞体束窄河道，致江水掏蚀左岸，冲毁 G213 线路基 400 m 长，交通中断，“5.12”地震遗址“房中石”、5 栋民房、紧靠河道阶地的开关站被江水冲走，如图 6.17 所示。

图 6.17 国道 213 线沿线高家沟泥石流

（5）磨蚀。

泥石流含有大量泥沙，对各种保护目标及防治工程表面造成严重的磨蚀，如图 6.18（a）所示。

（6）弯道超高与爬高。

高容重泥石流运动的直进性很强，在弯道处流动或遇阻使其超高或爬高，如图 6.18（b）所示。

（a）

（b）

图 6.18 泥石流的磨蚀和弯道爬高现象[1]

① 图片来源：谢涛. 地质灾害理论与控制，第一章泥石流的基本特性，2020.

3. 泥石流的形成条件

（1）物源条件。

在地质构造复杂、断裂褶皱发育、新构造运动强烈、地震烈度高于 7 度的地区，山坡稳定性差，岩层破碎，滑坡、崩塌的地质作用为泥石流形成提供丰富的松散土体。

关山沟为岷江右岸的一级支流，位于汶川县银杏乡境内，流域面积为 2.12 km^2，主沟长度为 2.68 km，主沟比降为 679 ‰，流域相对高差为 1 820 m，地表破坏面积约占整个流域的 60.38 %，如图 6.19 和图 6.20 所示。

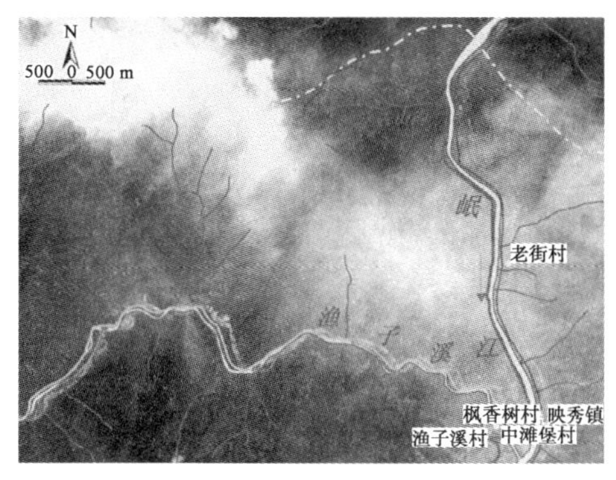

图 6.19 岷江支流的俯视图

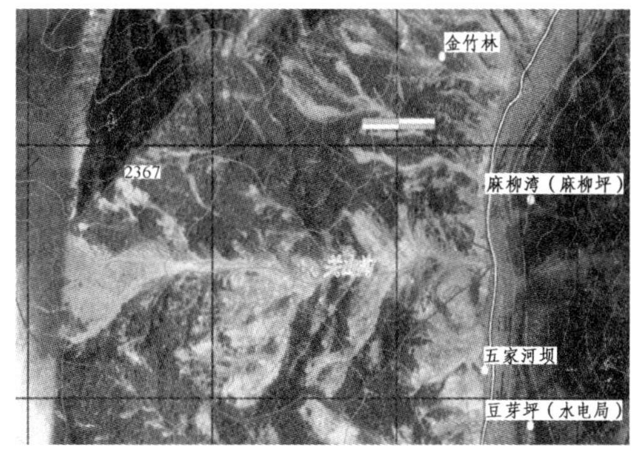

图 6.20 关山沟的流域俯视图

（2）地形条件。

① 形成区：三面环山、一面出口的宽阔地段，周围山坡陡峻，地形坡度多为 30°~60°，沟床纵比降可达 30°以上。

② 流通区：泥石流搬运通过的地段，多系狭窄而深切的峡谷或冲沟，谷壁陡峻而纵坡较大。

③ 堆积区：一般位于出山口，地形坡度通常小于 5°，地形开阔，泥石流形成扇形堆积，如图 6.21、图 6.22 所示。

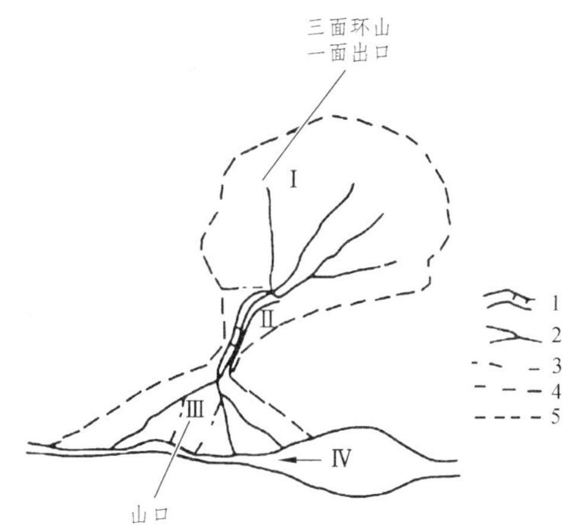

Ⅰ—泥石流形成区；Ⅱ—泥石流流通区；Ⅲ—泥石流堆积区；Ⅳ—泥石流堵塞河流形成的湖泊；
1—峡谷；2—有水沟床；3—无水沟床；4—分区界限；5—流域界限。

图 6.21 典型泥石流流域示意图

图 6.22　实际泥石流流域示意图

（3）水源条件。

水既是泥石流的重要组成成分，又是泥石流的激发条件和搬运介质，如图 6.23 所示。泥石流水源有降雨、冰雪融水、水库（堰塞湖）溃决溢水等方式。

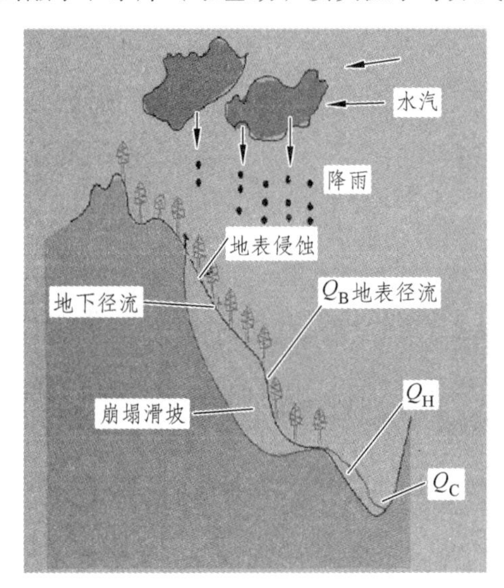

图 6.23　泥石流的激发条件和搬运介质示意图[①]

6.2.2　泥石流的分类

分类依据：基于地貌的分类、基于水源的分类、基于物源的分类、基于泥石流流体性质的分类、基于泥石流固体物质组成分类、基于泥石流规模的分类、基于泥石流危害性等级的分类。

① 图片来源：谢涛. 地质灾害理论与控制，第一章泥石流的基本特性，2020.

（1）基于地貌的分类。

按集水区流域形态可分为坡面型和沟谷型泥石流。

坡面型泥石流是流经山坡的泥石流。流域面积小，一般不超过 1 km^2。流域呈斗状，没有明显的流通区，形成区直接与堆积区相接。一般来说，发生坡面泥石流具备三个基本条件：一是山坡有大量的松散堆积物；二是山坡有一定的坡度；三是有强降雨等外力激发因素。坡面泥石流一般与崩塌、滑坡相伴发生，在强降雨作用下，崩塌、滑坡直接转化为山坡型泥石流。一般来讲，高植被覆盖可以减少泥石流发生。但是暴雨超过临界雨强（或降雨量），高植被覆盖的山坡（尤其是乔木覆盖的山坡）发生泥石流的危害性更大。

特点：

① 无恒定地域与明显沟槽，只有活动周界。轮廓呈保龄球形。

② 限于 30°以上斜面，下伏基岩或不透水层浅，物源以地表覆盖层为主，活动规模小，破坏机制更接近于坍滑。

③ 发生时空不易识别，成灾规模及损失范围小。

④ 坡面浅层岩土体失稳。

⑤ 总量小，无后续性，无重复性。

⑥ 在同一斜坡面上可以多处发生，呈梳状排列，顶缘距山脊线有一定范围。

⑦ 可知性低、防范难。

图 6.24 所示为坡面型泥石流。

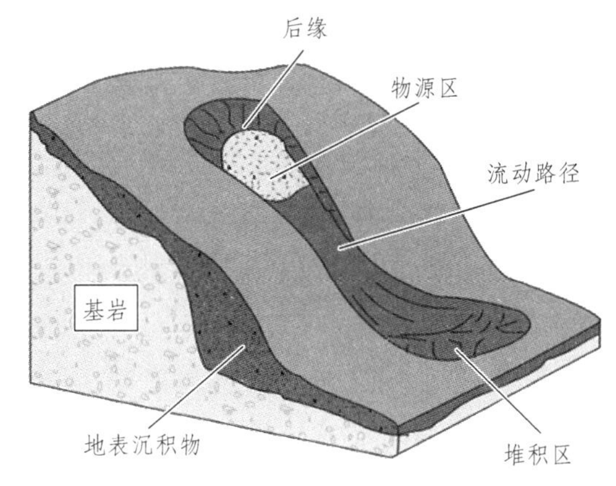

图 6.24　坡面型泥石流

沟谷型泥石流：运动和堆积均在一条比较完整的沟谷中进行，其固体物质来源主要来自沟谷中的松散堆积物以及其两侧支沟，形成区海拔一般在 1 200 ~ 1 400 m 之间，其平面形态大致呈桃叶形、近花瓶形。

特点：

① 以流域为周界，受一定的沟谷制约。泥石流的形成、堆积和流通区较明显。轮廓呈哑铃形。

② 以沟槽为中心，物源区松散堆积体分布在沟槽两岸及河床上，崩塌滑坡、沟蚀作用强烈，活动规模大，由洪水、泥沙两种汇流形成，更接近于洪水。

③ 发生时空有一定规律性，可识别，成灾规模及损失范围大。

④ 是暴雨导致洪流对沟底和坡面物源产生“揭底”冲刷所导致。

⑤ 总量大，重现期短，有后续性，能重复发生。

⑥ 受区域构造控制，同一地区多呈带状或片状分布，对同一地区相同条件沟谷进行预测泥石流危险性有借鉴意义。

⑦ 有一定的可知性，可防范。

图 6.25 所示为沟谷型泥石流。

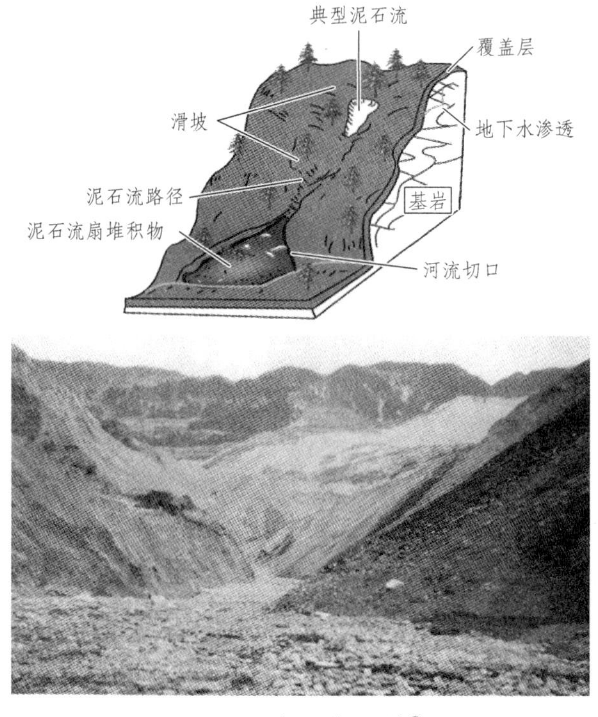

图 6.25　沟谷型泥石流①

（2）基于固体物质组成分类。

按泥石流物质组成，可分为泥流型、泥石型和水石（沙）型泥石流（见表 6.4 和图 6.26）。

① 泥流：由黏粒、粉粒和砂粒组成，砾石和卵石颗粒很少，颗粒级配偏细，密度偏高，分稀性和稠性，呈黏泥状。

② 泥石流：固体物质由大量的黏性土和粒径不等的砂粒、石块组成，颗粒级配域宽，密度幅度域大，分布地域广。

③ 水石流：固体物质以大小不等的石块、砂粒为主，黏性土含量较少。

① 图片来源：魏进兵. 岩土环境工程课程第 4 章（泥石流灾害与防治工程），2010.

表 6.4　泥石流按物质组成分类

特征指标	泥流	泥石流	水石流
容重/（t/m^3）	1.5~2.2	1.2~2.3	1.2~1.8
固体物质组成	粉沙、黏粒为主，粒度均匀，98%的颗粒小于 2.0 mm	可含黏、粉、沙、砾、卵、漂各级粒度，很不均匀	粉沙、黏粒含量极少，多为大于 2.0 mm 的颗粒，粒度很不均匀（水沙流较均匀）
流体属性	多为非牛顿体，有黏性，黏度 > 0.3 Pa·s	多为非牛顿体，少部分也可以是牛顿体。有黏性的，也有无黏性的	为牛顿体，无黏性
残留表观	有浓泥浆残留	表面不干净，有泥浆残留	表面较干净，无泥浆残留
沟槽坡度	较缓	较陡（坡度 $i > 10\%$，坡角 $\theta > 5.71°$）	陡（> 10°）
分布地域	多集中分布在黄土及火山灰地区	广见于各类地质体及堆积体中	多见于火成岩及碳酸盐岩地区

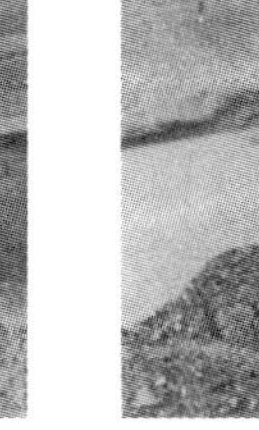

（a）泥流

（b）泥石流

（c）水石流

图 6.26　基于固体物质组成分类[①]

（3）基于水源分类。

按水源成因分为暴雨、冰川和溃决泥石流。

① 暴雨（降雨）泥石流。

② 冰川（冰雪融水）泥石流。

③ 溃决（含冰湖溃决）泥石流。

（4）基于物源分类。

按物源特征分为坡面侵蚀型、崩滑型、沟床侵蚀型、冰碛型和弃渣型泥石流等。

① 坡面侵蚀型泥石流。

② 崩滑型泥石流。

③ 冰碛型泥石流。

④ 火山泥石流。

⑤ 弃渣泥石流。

⑥ 混合型泥石流。

① 图片来源：魏进兵. 岩土环境工程课程第 4 章（泥石流灾害与防治工程），2010.

（5）基于流体性质分类。

按流体性质可分为黏性泥石流和稀性泥石流（见表 6.5 和图 6.27）。

表 6.5　基于流体性质分类

特征指标	稀性泥石流	黏性泥石流
容重/（t/m^3）	1.3~1.8	1.8~2.4
固体物质含量	500 ~ 1 300（kg/m^3）	1 300 ~ 2 200（kg/m^3）
泥浆黏度	< 0.3（Pa·s）	≥0.3（Pa·s）
流体组成	不含黏性颗粒，黏度<3 Pa·s 不产生屈服应力，牛顿体	富含黏性颗粒，黏度>3 Pa·s 产生屈服应力，非牛顿体
流动状态	连续流、紊动强烈 固液两项不等速运动	阵性流、层状流 固液两相等速运动
堆积特征	堆积物有一定分选性	堆积物无分选性

（a）稀性泥石流　　　　（b）黏性泥石流

图 6.27　基于流体性质分类①

（6）基于泥石流规模的分类。

按泥石流暴发一次冲出固体物质量或泥石流峰值流量可分为特大型、大型、中型和小型四级（见表 6.6）。

表 6.6　基于泥石流规模的分类

分类指标	特大型	大型	中型	小型
一次堆积总量（10^4 m^3）	>50	20~50	2~20	<2
峰值流量（m^3/s）	>200	100~200	20~100	<100
注：“一次冲出固体物质量”和“峰值流量”不在同级时，按就高原则确定规模等级				

（7）基于泥石流危害性分类。

按已发生泥石流灾害一次造成的死亡人数或直接经济损失，泥石流规模可分为特大型、大型、中型和小型 4 个等级（见表 6.7）。

① 图片来源：魏进兵. 岩土环境工程课程第 4 章（泥石流灾害与防治工程），2010.

表 6.7　已发生泥石流按死亡人数或财产损失分级

危害性灾度等级	特大型	大型	中型	小型
死亡人数/人	≥30	29~10	9~3	<3
财产损失/万元	≥1 000	1 000~500	500~100	<100
注："死亡人数"和"财产损失"不在同级时，按就高原则确定规模等级				

对潜在的泥石流，根据受威胁人数或可能造成的直接经济损失，可分为特大型、大型、中型和小型四个等级（见表 6.8）。

表 6.8　潜在泥石流按威胁人数或威胁财产分级

分级指标	特大型	大型	中型	小型
威胁人数/人	≥1 000	500~1 000	100~500	<100
威胁损失/万元	≥10 000	5 000~10 000	1 000~5 000	<1 000
注："威胁人数"和"威胁财产"不在同级时，按就高原则确定规模等级				

6.2.3　泥石流特征参数计算

泥石流特征参数计算流程（见图 6.28、图 6.29）。

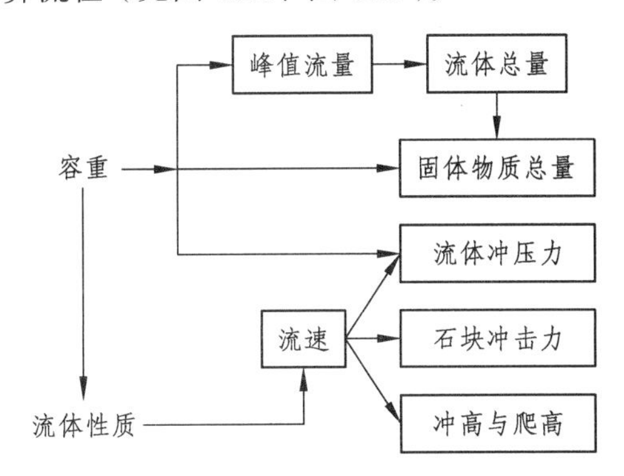

图 6.28　泥石流特征参数计算流程

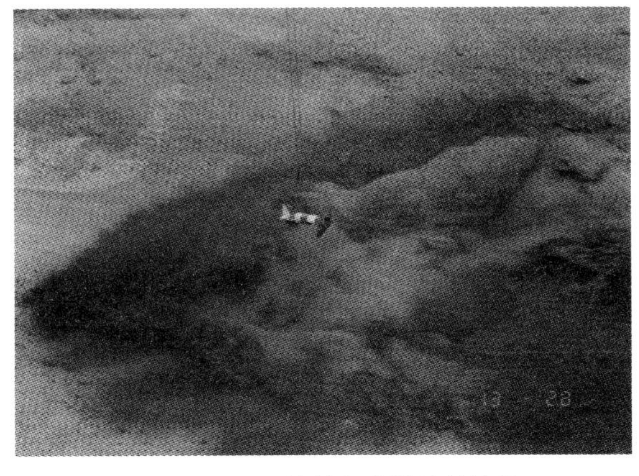

图 6.29　泥石流特征参数计算流程

1. 泥石流容重的确定

（1）实测法。

人工取样：人站在沟岸用铁桶取样。

机械取样：体积 15 L，铅鱼重 200 kg。

（2）配浆法（现场调查法）。

在泥石流堆积区和流路取泥石流堆积物样品数个，然后找目击者数人，在现场配制和认定泥石流样品，如图 6.30 所示。缺点：没有包含大颗粒，造成容重偏低。

称重法：对样品进行三次以上称重、体积测量，取其平均值。

$$\gamma_c = \frac{G_c}{V} \tag{6.26}$$

式中 γ_c——泥石流容重（t/m^3）；

G_c——配制浆体重量（t）；

V——配制浆体体积（m^3）。

（a）取土

（b）加水

（c）泥石流样品确认

图 6.30 泥石流容重的现场调查法

（3）查表法。

查《泥石流灾害防治工程勘查规范》（DT/T 0220—2006）附录表 G.2“泥石流沟的数量化综合评判及易发程度等级标准”（见表 6.9~表 6.11）。数量化评分 $N \geq 116$ 分：极易发；N=87~115 分：易发；N=44~86 分：轻度易发；$N \leq 43$：不易发。

表 6.9 泥石流沟的数量化综合评判及易发程度等级标准

序号	影响因素	评价标准的量级划分								易发程度评价	
		极易发（A）	得分	中等易发（B）	得分	轻度易发（C）	得分	不易发生（D）	得分	沟域情况	得分
1	崩坍、滑坡及水土流失（自然和人为活动的）严重程度	崩坍、滑坡等重力侵蚀严重，多层滑坡和大型崩坍，表土疏松，冲沟十分发育	21	崩坍、滑坡发育，多层滑坡和中小型崩坍，有零星植被覆盖冲沟发育	16	有零星崩坍、滑坡和冲沟存在	12	无崩坍、滑坡、冲沟或发育轻微	1	有零星崩坍、滑坡和冲沟存在	12
2	泥砂沿程补给长度比/%	>60	16	60～30	12	30～10	8	<10	1	45%	12
3	沟口泥石流堆积活动程度	主河河形弯曲或堵塞，主流受挤压偏移	14	主河河形无较大变化，仅主流受迫偏移	11	主河无变化，主流在高水位时偏，低水位时不偏	7	主河无河形变化，主流不偏	1	主河无河形变化，主流不偏	1
4	河沟纵坡（度，‰）	>12°（213）	12	12°～6°（213~105）	9	6°～3°（105~52）	6	<3°（32）	1	357.5‰	12
5	区域构造影响程度	强抬升区，6 级以上地震区，断层破碎带	9	抬升区，4～6 级地震区，有中小支断层	7	相对稳定区，4 级以下地震区，有小断层	5	沉降区，构造影响小或无影响	1	抬升区，4～6 级地震区，有中小支断层	9
6	流域植被覆盖率/%	<10	9	10～30	7	30～60	5	>60	1	5%	9

续表

序号	影响因素	评价标准的量级划分								易发程度评价	
		极易发（A）	得分	中等易发（B）	得分	轻度易发（C）	得分	不易发生（D）	得分	沟域情况	得分
7	河沟近期一次变幅/m	>2	8	2～1	6	1～0.2	4	0.2	1	无变化	1
8	岩性影响	软岩、黄土	6	软硬相间	5	风化强烈和节理发育的硬岩	4	硬岩	1	板岩为主	5
9	沿沟松散物储量/（10^4 m^3/km^2）	>10	6	10～5	5	5～1	4	<1	1	10.17 万 m^3/km^2	6
10	沟岸山坡坡度/（度，‰）	>32°（625）	6	32°～25°（625~466）	5	25°～15°（466～268）	4	<15°（268）	1	多在 30°	5
11	产沙区沟槽横断面	V 型、U 型谷、谷中谷	5	宽 U 型谷	4	复式断面	3	平坦型	1	为 V 型、U 型谷	5
12	产沙区松散物平均厚/m	>10	5	10～5	4	5～1	3	<1	1	一般为 2 m	3
13	流域面积/km^2	0.2～5	5	5～10	4	0.2 以下、10～100	3	>100	1	0.44 km^2	5
14	流域相对高差/m	>500	4	500～300	3	300～100	2	<100	1	288 m 以上	2
15	沟堵塞程度	严重	4	中等	3	轻微	2	无	1	无	1
16	N 总分										
17	易发程度										

表 6.10　泥石流沟易发程度数量化综合评判等级标准

是与非的判别界限值		划分易发程度等级的界限值	
等级	标准得分 N 的范围	等级	按标准得分 N 的范围自判
是	44 ~ 130	极易发	116 ~ 130
		易发	87 ~ 115
		轻度易发	44 ~ 86
非	15 ~ 43	不发生	15 ~ 43

表 6.11　数量化评分（N）与重度、（$1+\varphi$）的关系

评分	容重 $\gamma_c/(t/m^3)$	$1+\varphi$ (γ_b=2.65)	评分	容重 $\gamma_c/(t/m^3)$	$1+\varphi$ (γ_b=2.65)	评分	容重 $\gamma_c/(t/m^3)$	$1+\varphi$ (γ_b=2.65)
44	1.300	1.223	73	1.502	1.459	102	1.703	1.765
45	1.307	1.231	74	1.509	1.467	103	1.710	1.778
46	1.314	1.239	75	1.516	1.475	104	1.717	1.791
47	1.321	1.247	76	1.523	1.483	105	1.724	1.804
48	1.328	1.256	77	1.530	1.492	106	1.731	1.817
49	1.335	1.264	78	1.537	1.500	107	1.738	1.830
50	1.342	1.272	79	1.544	1.508	108	1.745	1.842
51	1.349	1.280	80	1.551	1.516	109	1.752	1.855
52	1.356	1.288	81	1.558	1.524	110	1.759	1.866
53	1.363	1.296	82	1.565	1.532	111	1.766	1.881
54	1.370	1.304	83	1.572	1.540	112	1.772	1.894
55	1.377	1.313	84	1.579	1.549	113	1.779	1.907
56	1.384	1.321	85	1.586	1.557	114	1.786	1.919
57	1.391	1.329	86	1.593	1.565	115	1.793	1.932
58	1.398	1.337	87	1.600	1.577	116	1.800	1.945
59	1.405	1.345	88	1.607	1.586	117	1.843	2.208
60	1.412	1.353	89	1.614	1.599	118	1.886	2.471
61	1.419	1.361	90	1.621	1.611	119	1.929	2.735
62	1.426	1.370	91	1.628	1.624	120	1.971	2.998
63	1.433	1.378	92	1.634	1.637	121	2.014	3.216
64	1.440	1.386	93	1.641	1.650	122	2.057	3.524
65	1.447	1.394	94	1.648	1.663	123	2.100	3.788
66	1.453	1.402	95	1.655	1.676	124	2.143	4.051
67	1.460	1.410	96	1.662	1.688	125	2.186	4.314
68	1.467	1.418	97	1.669	1.701	126	2.229	4.577
69	1.474	1.426	98	1.676	1.714	127	2.271	4.840
70	1.481	1.435	99	1.683	1.727	128	2.314	5.104
71	1.488	1.443	100	1.690	1.740	129	2.357	5.367
72	1.495	1.451	101	1.697	1.753	130	2.400	5.630

（4）经验公式。

余斌公式：

$$\gamma_c = 2.0P_{05}^{0.35}P_2 + 1.5 \tag{6.27}$$

根据泥石流沉积物中粗颗粒含量的容重计算公式（杜榕桓公式）：

$$\gamma_c = (0.175 + 0.743P_2) \cdot (\gamma_H - 1) + 1 \tag{6.28}$$

式中　γ_c——泥石流容重（t/m^3）；

P_{05}——黏粒含量（粒径<0.05 mm，小数表示）；

P_2——粗粒含量（粒径>2 mm，小数表示）；

γ_H——固体物质容重（t/m^3）。

2. 泥石流流速的确定

泥石流的流速范围在 0~20 m/s（72 km/h）之间，常用的泥石流容重的确定方法有：直接观测法、调访法、经验公式法、最大颗粒粒径法等。本书主要讲解经验公式法，公式如下：

$$V_c = \frac{1}{n}R^{\frac{2}{3}}I^{\frac{1}{2}} \tag{6.29}$$

式中　V_c——泥石流断面平均流速（m/s）；

R——水力半径（m）；

I——水力坡度（小数表示）；

$1/n$——糙率系数（n 为糙率）。

① 稀性泥石流。

$$V_c = \frac{1}{\sqrt{\gamma_H \Phi_c + 1}} \frac{1}{n} R^{\frac{2}{3}} I^{\frac{1}{2}} \tag{6.30}$$

泥沙修正系数（见表 6.12）：

$$\Phi_c = \frac{\gamma_c - \gamma_W}{\gamma_H - \gamma_c} \tag{6.31}$$

式中　γ_H——固体物质容重（t/m^3）；

γ_c——泥石流容重（t/m^3）；

γ_W——清水容重（t/m^3）。

表 6.12　泥石流泥沙修正系数

泥石流容重/（t/m^3）	1.3	1.4	1.5	1.6	1.7	1.8
泥沙修正系数	0.222	0.320	0.435	0.571	0.737	0.941
流速修正系数	0.793	0.736	0.682	0.631	0.582	0.535

② 黏性泥石流-东川泥石流改进公式：

$$V_{\mathrm{c}} = KH_{\mathrm{c}}^{\frac{2}{3}} I^{\frac{1}{5}} \tag{6.32}$$

式中　K——黏性泥石流流速系数，如表 6.13 所示。

表 6.13　黏性泥石流流速系数 K 值

H_{c}/m	<2.5	3	4	5
K	10	9	7	5

③ 黏性泥石流-通用公式。

东川泥石流改进公式以东川蒋家沟为代表的低阻型泥石流为样本建立，有局限性。

康志成等综合了低阻型泥石流，西藏古乡沟、云南大盈江浑水沟为代表的高阻型泥石流，以及甘肃武都火烧沟为代表的中阻型泥石流，根据 3 000 多阵次资料归纳了通用公式：

$$V_{\mathrm{c}} = \frac{1}{n} H_{\mathrm{c}}^{\frac{2}{3}} I^{\frac{1}{2}} \tag{6.33}$$

式中，$\frac{1}{n}$ 为糙率系数，如表 6.14 所示。

表 6.14　糙率系数

泥石流流体特征	沟床特征	流通区纵坡/‰	$1/n$
流体呈整体运动；石块粒径大小悬殊，一般在 30～50 cm，2～5 m 粒径的石块约占 20%；龙头由大石块组成，在弯道或河床展宽处易停积，后续流可超越而过，龙头流速小于龙身流速，堆积呈垄岗状	沟床极粗糙，有巨石，挟树木，多弯道与跌水，无法通行	100~150	$H<2$ m 时，2.25；平均值 3.57
流体呈整体运动，石块较大，一般石块粒径 20～30 cm，含少量粒径 2～3 m 的大石块；流体搅拌较为均匀；龙头紊动强烈，有黑色烟雾及火花；龙头和龙身流速基本一致；停积后呈垄岗状堆积	沟床较粗糙，凹凸不平，石块较多，有弯道与跌水	70~100	$H<1.5$ m 时，20~30，平均 25；$H\geqslant1.5$ m 时，10~20，平均 15
流体搅拌十分均匀；石块粒径一般在 10 cm 左右，挟有个别 2～3 m 的大石块；龙头和龙身物质组成差别不大；在运动过程中龙头紊动十分强烈，浪花飞溅；停积后浆体与石块不分离，向四周扩散呈叶片状	沟床较固定，石块较均匀，沟底不平整且粗糙，流水沟两侧基本平顺，但干而粗糙	55~70	$0.1<H<0.5$，23；$0.5<H<2.0$，13；$2.0<H<4.0$，10
	泥石流铺床后，在原沟底黏附一层泥浆体，变得光滑平顺，利于泥石流运动，可视为人工河槽		$0.1<H<0.5$，46；$0.5<H<2.0$，26；$2.0<H<4.0$，20

3. 峰值流量的确定

泥石流流量变化于数十立方米每秒到上万立方米每秒。如云南蒋家沟从1960年到现在的观测资料显示，最大流量为4 687.5 m^3/s，1953年西藏波密古乡沟冰川泥石流流量达到 2.86×10^4 m^3/s。峰值流量的确定方法有形态调查法和雨洪法。

（1）形态调查法。

在泥石流沟道中选择典型代表性断面进行测量和计算。断面选在沟道顺直、断面变化不大、无阻塞、无回流、上下沟槽无冲淤变化、具有清晰泥痕的沟段。仔细查找泥石流过境后留下的痕迹，然后确定泥位。最后测量这些断面上的泥石流流面比降（若不能由痕迹确定，则用沟床比降代替）、泥位高度 H_c（或水力半径）和泥石流过流断面面积等参数。用相应的泥石流流速计算公式，求出断面平均流速 V_c 后，即可用下式求泥石流断面峰值流量 Q_c。

$$Q_c = W_c \cdot V_c \tag{6.34}$$

式中 W_c——泥石流过流断面面积（m^2）；

V_c——泥石流断面平均流速（m/s）。

（2）雨洪法。

该方法是在泥石流与暴雨同频率、且同步发生、计算断面的暴雨洪水设计流量全部转变成泥石流流量的假设下建立的计算方法。其计算步骤是先按水文方法计算出断面不同频率下的暴雨洪峰流量（计算方法查阅水文手册，存在堵溃的情况时，按照溃坝水力学中的方法计算暴雨洪峰流量；存在融雪流量或地下水流量补给地表水时，暴雨洪峰流量应叠加融雪流量和地下水补给流量），然后选用堵塞系数，按下式计算泥石流流量。

$$Q_c = \left(1+\Phi_c\right) Q_w D_u \tag{6.35}$$

式中 Q_c——泥石流洪峰流量（m^3/s）；

Q_w——清水洪峰流量（m^3/s）；

Φ_c——泥石流泥沙修正系数；

D_u——堵塞系数。

正确选用堵塞系数 D_u 是流量计算的关键，一般可根据沟道特征选用（见表6.15）。

表6.15 堵塞系数 D_u 选用

堵塞程度	特 征	D_u
特别严重	地震影响强烈区大型崩滑堆积体发育的沟谷；沟道中分布滑坡崩塌堰塞体，堰塞湖库容大；高速远程滑坡碎屑流堆积于沟道，堆积厚度大；沟岸新近滑坡崩塌发育，堆积于沟床并挤压沟道形成多处堵点；沟道中有多处宽窄急剧变化段，如峡谷卡口、过流断面不足的桥涵；观测到的泥石流流体黏性大，泥石流规模放大显著	3.1~5.0

续表

堵塞程度	特　征	D_u
严重	河槽弯曲，河段宽窄不均，卡口、陡坎多。大部分支沟交汇角度大，形成区集中。物质组成黏性大，稠度高，沟槽堵塞严重，阵流间隔时间长	2.6~3.0
中等	沟槽较顺直，沟段宽窄较均匀，陡坎、卡口不多。主支沟交角多小于60°，形成区不太集中。河床堵塞情况一般，流体多呈稠浆-稀粥状	2.0~2.5
一般	沟槽基本顺直均匀，主支沟交汇角较小，基本无卡口、陡坎，物源分布较分散；沟岸基本稳定，局部沟岸滑塌，但对沟道的堵塞程度轻微；沟道基本稳定，松散堆积物厚度较薄且难于启动；观测到的泥石流物质组成黏度较小，阵流的间隔时间较短	1.5~1.9
轻微	沟槽顺直均匀，主支沟交汇角小，基本无卡口、陡坎，形成区分散。物质组成黏度小，阵流的间隔时间短而少	1.0~1.4

$$Q_w = 0.278\varphi\frac{S}{\tau^n}F \tag{6.36}$$

式中　F——流域面积（km^2）；

S——暴雨雨力，即最大1小时暴雨量；

n——暴雨公式指数；

τ——流域汇流时间（h）；

Q_w——清水洪峰流量（m^3/s）。

4. 一次泥石流过程总量的确定

泥石流一次总量大小不一，规模大者可达数百万立方米。冰川泥石流一次固体物质总量可以达到上百至数千万立方米，如古乡沟1953年泥石流一次总量达1 710×$10^4\,m^3$。

一次泥石流过程总量的确定主要有：泥石流流体总量（液体和固体）、固体物质冲出总量。

根据泥石流历时和最大流量，按泥石流暴涨暴落的特点，将其过程线概化成五角形，按下式进行计算，泥石流过程线概化模型计算如图6.31所示。

$$W_c = \frac{19TQ_c}{72} = 0.246TQ_c \tag{6.37}$$

$$W_s = W_c\frac{\gamma_c - \gamma_W}{\gamma_H - \gamma_W} \tag{6.38}$$

式中　W_c——泥石流流体总量；

W_s——固体物质冲出总量；

Q_c——泥石流峰值流量；

T——泥石流持续时间。

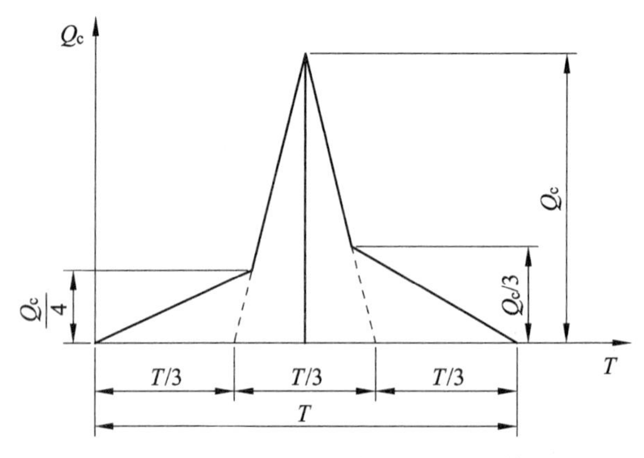

图 6.31　泥石流过程线概化模型计算

5. 泥石流冲击参数的确定

（1）泥石流流体冲压力。

现勘查规范推荐采用铁二院陈光曦（成昆、东川两线）公式：

$$\delta = \lambda \frac{\gamma_c}{g} V_c^2 \sin\alpha \tag{6.39}$$

式中　δ——泥石流流体冲压力（kPa）；

λ——建筑物形状系数，圆形 1.0，矩形 1.33，方形 1.47；

γ_c——泥石流容重（kN/m^3）；

V_c——泥石流断面平均流速（m/s）；

α——泥石流冲击角度（°）。

（2）巨石冲击力。

现勘查规范推荐采用铁二院陈光曦（成昆、东川两线）公式：

$$P = \gamma_0 V_c \sin\alpha \sqrt{\frac{W_0}{c_1 + c_2}} \tag{6.40}$$

式中　P——泥石流巨石集中冲击力（kN）；

γ_0——动能折减系数，对圆端（正面撞击）取 0.3，斜面撞击取 0.2；

V_c——泥石流断面平均流速（m/s）；

W_0——单位块石的重量（kN）；

α——桥墩受力面与泥石流冲击力方向所夹的角（°）；

c_1、c_2——巨石及桥梁墩台圬工材料的弹性变形系数，c_1+c_2=0.005 m/kN。

（3）泥石流冲起高度与爬高。

① 泥石流冲起高度。

$$\Delta H = \frac{V_c^2}{2g} \sin\alpha \tag{6.41}$$

② 泥石流爬高。

$$\Delta H = \frac{bV_c^2}{2g}\sin\alpha \approx (0.6 \sim 0.8)\frac{V_c^2}{g}\sin\alpha \tag{6.42}$$

式中　b 为迎面坡度的函数，对爬高取 1.2，对泥浆飞溅高度取 1.6。

6.2.4　泥石流的识别和野外观察

1. 初步勘察期野外观察识别

在全流域遥感解译的基础上开展工程地质测绘，对重点物源区、拟设治理工程区开展大比例尺工程地质测绘及工程地质勘探。

（1）遥感解译。

从卫星影像和航空相片解译泥石流的区域性宏观分布、形成条件、活动特征和危害范围等；有条件可用不同时相的影像图解译，对比泥石流发展过程、演化趋势；编制遥感图像解译图，比例尺宜为 1∶10 000 ~ 1∶50 000；需采用无人机航空摄像进行遥感解译，无人机航空摄像比例尺宜为 1∶2 000 ~ 1∶10 000。

（2）地形测量。

① 全沟域调查用图宜收集已有地形图，必要时进行修测。

② 针对拟建工程区和重点物源区应开展大比例尺测图。

③ 地形图测图平面控制网的建立，可采用卫星定位测量（见图 6.32）、导线测量、三角形网测量、水准测量等方法。

图 6.32　雅鲁藏布江左岸白努弄巴沟泥石流沟域卫星图

④ 坐标网宜采用国家坐标网和高程系，当泥石流治理与城镇、重大工程建设有关时，

应采用相同坐标系统和高程系，特殊情况时可采用独立坐标系统和假设高程系。

⑤ 泥石流沟全域及重点区地形测量比例尺按表 6.16 确定。

表 6.16　地形测量比例尺精度要求

泥石流沟全域	泥石流沟重点区（物源点、沟道段、堆积扇）	拟设工程区		
		拦沙坝库区	谷坊坝库区	排导槽沿线
1∶2 000~1∶50 000	1∶500~1∶2 000	1∶100~1∶500	1∶50~1∶200	1∶100~1∶1 000
注：比例尺精度选取可根据流域面积大小及地质环境复杂程度确定				

（3）工程地质测绘。

调查与泥石流有关的地形地貌、地层岩性、地质构造、土壤植被及人类工程活动等沟域地质环境背景条件。

① 物源调查。

对全沟域物源开展调查和测绘，查明其分布范围、数量、规模。分区评价物源堆积体的稳定性和启动模式。

对泥石流形成贡献较大的重点物源应开展大比例尺的平、剖面测绘，并有勘探工作控制，测绘剖面与勘探线布置应一致。

② 沟道条件调查。

重点调查测绘沟道的纵坡、卡口、跌水、弯道、集中揭底和主支沟交汇等微地貌特征及其对泥石流运动的影响，以及泥石流历史淹没区范围、沟道冲淤特征、桥涵过流断面、主河输沙能力等。宜采用纵、横剖面测绘辅以适当勘探工作控制。

③ 水源条件调查。

降雨调查：主要收集沟域及临近的雨量站建站以来的雨量观测资料，以及区域其他雨量站的历史观测资料，特别是对已发生泥石流期间的降雨资料应加强访问和收集，必要时可设置自动雨量站进行观测；雨量站资料重点是 1 小时、6 小时的降雨和历史最大降雨资料的收集。根据暴雨强度指标 R 综合判别泥石流发育程度，同时，应收集区域内历年的气象资料。

地表水调查：对沟域内的溪沟、水库、山坪塘、堰塞湖、冰湖、冰川以及引、调水工程等开展调查测绘，主要查明水体的分布、蓄水量、流量及动态变化，评价其参与泥石流活动的可能性。高海拔沟域应调查雪线以上和雪线以下降水类型及其产流量转化关系。

地下水调查：重点对沟域内地下水溢出带进行调查，分析其对斜坡松散堆积物稳定性的影响，对大泉、暗河的流量进行观测。对岩溶发育的沟道及松散堆积层较厚的沟道堆积区，应调查洪水、泥石流水体沿沟向地下渗漏情况，包括渗漏地段及渗漏量、渗透系数等。

④ 拟建工程治理区。

对拟设拦固工程（拦沙坝、谷坊坝等）区工程地质条件进行测绘，划分岩土体类型并描述其工程地质特性，至少布设一纵一横实测剖面，拦沙坝应有钻孔控制。

对排停工程（防护堤、排导槽、停淤堤）区工程地质条件进行测绘，划分岩土体类型并描述其工程地质特性，至少布设一条纵剖面，进口、出口、弯道、桥涵等关键节点应实测横剖面，并有钻孔或探井、探槽控制。

（4）泥石流活动调查。

① 泥石流过流特征调查。

调查历次泥石流活动时间、激发雨强、爆发频率、过流特征、一次冲出量、冲刷及淤积区以及对应的危险区范围。根据表 6.17 判别泥石流沟的发展阶段。

表 6.17　泥石流沟发展阶段的识别方法

识别标记		形成期（青年期）	发展期（壮年期）	衰退期（老年期）	停歇或终止期
主支流侵蚀		主沟侵蚀速度≤支沟侵蚀速度	主沟侵蚀速度＞支沟侵蚀速度	主沟侵蚀速度＜支沟侵蚀速度	主支沟侵蚀速度均等
沟口扇形		沟口出现扇形堆积地形或扇形地处于发展中	沟口扇形堆积地形发育，扇缘及扇高在明显增长中	沟口扇形堆积在萎缩中	沟口扇形地貌稳定
沟口河型		堆积扇发育逐步挤压主河，河型间或发生变形，无较大变形	大（主）河河型受堆积扇发展控制，河形受迫弯曲变形，或被暂时性堵塞	大（主）河河型基本稳定	大（主）河河型稳定
挤压主流		仅主流受迫偏移，对对岸尚未构成威胁	主流明显被挤偏移，冲刷对岸河堤、河滩	主流稳定或向恢复变形前的方向发展	主流稳定
新老扇叠压		新老扇叠置不明显或为外延式叠置，呈叠瓦状	新老扇叠置覆盖外延，新扇规模逐步增大	新老扇呈后退式覆盖，新扇规模逐步变小	无新堆积扇发生
扇面变幅		+0.2 m～+0.5 m	$>+0.5$ m	$\leqslant \pm 0.2$ m	无或成负值
沟域松散物模量		5～10 万 m^3/km^2	>10 万 m^3/km^2	1～5 万 m^3/km^2	<0.5~1万 m^3/km^2
松散物边坡	高度	H=10～30 m 高边坡堆积	$H>30$ m 高边坡堆积	$H<30$ m 边坡堆积	$H<5$ m
	坡度	φ=25°～32°	$\varphi>32°$	φ=15°～25°	$\varphi\leqslant 15°$
滑崩塌岸泥沙补给		不良地质现象在扩展中	不良地质现象发育	不良地质现象在缩小控制中	不良地质现象逐步稳定
沟槽侵蚀变形	（纵）	中强切蚀，溯源冲刷，沟槽不稳	强切蚀、溯源冲刷发育，沟槽不稳	中弱切蚀、溯源冲刷不发育，沟槽趋稳	平衡稳定
	（横）	纵向切蚀为主	纵向切蚀为主，横向切蚀发育	横向切蚀为主	无变化
沟坡坡型		变陡	陡峻	变缓	缓
沟道沟型		裁弯取直、变窄	顺直束窄	弯曲展宽	河槽固定
植被覆盖		覆盖率在下降，为 10%～30%	以荒坡为主，覆盖率 $<10\%$	覆盖率在增长，为 30%～60%	覆盖率较高，大于 60%
触发雨强		逐步变小	较小	较大并逐步增大	较大并逐步增大

物源区重点调查历次泥石流物源启动部位、方式、规模，流通区重点调查堵溃点（段）及堵塞方式，堆积区重点调查冲刷淤积及大河堵塞情况。

泥痕调查：选择支沟汇入主沟、主沟汇入主河、拟设工程入口部位等代表性沟道断面，尽量选择弯道段沟道，量测两岸泥痕液面高度、弯道曲率半径、沟道宽度及纵坡值，用以计算流速、流量。

沟道堆积物粒度调查：沿主、支沟径流方向沿途全面调查和分段采样，应进行全粒度试验分析和堆积物颗粒岩性鉴别，尤其是对拟设格栅坝、缝隙坝、梳齿坝等工程上游库区粗大颗粒的分布、来源、块度、占比等进行详细调查。

堆积扇区调查：调查扇形地大小、堆积扇与主河的关系、堆积扇面冲淤变幅、扇区堆积物颗粒大小。

② 泥石流灾情险情调查。

调查统计历次泥石流造成的人员伤亡及财产损失情况，包括人口户数、房屋、耕林地、桥梁、电站、道路、通信等设施及财产。

测绘已发生泥石流实际淹没和淤埋范围，预测泥石流危险区范围。

③ 既有防治工程调查。

调查沟域内已有工程类型、分布位置、建设单位、建设时间，收集勘查、设计、评价等相关资料。

调查已有防治工程的防灾减灾效果，对受损工程应查明损坏情况及原因，评价已有工程的可利用性。

对可利用的工程应调查其结构、尺寸、地基基础等情况，评价和提出修复、加固、加高等可行性建议。

（5）勘探。

勘探工作有钻探、探井、探槽、物探等勘探方法，用于查明泥石流主要物源特征及拟设治理工程部位工程地质条件。

勘探线布置原则：重点物源可布置一条纵向勘探线，拟设拦沙坝、谷坊坝等应布置一纵、一横两条勘探线，排导槽及防护堤沿中轴线布置一条勘探线，拟建或需改造的既有构筑物可布置一条横向勘探线。

勘探点布置原则：重点物源勘探宜采用探井、探槽，一条勘探线应不少于 2 个勘探点，拦沙坝、格栅坝宜采用钻探、探井，一条勘探线应有 1 ~ 2 个勘探点；拟设高坝（≥ 10 m）应至少有 1 个钻孔控制；谷坊坝宜采用探槽、探井，一条勘探线应有 1 ~ 2 个勘探点；排导槽及防护堤宜采用探槽、探井，勘探点间距宜为 50 ~ 100 m，并不少于 2 个。

勘探深度控制原则：重点物源区勘探深度应控制在潜在滑移面以下 2 ~ 3 m，拟建工程区勘探深度应根据具体条件满足稳定性验算及符合地基变形计算深度，拦沙坝勘探深度根据实际条件不小于拟设坝高的 1.5 倍。

① 钻探。

钻探应编制单孔结构设计书，对水文地质钻孔结构尚应满足水文试验要求。

对松散堆积层宜采用植物胶护壁跟管钻进，岩心采取率不低于 85%，并应满足取样试验要求。

对有地下水的钻孔均应进行提下钻、冲洗液漏失等简易水文地质观测和记录，一般钻孔终孔后应进行简易抽水试验，对拦沙坝需进行渗透变形评价的钻孔尚应进行抽（注、压）水试验，采取水样。

对需要确定承载力的坝基，钻孔应配合进行现场动力触探试验。

必要时坝肩可采用水平孔或斜孔进行勘探。

② 探井、探槽、平硐。

探井、探槽位置确定后，应编制设计书以指导施工，内容包括：目的、类型、深度、结构、支护方式、施工流程、地质要求、封井要求。

揭露堆积物分层结构、土体特征、透水性、地下水位、软弱面位置及性状特征，采取土样，进行现场渗水试验、全粒度分析等。

探井宜采用小圆井，也可采用矩形，深度不宜大于 5 m，不宜超过地下水位，对土层松散、有地下水渗水的应采取护壁措施，渗水较多时，应有排水措施。

探槽应沿充分揭露地质现象方向布置，深度宜小于 2 m，长度宜小于 5 m。

拟建大型拦沙坝工程的坝肩地质情况复杂时，可布置平硐揭露地质条件，兼顾利用洞室进行采样、抗滑、渗透等试验。

③ 工程物探。

主要布置于难以采用钻探的泥石流物源区和堆积区，宜采用高密度电法、地质雷达、浅层地震、瑞雷利面波法等方法，主要查明堆积体的分层结构、厚度、基覆界面情况，应提交工程物探专项报告。

（6）试验。

① 现场试验。

流体重度试验：泥石流流体重度可根据泥石流体样品采用称重法测定，也可根据目击者描述进行配制，采用体积比法测定。

现场颗分试验：对粒径大于 20 mm 的物质进行现场颗分试验，小于 20 mm 的取样样品进行室内筛分试验。

② 室内试验。

土样测试指标：土体重度、天然含水量、界限含水量、天然孔隙比、固体颗粒比重、颗粒级配、腐蚀性、渗透系数、压缩系数等。

岩样测试指标：天然及饱和状态的单轴抗压强度、抗剪强度，软化系数等。

水样测试指标：简分析及侵蚀性。

室内试验按照《土工试验方法标准》（GB/T 50123）执行。

（7）相关参数确定方法。

① 降水及洪水参数。

降水参数：收集泥石流沟所在区域多年平均降雨量、最大年降雨量、最大日降水量、小时降雨量等不同频率降雨强度。

暴雨洪水：泥石流小流域一般无实测洪水资料，可根据较长的实测暴雨资料推求某一频率的设计洪峰流量。对缺乏实测暴雨资料的流域，可采用理论公式和该地区的经验公式计算不同频率的洪峰流量。有关计算公式参考各省《中小流域暴雨洪水计算手册》。

冰雪消融洪水：冰雪消融洪水可根据径流量与气温、冰雪面积的经验公式来计算；在高寒山区，一般流域均缺乏气温等资料，常采用形态调查法来测定；下游有水文观测资料的流域，可用类比法或流量分割法来确定。

② 泥石流运动特征参数。

重度：两种方法确定泥石流重度。一是根据现场配浆实验来确定；二是查表法确定，根据附表 9.12、表 9.13 填写泥石流调查表和按表 6.9 进行易发程度评分，并根据评分结果按表 6.10 查表确定泥石流重度和泥沙修正系数。

流速：可现场实测，也可采用经验公式进行计算，见式 6-4~式 6-8。

流量：可采用形态调查法或雨洪法确定，两种方法应相互验证，溃决性泥石流计算方法见式 6-9~式 6-11。

冲击力：包括泥石流整体冲击力和大块石冲击力，可采用经验公式计算（见式 6-11~式 6-15）。

弯道超高与冲高：泥石流流动在弯曲沟道外侧产生的超高值和泥石流正面遇阻的冲起高度，采用经验公式计算（见式 6-14~式 6-15）。

一次冲出量：包括一次泥石流过程水沙总量及一次泥石流固体物质冲出量，采用经验公式计算（见式 6-12~式 6-13）。

③ 拟建工程地基岩土参数。

对拦挡坝、排导槽、停淤围堤、防护堤等工程地基岩土，进行相应的岩土试验，主要提供分层地基土的基底摩擦系数、承载力特征值、桩周侧摩阻力标准值和桩底端阻力标准值等，参照《岩土工程勘查规范》（GB 50021）确定。

针对坝较高、坝基为较厚松散堆积层且渗透变形较强烈的坝址区应进行现场水文地质试验，确定渗透系数，参照《水利水电工程地质勘察规范》（GB 50487）确定。

2. 详细勘察期野外观察识别

在初步勘查的基础上，对需进行治理的重点物源进行加密勘查，结合推荐治理方案进一步开展拟设工程治理区的工程地质测绘与工程地质勘探。

（1）地形测量。

拟建工程区应开展大比例尺测图，拦沙坝测量比例尺 1∶200 ~ 1∶500，上游包含库区、下游坝址至护坦（副坝）下游 50 m 范围，两岸至回淤线以上 20 ~ 50 m；拟建谷坊坝测量比例尺 1∶50 ~ 1∶200，上游包含库区、坝址下游 30 m 范围，两岸至回淤线以上 20 m；拟建排导槽、防护堤、围堤等测量比例尺 1∶100 ~ 1∶1 000，上、下游至进出口各外扩 20 m，两侧各外扩 20 ~ 50 m，尽量包含保护对象分布区。

（2）工程地质测绘。

物源调查测绘，对重点物源应加密开展大比例尺剖面测绘工作，进一步核实物源静储量及动储量。

① 拟建工程区。

对拟设拦固工程（拦沙坝、谷坊坝等）区工程地质条件进行测绘，划分岩土体类型并描述其工程地质特性，增加非溢流段纵向工程地质剖面测绘 2 ~ 4 条，溢流坝段可增加 1 ~ 2 条，增加副坝或护坦实测剖面。

对排停工程（防护堤、排导槽、停淤堤）区工程地质条件进行测绘，划分岩土体类型并描述其工程地质特性，加密沟道陡缓、宽窄、地形变化段及桥涵、临近民房、进出口段工程地质剖面测绘，其他段应控制在 20 ~ 50 m 一条。

② 施工条件。

调查工程永久和临时征地范围、面积、地类及附着物、林木果树、民房、坟墓等构建筑物动迁，施工便道走线及对周边的影响，查明施工弃渣场工程地质条件，对施工营地及临时工棚区进行地质灾害危险性评估。

（3）勘探。

在初勘工作的基础上加密勘探线及勘探点的数量，进一步查明拟设治理工程部位的工程地质条件。

勘探线布置原则：拟设拦沙坝（包括格栅坝、缝隙坝、梳齿坝）应加密布置纵向勘探线，其中非溢流坝段 2 ~ 4 条，溢流坝段可增加 1 ~ 2 条，排导槽左、右防护堤的轴线应布置 2 条纵向勘探线，加密沟道陡缓、宽窄、地形变化段横向勘探线；需要采取固源措施的重点物源加密纵向勘探线 1~2 条；勘探线与增加的测绘剖面线一致。

勘探点布置原则：拦沙坝、格栅坝宜采用钻探、探井，一条勘探线应有 2 ~ 3 个勘探点，拟设高坝（≥10 m）应有 2 个以上钻孔控制；排导槽及防护堤宜采用探槽、探井，勘探点间距宜为 20 ~ 50 m，并不少于 2 个；拟治理物源在拟设工程部位应不少于 2 个勘探点。

（4）试验。

① 现场试验。

现场颗分试验：在初勘基础上，针对拟设格栅坝段增加大颗粒现场颗分试验。

黏度和静切力试验：用泥石流浆体或人工配制的泥浆样品模拟泥石流浆体，其黏度可采用标准漏斗 1006 型黏度计或同轴圆心旋转式黏度计测定；其静切力可采用 1007 型静切力计量测。

承载力试验：采用圆锥动力触探试验，可分为轻型、重型和超重型三种，其试验方法和适用条件按照《岩土工程勘查规范》（GB 50021）执行。

水文地质试验：主要有抽水试验、注水试验、压水试验、渗水试验等，其试验方法和适用条件按照《水利水电工程地质勘察规范》（GB 50487）执行。

② 室内试验。

结合新增勘探工作区，增加土样、岩样和水样试验。

（5）相关参数复核。

本阶段充分利用初勘阶段取得的成果资料，校核泥石流的相关参数，重点复核拟建工程断面泥石流运动特征参数、地基岩土参数、渗透变形参数。

3. 资料整理及成果编制

（1）原始资料整理基本要求。

地形测量资料包括控制点和水准观测，计算手簿，控制点成果表，测量仪器检验记录，控制测量点记录，重要地形地貌照片，各种比例尺实测地形平、剖面图的纸质和电子图件，测量数据等。

工程地质测绘资料包括物源、沟道、泥石流活动、拟建工程场地等工程地质调查点记录表、典型地质调查照片集、实测工程地质剖面、工程地质实际材料图等。

遥感资料包括影像源数据、遥感解译标志、实地验证调查记录表、各种比例尺遥感解译图等。

勘探资料主要是钻探班报表，钻孔地质编录，综合钻孔柱状图表，井探、槽探地质展开图。

物探资料主要是物探工作平面和剖面布置图、物探测试数据图表、物探解译推断地质剖面图、地质验证说明、物探解译报告。

试验资料包括动力触探记录表及综合成果图表、水文地质试验记录表及综合成果图表、现场及室内颗粒筛分试验记录表及综合成果图表、岩土水样取样及送样记录表、岩土水样检测报告等。

原始资料均应进行整理整饰，并检查、分析实测资料的完整性和准确性。重点检查实测图件的测绘范围、内容、比例尺、测量精度、图件整饰等是否完整、准确并符合测量规范和设计书要求，各类现场记录表内容是否与实际情况吻合，各类记录资料应有责任人检查签署。

原始资料使用的文字、术语、代号、符号、数字、计量单位等应符合国家有关标准的规定。

（2）勘察设计书及成果报告编制基本要求。

① 勘察设计书编制。

勘查工作设计书应在现场踏勘的基础上编制。一般由地质、测量、设计等专业人员组成踏勘组，对泥石流沟进行野外踏勘，调查泥石流沟范围、主要物源区、泥石流活动和危害情况，初步确定拟治理工程位置。利用遥感图像、现场拍照、GPS、地质罗盘、手持激光测距仪、皮尺等工具，草测泥石流沟域工程地质平面图，草测主要沟道纵横剖面、典型物源以及拟设工程段的地质断面图，收集编制设计书所需的地形、地质、水文、气象、工程等其他相关资料。

初步分析泥石流的形成原因。结合沟域物源类型、分布、数量、规模，启动转化方式、沟道条件（纵坡、卡口、堵点）和水源激发条件进行初步分析。

提出泥石流防治思路和方案设想。初步调查威胁对象（包括人员、财产、设施）的分布和数量，按照因害设防的总思路，提出泥石流防治方案的设想及拟设工程的位置。

部署泥石流地质灾害和拟建防治工程的勘查工作。明确泥石流沟全域、重点物源区和各拟设工程区不同比例尺的测绘范围及测绘内容、测绘精度等，主要物源点、典型沟道段（卡口、堵点、跌水、峡谷和宽谷等）、拟设拦沙坝、排导槽等均应布置测点，结合布置钻孔、井探、槽探、取样试验等工作，完成工程地质剖面测绘。

编制勘查工作部署图件。主要有泥石流全域勘查工作部署图、主沟纵剖面图、拟设工程区勘查剖面布置图，钻孔、井探、槽探等设计图，图件编制内容层次清晰、重点突出，应能够指导开展勘查工作，图幅比例尺、图示图例、插图插表、责任图签等应规范。

编制勘查工作经费预算。根据勘查区地质环境条件、选用的勘查技术方法及设计工作量，依据相关预算标准进行编制。

② 初步勘查报告编制。

简述勘查工作目的与任务、勘查工作依据与技术标准、前人地质工作研究程度，评述勘查工作完成情况及质量等。

概述自然地理和地质环境条件。主要包括：勘查区位置与对外交通、社会经济概况、气象、水文、地形地貌、地层岩性、地质构造与地震、水文地质条件、岩土体工程地质特征、植被、人类工程活动对地质环境的影响等。

阐述泥石流的形成条件。主要包括：沟道和岸坡条件（卡口、堵点、跌水、峡谷和宽谷、弯道和直道、陡坡及缓坡、桥涵等），物源条件与启动模式（物源类型、分布、规模、数量，启动转化方式等），水源条件（降雨汇流区及地表径流条件，湖泊、水库泄洪、水塘、大泉、水渠、水田等对泥石流形成的补给）。对泥石流沟进行分区（形成区、流通区和堆积区）。

阐述泥石流基本特征与成因机制。主要包括：泥石流活动史及灾情，泥石流危险区范围及险情，泥石流冲淤特征，堆积物特征，流体性质，发生频率和规模，分析泥石流成因机制和引发因素等。

计算泥石流流体与运动特征参数。主要包括：泥石流流通段和拟设工程段典型断面的泥石流流体重度（现场配浆法、查表法、综合取值），泥石流流量和流速（形态调查法、雨洪法、综合取值），一次泥石流过流总量，一次泥石流固体冲出物总量，泥石流整体冲压力与大石块冲击力，泥石流爬高和最大冲起高度，弯道超高等。

物源堵沟及溃决可能性专题分析。主要分析滑坡和崩塌堰塞体、冰湖堰塞坝和支沟泥石流堰塞体等堵沟物源点的基本特征，估算堵沟补给泥石流的方式及动储量，分析堵点发生堵溃的可能性及溃决流量，溃决泥石流的危险区范围等。分析泥石流挤压和堵塞主河的可能性（从主河水文特征、主河输砂能力、泥石流堵河流量预测、单次泥石流堵塞高度预测）。

预测泥石流危害和发展趋势。根据泥石流沟物源储量、形成泥石流的降雨等激发条件，评价产生泥石流的风险（泥石流易发程度分析、活动强度判别、危险性分析），预测再次发生泥石流的危险区范围，以及可能的危害对象与危害方式。

既有防治工程评价及泥石流防治方案建议。对泥石流沟既有工程的防治效果和可利用程度进行详细评价。遵循因害设防的总思路，提出防治方案建议，对拟设防治工程部位提出地质岩土等设计所需参数建议。

论述防治工程区工程地质条件。分区分段对拟设工程区的工程地质条件进行分述，主要是地基和岸坡岩土体类型、工程地质特性及岩土参数。简述工程区交通、水电、天然建筑材料等施工条件，工程永久占地和临时占地区的土地类型、征地难易程度等。

③ 详细勘查报告编制。

简述详查任务由来、勘查目的与任务、勘查依据与技术标准、初步勘查成果、详查工作概况及工作质量评述等。

以初步勘查成果为基础，补充阐述泥石流沟域地质环境条件。

依据详查补充资料，复核泥石流基本特征与运动特征参数，专题论述滑坡崩塌堆积体堵沟可能性、堰塞湖、冰湖溃决可能性等。

专题论述工程区工程地质条件。如拦沙坝坝基坝肩稳定性、坝下和坝肩渗漏变形的工程地质条件，格栅坝区沟道堆积物粒度级配特征，排导槽区沟道淤积及冲刷特征等。提出防治工程设计所需泥石流特征参数和岩土参数建议。

补充论述工程施工条件。如施工道路选线、弃渣场选址、工程占地征地、天然建筑材料勘查等。

（3）图件编制基本要求。

① 图件类型。

各勘查阶段的基本图件包括：泥石流沟勘查工作布置图、泥石流沟全域工程地质平面图、泥石流防治工程方案建议图、拟设治理工程区工程地质平面图、重要物源点工程地质平面图等；主沟道和支沟道工程地质纵剖面图、重要物源点工程地质剖面图、重要节点沟道工程地质剖面图、拟设治理工程区工程地质剖面图等。

② 图件内容。

泥石流沟勘查工作布置图。比例尺一般为 1∶200 ~ 1∶1 000。主要表达泥石流沟地质环境条件、泥石流沟分区、泥石流活动特征、泥石流危险区及威胁对象、拟设工程部位和不同比例尺测绘区范围、勘探剖面线和钻孔、槽探、井探布置，可以附勘察设计工作量表。

泥石流沟全域工程地质平面图。比例尺宜为 1∶2 000 ~ 1∶25 000，编图范围包括泥石流沟全域和泥石流灾害影响区。主要分两个层次表达：一是泥石流的形成条件和危害，重点突出泥石流物源分布和启动方式、沟道堵点和冲淤特征、泥石流危险区范围和危害对象等；二是勘查工作手段，如实测剖面线、勘探点、试验点。可以插入泥石流沟域及分区说明表、物源量分类统计表、典型断面泥石流运动特征参数表、勘查工作量对照表，必要时可增加沟域或区域降雨等值线等镶图。

泥石流防治工程方案建议图。在泥石流沟全域工程地质平面图的基础上简化，重点表达泥石流防治工程方案布置，包括工程类型、位置、建筑物主要尺寸，附方案工程说明表。

泥石流沟道工程地质纵剖面图。比例尺可同平面图或更大一级，纵横比例应一致。重点反映主沟各沟段及支沟的纵坡、跌水、陡坎、陡缓变化及堵点、沟道堆积层地质特征、沟道冲淤特征、与主河关系以及既有桥涵、拟设工程、勘探钻孔等。

沟道重要节点工程地质横剖面图。重要节点包括卡口、堵点、跌水、峡谷和宽谷、弯道和直道、陡坡及缓坡、桥涵等，比例尺一般为 1∶200～1∶1 000，一般要求纵、横比例的比值为 1。主要反映沟道及岸坡地形、沟道与威胁对象的位置关系、泥石流泥位线、沟床冲淤特征、钻孔、探槽及勘探深度内的沟床和岸坡岩土体类型及结构特征等，可以附剖面处泥石流特征参数及地基岩土参数表。

重要物源点工程地质剖面图。比例尺一般为 1∶200～1∶500。主要反映物源（崩塌、滑坡、堰塞体、沟道厚层堆积物、工程弃渣等）松散堆积体的地质结构特征、纵横厚度变化情况、软弱层（结构面）发育情况、变形（滑移、侵蚀）情况，可以附表说明物源量、堆积体稳定性、参与泥石流活动的方式等。

钻孔综合柱状图。按 1∶100～1∶200 比例尺，主要反映钻孔的分层厚度、岩性、地下水位和孔内原位测试、取样位置等。

探井和探槽地质展示图。按 1∶50～1∶100 比例尺，展开绘制井壁地质现象，分层标注岩性、软弱夹层、原位测试和取样位置、地下水位或渗水点等。

（4）附件编制基本要求。

① 物源调查表。主要是物源测绘及物源量估算，附物源点平、剖面图，典型照片。

② 原位测试报告、岩土物理力学测试报告、水质测试报告由具备检测资质的专业单位提供。

③ 遥感解译报告。报告主要说明：采用的遥感图像源、数据类型、分辨率、接收时间、图像处理和地质解译、图件编制的方法技术；专题图件可以编制：泥石流沟域遥感影像图、沟域物源分布遥感解译图、泥石流沟道冲淤及堵塞遥感解译图等，比例尺可与沟域工程地质平面图一致。

④ 物探解译报告。主要说明物探工作方法、目标层的地球物理特性、测试数据资料的解译和地质推断、结论和建议等。图件主要包括：物探工作平面布置图、物探解译推断地质剖面图、测点数据曲线图等。

⑤ 勘查影像图集。包括泥石流沟谷地貌、各类物源、泥石流堆积物、泥石流泥位泥痕、冲刷淤积痕迹、威胁对象、灾害损失等与泥石流活动相关的，以及地质调查、工程地质测绘、钻探、井探、槽探、现场试验、样品采集等勘查工作典型照片及录像资料。

6.3 危岩崩塌

崩塌（崩落、垮塌或塌方）是较陡斜坡上的岩土体在重力作用下突然脱离母体崩落、滚动、堆积在坡脚（或沟谷）的地质现象。崩塌或者潜在崩塌对应的不稳定块体常称为危岩。

6.3.1 危岩崩塌的类型

《地质灾害防治工程设计规范》（DB50/5029—2019）根据失稳模式把危岩分为滑塌式危岩、倾倒式危岩和坠落式危岩三类，陈洪凯教授等提出了危岩成因分类系统，即宏观上把危岩分为单体危岩和群体危岩两大类，认为群体由单体叠置组合而成，并将单体危岩分为压剪滑动型危岩、拉剪倾倒型危岩、拉裂坠落型危岩和拉裂-压剪坠落型危岩四类，将群体危岩分为底部诱发破坏型危岩和顶部诱发破坏型危岩两类。

1. 单体危岩分类

（1）压剪滑动型危岩。

压剪滑动型危岩的典型物理模型见图 6.33 和图 6.34。此类危岩的主控结构面倾角较小，一般在 45°以下，为陡崖或陡坡内缓倾角的卸荷拉张结构面或缓倾角地层弱面。危岩体重心在主控结构面下部端点内侧，主控结构面所受荷载主要为危岩体自重及作用在危岩体的地震力和裂隙水压力。危岩体沿着主控结构面滑移变形、破坏，呈现压剪破坏力学机理。

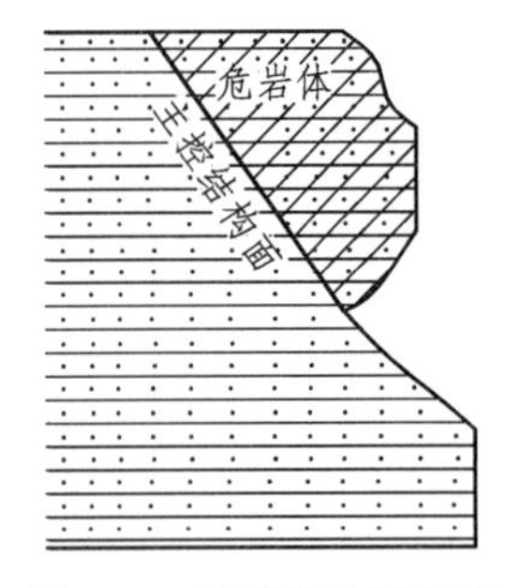

图 6.33　压剪滑动型危岩

图 6.34　压剪滑动型危岩照片

（2）拉剪倾倒型危岩。

拉剪倾倒型危岩的典型物理模型见图 6.35 和图 6.36。此类危岩的主控结构面倾角变化较大，一般大于 45°，多为陡崖或陡坡的卸荷张拉结构面，且主控结构面下端部潜存于陡崖或陡坡岩体内。危岩体的重心位于主控结构面下部端点，外侧是此类危岩的关键，在荷载作用下通常围绕主控结构面的下端部或下端部与临空面的交点旋转倾倒破坏，危岩体呈现拉剪破坏力学机理。

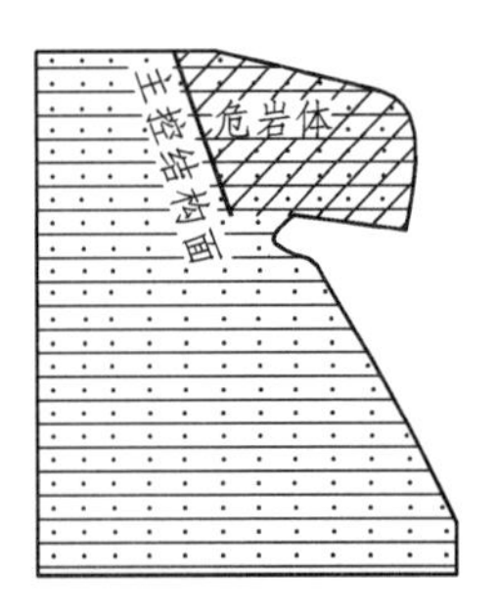

图 6.35　拉剪倾倒型危岩

图 6.36　拉剪倾倒型危岩照片

（3）拉裂坠落型危岩。

拉裂坠落型危岩的典型物理模型见图 6.37。此类危岩体后部为倾角大于 80°的卸荷结构面或断裂结构面，多数处于基本贯通状态；危岩体顶部为主控结构面，近于水平，其逐渐扩展贯通诱发危岩体变形与失稳坠落。危岩体在荷载作用下主控结构面拉裂是控制危岩体变形与稳定的力学机理。

（4）拉裂-压剪坠落型危岩。

拉裂-压剪坠落型危岩的典型物理模型见图 6.38。此类危岩主要受控于两条主控结构面，即近于水平的第 1 主控结构面和倾角小于 80°的第 2 主控结构面，分别属于拉裂及压剪力学机理。危岩体在荷载作用下首先是第 1 主控结构面逐渐受拉扩展，扩展至一定程度时危岩体沿着第 2 主控结构面滑移变形，变形达到阈值后整体失稳崩落。

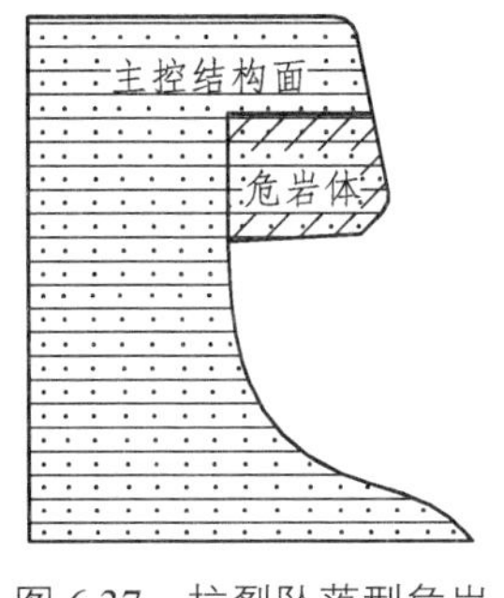

图 6.37　拉裂坠落型危岩

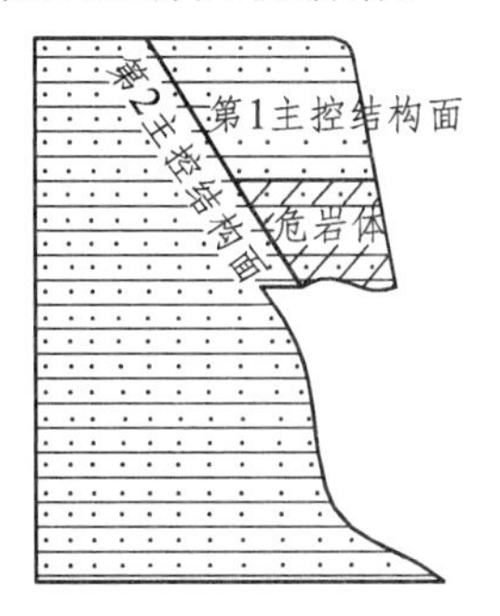

图 6.38　拉裂-压剪坠落型危岩

2. *群体危岩分类*

（1）顶部诱发破坏型危岩。

顶部诱发破坏型危岩的典型物理模型见图 6.39。该类危岩的主控结构面倾角一般大于 70°，底部端部潜存于稳定岩体内。危岩体由多个危岩块体叠置构成，底部一块或两块危岩体的重心位于主控结构面以外且具有倾倒失稳破坏趋势，上部危岩块体的重心一般位于主控结构面以内，危岩块体之间的界面近于水平且胶结强度较低。此类危岩的关键块体为顶部危岩块体，对底部危岩块体具有反压作用，关键块体崩落或清除将劣化整个危岩体的安全状态。

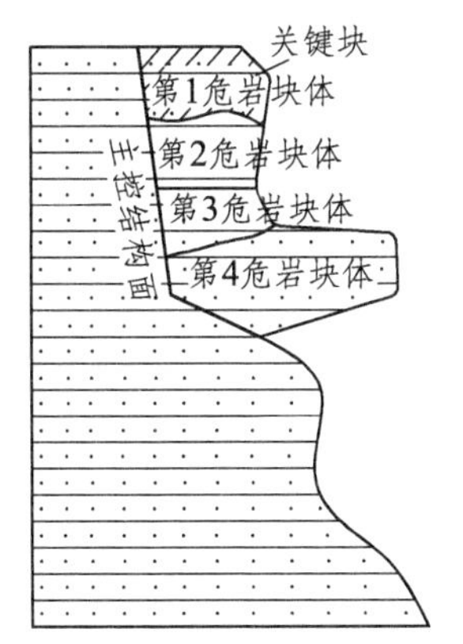

图 6.39　顶部诱发破坏型危岩

（2）底部诱发破坏型危岩。

底部诱发破坏型危岩的典型物理模型见图 6.40 和图 6.41。该类危岩的主控结构面倾角一般小于 70°，底部端部在陡崖或陡坡临空面出露。危岩体由多个危岩块体叠置构成，危岩块体之间的交界面倾角较小且胶结强度低，底部危岩块体为关键块体。关键块体失稳后，上部危岩块体易于连锁变形失稳。这种危岩类型符合危岩崩塌链式规律。

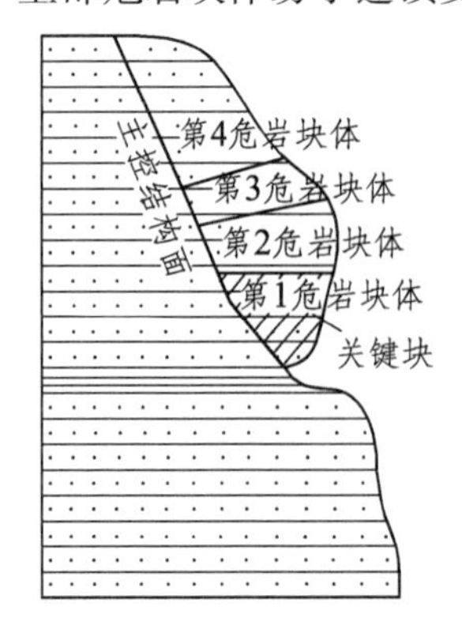

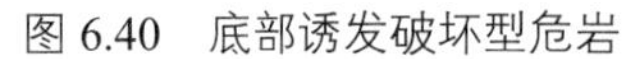
图 6.40　底部诱发破坏型危岩

图 6.41　万州枇杷坪底部诱发破坏型危岩

6.3.2　危岩崩塌的稳定性分析

1. 危岩稳定性计算方法

（1）滑坡后缘裂隙水压力和滑面水压力（扬压力）应按下列公式计算（见图 6.42）。

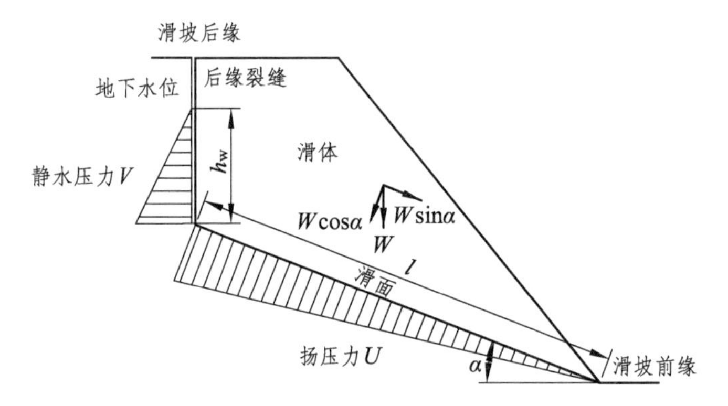

图 6.42　后缘裂隙水压力和滑面水压力

$$V = \frac{1}{2}\gamma_w h_w^2 \tag{6.43}$$

$$U = \frac{1}{2}\gamma_w l h_w \tag{6.44}$$

式中　V——后缘裂隙水压力（kN/m）；

U——滑面水压力（kN/m）；

h_w——裂隙充水高度（m），取裂隙深度的 1/2~2/3；

l——滑面长度（m）。

地震力应按下式计算：

$$Q = \xi_e W \tag{6.45}$$

式中　Q——作用于滑坡体或其某条块的地震力（kN/m）；

ξ_e——地震水平系数，岩质滑坡取 0.05，土质滑坡取 0.012 5；

W——滑坡体或其某条块自重与相应建筑等地面荷载之和（kN/m），滑体自重在地下水位面以上按天然重度计算，考虑降雨对滑坡自重的影响时，降雨入渗范围按饱和重度计算。建筑荷载按假定建筑物分布范围内建筑物荷载均布、每层 2~5 kPa，将每层荷载与平均层数相乘的方法计算。但地下水位面以下部分自重按饱和重度计算。

（2）滑移式危岩稳定性计算应符合下列规定：

① 后缘无陡倾裂隙时按下式计算（见图 6.43）：

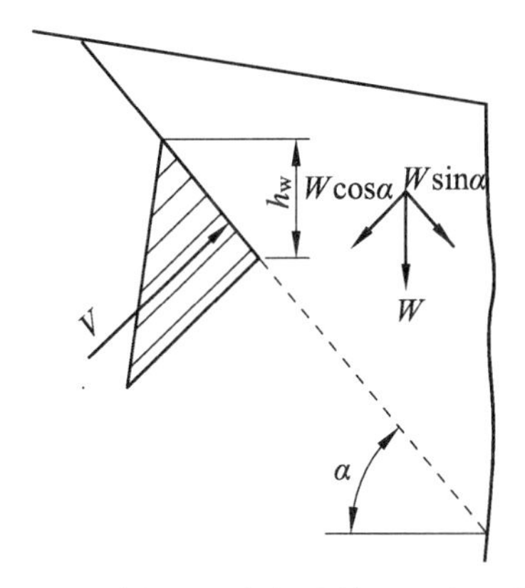

图 6.43　滑移式危岩稳定性计算（后缘无陡倾裂隙）

$$F=\frac{(W\cos\alpha-Q\sin\alpha-V)\cdot\tan\varphi+cl}{W\sin\alpha+Q\cos\alpha}\tag{6.46}$$

式中　V——裂隙水压力（kN/m），根据不同工况按滑体后缘裂隙水压力（式 6.43）或滑面水压力（扬压力）（式 6.44）计算；

Q——地震力（kN/m），按公式 $Q=\xi_e\times W$ 确定，式中地震水平作用系数 ξ_e 取 0.05；

F——危岩稳定性系数；

c——后缘裂隙黏聚力标准值（kPa），当裂隙未贯通时，取贯通段和未贯通段黏聚力标准值按长度加权的加权平均值，未贯通段黏聚力标准值取岩石黏聚力标准值的 0.4 倍；

φ——后缘裂隙内摩擦角标准值（°），当裂隙未贯通时，取贯通段和未贯通段内摩擦角标准值按长度加权的加权平均值，未贯通段内摩擦角标准值取岩石内摩擦角标准值的 0.95 倍；

α——滑面倾角（°）；

W——危岩体自重（kN/m）；

其他符号意义同前。

② 后缘有陡倾裂隙、滑面缓倾时，滑移式危岩稳定性按下式计算：

$$K=\frac{(W\cos\theta-Q\sin\theta-V\sin\theta-V)\cdot\tan\varphi+cl}{W\sin\theta+Q\cos\theta+V\cos\theta}\tag{6.47}$$

式中 V——裂隙水压力（kN/m），$V=\frac{1}{2}\gamma_w h_w^2$；

h_w——裂隙充水高度（m），取裂隙深度的 1/3；

γ_w——取 10 kN/m；

Q——地震力（kN/m），按公式 $Q=\xi_e \times W$ 确定，式中地震水平作用系数Ⅷ级烈度地区 ξ_e 取 0.20；

K——危岩稳定性系数；

c——后缘裂隙黏聚力标准值（kPa），当裂隙未贯通时，取贯通段和未贯通段黏聚力标准值按长度加权的加权平均值，未贯通段黏聚力标准值取岩石黏聚力标准值的 0.4 倍；

φ——后缘裂隙内摩擦角标准值（kPa），当裂隙未贯通时，取贯通段和未贯通段内摩擦角标准值按长度加权的加权平均值,未贯通段内摩擦角标准值取岩石内摩擦角标准值的 0.95 倍；

θ——软弱结构面倾角（°），外倾取正，内倾取负；

W——危岩体自重（kN/m^3）。

（3）对滑移式危岩，当后缘有陡倾裂隙且滑面缓倾时，支挡结构岩土荷载可按下式计算（见图 6.42）：

$$R_0=\frac{F_t\{[(G+G_b)\sin\theta+(Q+V)\cos\theta)-[(G+G_b)\cos\theta-(Q+V)\sin\theta-U]\tan\varphi+cA\}}{F_t\cos(\theta+\alpha)+\sin(\theta+\alpha)\tan\varphi} \quad (6.48)$$

$$V=\frac{1}{2}\gamma_w h_w^2 B \quad (6.49)$$

$$U=\frac{1}{2}\gamma_w h_w A \quad (6.50)$$

式中 F_t——危岩稳定安全系数；

R_0——所需支挡力（kN）；

α——支挡力倾角（°），支挡力方向指向斜下方时取正值，指向斜上方时取负值；

V——后缘陡倾裂隙水压力（kN）；

U——滑面水压力（kN）；

A——滑面面积（m^2）；

h_w——后缘陡倾裂隙充水高度（m），根据裂隙情况及汇水条件确定；

B——后缘陡倾裂隙充水范围内沿裂隙走向平均宽度（m）；

c——滑面黏聚力（kPa）；

φ——滑面内摩擦角（°）；

G——危岩自重（kN）；

G_b——危岩所受竖向附加荷载（kN），方向指向下方时取正值，指向上方时取负值；

θ——滑面倾角（°）；

Q——危岩所受水平荷载（不含后缘陡倾裂隙水压力）（kN），方向指向坡外时取正值，指向坡内时取负值。

（4）对滑移式危岩，当后缘无陡倾裂隙时，所需支挡力可按下式计算（见图 6.44）：

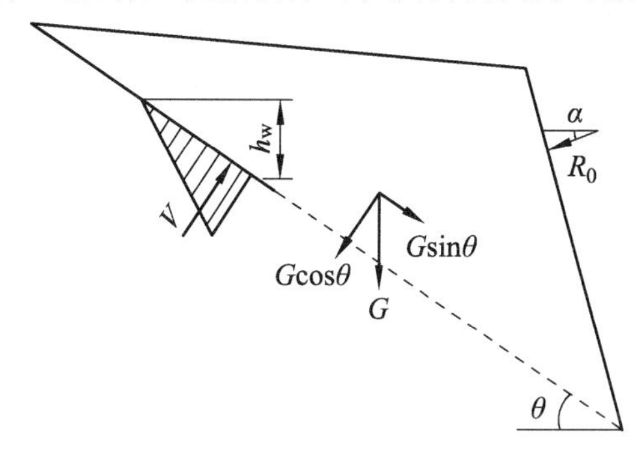

图 6.44　后缘无陡倾裂隙的滑移式危岩

$$R_0=\frac{F_{\mathrm{st}}\{[(G+G_{\mathrm{b}})\sin\theta+Q\cos\theta)-[(G+G_{\mathrm{b}})\cos\theta-Q\sin\theta-U]\tan\varphi+cA\}}{F_{\mathrm{st}}\cos(\theta+\alpha)+\sin(\theta+\alpha)\tan\varphi} \tag{6.51}$$

$$V=\frac{1}{2}\gamma_{\mathrm{w}}h_{\mathrm{w}}^2B \tag{6.52}$$

式中　c——滑面黏聚力（kPa），当充当滑面的裂隙未贯通时取贯通段和未贯通段黏聚力按面积加权的加权平均值，未贯通段黏聚力取岩体黏聚力；

φ——滑面内摩擦角（°），当充当滑面的裂隙未贯通时取滑面平均内摩擦系数的正切，滑面平均内摩擦系数取贯通段和未贯通段内摩擦系数按面积加权的加权平均值，未贯通段内摩擦系数取岩体内摩擦系数；

R_0——所需支挡力（kN）；

V——充当滑面的裂隙贯通段水压力（kN）；

h_{w}——充当滑面的裂隙贯通段充水高度（m），根据裂隙情况及汇水条件确定；

B——充当滑面的裂隙贯通段充水范围内沿裂隙走向平均宽度（m）；

Q——危岩所受水平荷载（kN），方向指向坡外时取正值，指向坡内时取负值；

α——支挡力倾角（°），支挡力方向指向斜下方时取正值，指向斜上方时取负值。

其余符号意义同前。

2. 倾倒式危岩稳定性计算

（1）倾倒式危岩稳定性计算应符合下列规定：

① 由后缘岩体抗拉强度控制时，按下式计算（见图 6.45）：

危岩体重心在倾覆点之外时：

$$F=\frac{\frac{1}{2}f_{\mathrm{lk}}\cdot\frac{H-h}{\sin\beta}\left(\frac{2}{3}\frac{H-h}{\sin\beta}+\frac{b}{\cos\alpha}\cos(\beta-\alpha)\right)}{W\cdot a+Q\cdot h_0+V\left(\frac{H-h}{\sin\beta}+\frac{h_{\mathrm{w}}}{3\sin\beta}+\frac{b}{\cos\alpha}\cos(\beta-\alpha)\right)} \tag{6.53}$$

危岩体重心在倾覆点之内时：

$$F=\frac{\frac{1}{2}f_{\mathrm{lk}}\cdot\frac{H-h}{\sin\beta}\cdot\left(\frac{2}{3}\frac{H-h}{\sin\beta}+\frac{b}{\cos\alpha}\cos(\beta-\alpha)\right)+W\cdot a}{Q\cdot h_0+V\left(\frac{H-h}{\sin\beta}+\frac{h_{\mathrm{w}}}{3\sin\beta}+\frac{b}{\cos\alpha}\cos(\beta-\alpha)\right)} \tag{6.54}$$

式中 h——后缘裂隙深度（m）；

h_{w}——后缘裂隙充水高度（m）；

H——后缘裂隙上端到未贯通段下端的垂直距离（m）；

a——危岩体重心到倾覆点的水平距离（m）；

b——后缘裂隙未贯通段下端到倾覆点之间的水平距离（m）；

h_0——危岩体重心到倾覆点的垂直距离（m）；

f_{lk}——危岩体抗拉强度标准值（kPa），根据岩石抗拉强度标准值乘以 0.4 的折减系数确定；

α——危岩体与基座接触面倾角（°），外倾时取正值，内倾时取负值；

β——后缘裂隙倾角（°）。

其他符号意义同前。

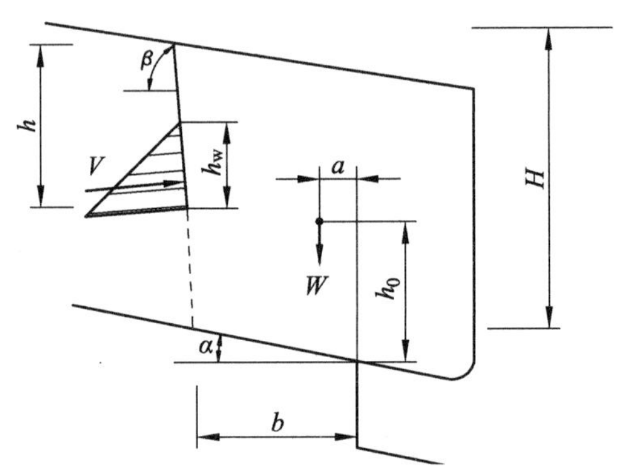

图 6.45 倾倒式危岩稳定性计算（由后缘岩体抗拉强度控制）

② 由底部岩体抗拉强度控制时，按下式计算（见图 6.46）：

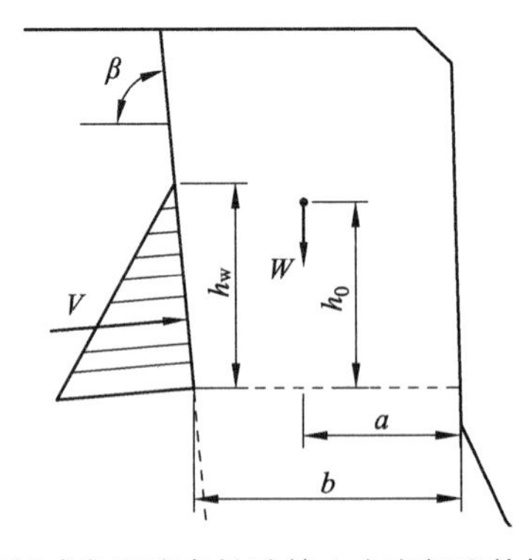

图 6.46 倾倒式危岩稳定性计算（由底部岩体抗拉强度控制）

$$F=\frac{\frac{1}{3}f_{\mathrm{lk}}\cdot b^2+W\cdot a}{Q\cdot h_0+V\left(\frac{1}{3}+\frac{h_{\mathrm{w}}}{\sin\alpha}+b\cos\beta\right)} \tag{6.55}$$

式中各符号意义同前。

（2）对由底部岩体抗拉强度控制的倾倒式危岩，当危岩体竖向荷载位于危岩体底面中点内侧时，所需支挡力矩可按下式计算（见图 6.47）：

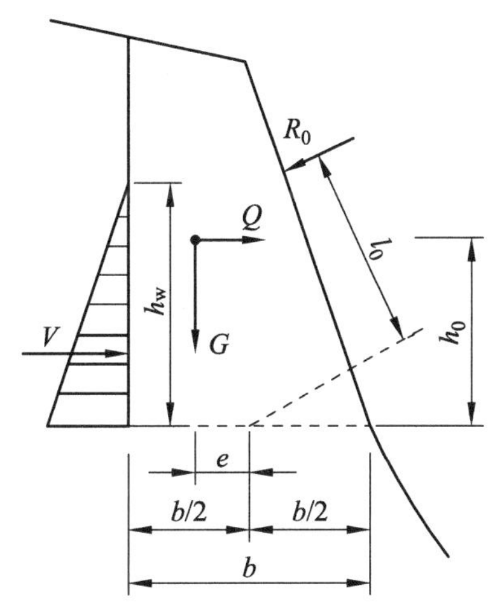

图 6.47　由底部岩体抗拉强度控制的倾倒式危岩稳定性计算

$$R_0l_0=Q\cdot h_0+\frac{1}{3}V\cdot h_{\mathrm{w}}-\frac{1}{F_{\mathrm{t}}}(\zeta\sigma_{\mathrm{t}}b^2B_1+G\cdot e) \tag{6.56}$$

$$V=\frac{1}{2}\gamma_{\mathrm{w}}h_{\mathrm{w}}^2B \tag{6.57}$$

当危岩体竖向荷载位于危岩体底面中点外侧时，所需支挡力矩可按下式计算：

$$R_0l_0=(Q\cdot h_0+G\cdot e)+\frac{1}{3}V\cdot h_{\mathrm{w}}-\frac{\zeta\sigma_{\mathrm{t}}b^2B_1}{F_{\mathrm{t}}} \tag{6.58}$$

式中　V——后缘陡倾裂隙水压力（kN）；

h_{w}——后缘陡倾裂隙充水高度（m），根据裂隙情况及汇水条件确定；

B——后缘陡倾裂隙充水范围内沿裂隙走向平均宽度（m）；

e——危岩体竖向荷载作用点到危岩体底面中点的水平距离（m）；

b——危岩体底面平行失稳方向宽度（m）；

B_1——危岩体底面垂直失稳方向宽度（m）；

l_0——支挡力作用点到危岩体底面中点的垂直距离（m）；

ζ——危岩抗弯力矩计算系数，根据折断面形态在 1/12~1/6 之间取值，当折断面为矩形时取 1/6。

其余各符号意义同前。

（3）对由后缘岩体抗拉强度控制的倾倒式危岩，当危岩体竖向荷载在转动中心内侧时，所需支挡力矩可按下式计算（见图 6.48）：

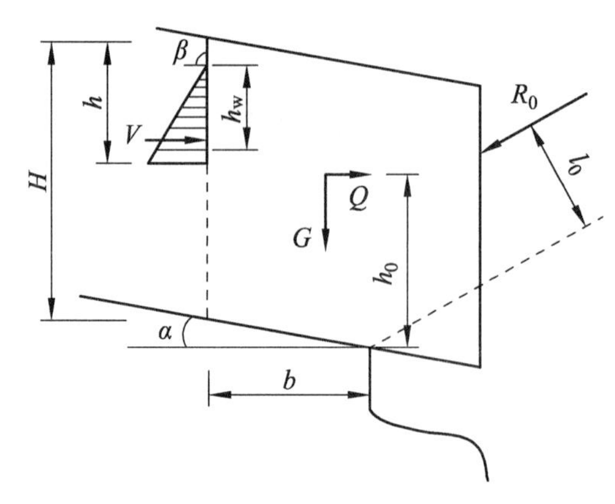

图 6.48　由后缘岩体抗拉强度控制的倾倒式危岩稳定性计算

$$R_0 l_0 = Q \cdot h_0 + V\left[\frac{1}{3} \cdot \frac{h_w}{\sin\beta} + \frac{H-h}{\sin\beta} + \frac{b\cos(\beta-\alpha)}{\cos\alpha}\right] - \frac{1}{F_t}\left[G \cdot a + \frac{2\zeta\sigma_t (H-h)^2 B_1}{\cos^2\alpha}\right] \tag{6.59}$$

$$V = \frac{1}{2}\gamma_w h_w^2 B \tag{6.60}$$

对由后缘岩体抗拉强度控制的倾倒式危岩，当危岩体竖向荷载在转动中心外侧时，所需支挡力矩可按下式计算：

$$R_0 l_0 = Q \cdot h_0 + G \cdot a + V\left[\frac{1}{3} \cdot \frac{h_w}{\sin\beta} + \frac{H-h}{\sin\beta} + \frac{b\cos(\beta-\alpha)}{\cos\alpha}\right] - \frac{1}{F_t}\left[\frac{2\zeta\sigma_t (H-h)^2 B_1}{\cos^2\alpha}\right] \tag{6.61}$$

式中　V——后缘陡倾裂隙水压力（kN）；

h_w——后缘陡倾裂隙充水高度（m），根据裂隙情况及汇水条件确定；

B——后缘陡倾裂隙充水范围内沿裂隙走向平均宽度（m）；

B_1——后缘陡倾裂隙未贯通段沿裂隙走向平均宽度（m）；

a——危岩体竖向荷载作用点到转动点的水平距离（m）；

β——后缘陡倾结构面倾角（°）；

h_0——危岩体水平荷载作用点到转动点的垂直距离（m）；

α——危岩体与基座接触面倾角（°）；

l_0——加固力作用点到转动中心的垂直距离（m）；

b——后缘裂隙的延伸段下端到转动点的水平距离（即块体与基座接触面长度的水平投影）（m）；

ζ——危岩抗弯力矩计算系数，根据折断面形态在 1/12~1/6 之间取值，当折断面为矩形时取 1/6。

其余各符号意义同前。

3. 完全分离的倾倒式危岩所需加固力矩计算

（1）坠落式危岩稳定性计算应符合下列规定：

① 对后缘有陡倾裂隙的悬挑式危岩按下列两式计算，稳定性系数取两种计算结果中的较小值（见图 6.49）：

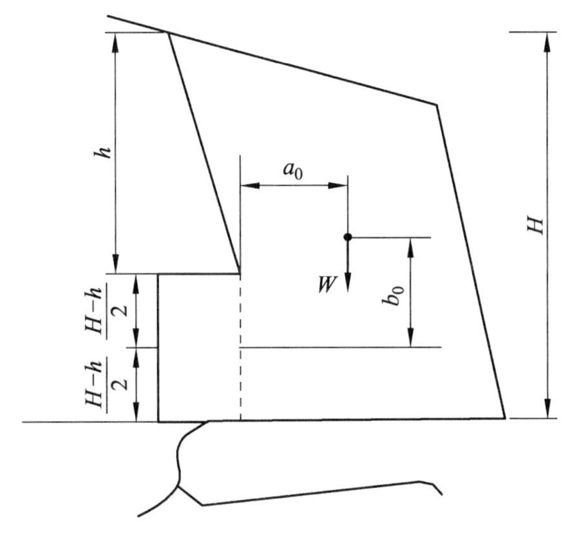

图 6.49　坠落式危岩稳定性计算（后缘有陡倾裂隙）

$$F=\frac{c(H-h)-Q\tan\varphi}{W}\tag{6.62}$$

$$F=\frac{\zeta f_{\mathrm{lk}}(H-h)^2}{Wa_0+Qb_0}\tag{6.63}$$

式中　ζ——危岩抗弯力矩计算系数，依据潜在破坏面形态取值，一般可取 1/12 ~ 1/6，当潜在破坏面为矩形时可取 1/6；

a_0——危岩体重心到潜在破坏面的水平距离（m）；

b_0——危岩体重心到潜在破坏面形心的铅垂距离（m）；

f_{lk}——危岩体抗拉强度标准值（kPa），根据岩石抗拉强度标准值乘以 0.20 的折减系数确定；

c——危岩体黏聚力标准值（kPa）；

φ——危岩体内摩擦角标准值（°）。

其他符号意义同前。

② 对后缘无陡倾裂隙的悬挑式危岩按下列两式计算，稳定性系数取两种计算结果的较小值（见图 6.50）：

$$F=\frac{c\cdot H_0-Q\tan\varphi}{W}\tag{6.64}$$

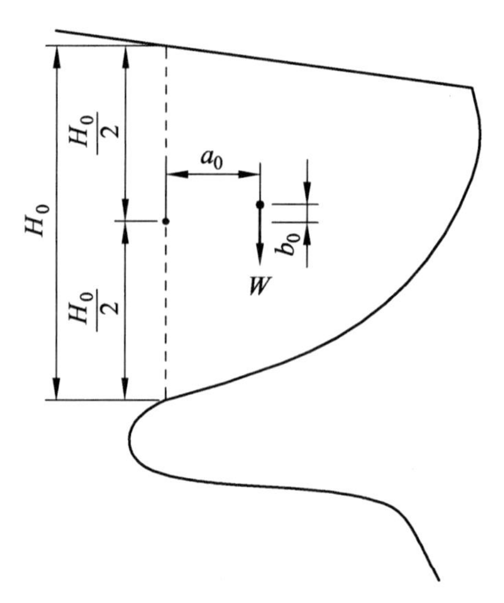

图 6.50　坠落式危岩稳定性计算（后缘无陡倾裂隙）

$$F = \frac{\zeta \cdot f_{lk} \cdot H_0^2}{W \cdot a_0 + Q \cdot b_0} \tag{6.65}$$

式中　H_0——危岩体后缘潜在破坏面高度（m）;

f_{lk}——危岩体抗拉强度标准值（kPa），根据岩石抗拉强度标准值乘以 0.30 的折减系数确定。

其他符号意义同前。

（2）对坠落式危岩，支挡力用于抵抗下切时，所需支挡力可按下式计算（见图 6.51）:

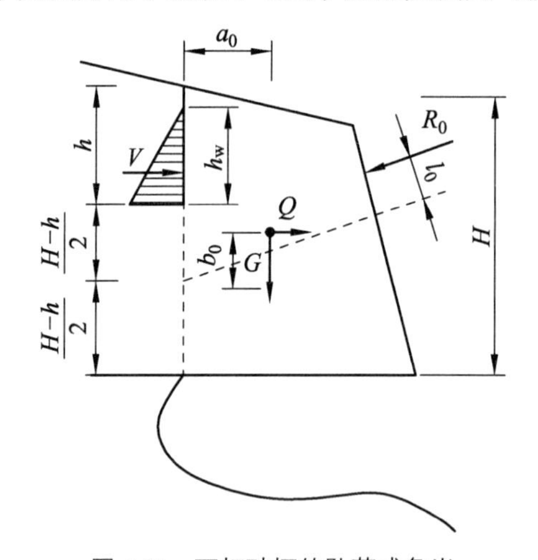

图 6.51　下切破坏的坠落式危岩

$$R_0 = \frac{F_t(G + G_b) + Q\tan\varphi - c(H - h)B}{\cos\alpha\tan\varphi - F_t\sin\alpha} \tag{6.66}$$

$$V = \frac{1}{2}\gamma_w h_w^2 B \tag{6.67}$$

式中　c——危岩体黏聚力（kPa）;

H——后缘裂隙上端到未贯通段下端的垂直距离（m）;

h——后缘裂隙深度（m）;

B——后缘裂隙未贯通段沿裂隙走向平均宽度（m）;

V——后缘陡倾裂隙水压力（kN）;

h_w——后缘陡倾裂隙充水高度（m），根据裂隙情况及汇水条件确定。

其余各符号意义同前。

（3）对坠落式危岩，支挡力用于抵抗折断时，所需支挡力矩可按下式计算（见图 6.51）:

$$R_0 l_0 = [(G+G_b)a_0 + Qb_0] + V\left[\frac{1}{3}h_w + \frac{1}{2}(H-h)\right] - \frac{\zeta\sigma_t (H-h)^2 B_1}{F_t} \tag{6.68}$$

式中　a_0——危岩体竖向荷载（包括危岩体重力和危岩体上竖向附加荷载）作用点与后缘铅垂面中点的水平距离（m）;

b_0——危岩体上水平荷载作用点与后缘铅垂面中点的垂直距离（m）;

B——后缘陡倾裂隙未贯通段沿裂隙走向平均宽度（m）;

σ_t——岩体抗拉强度（kPa）;

V——后缘陡倾裂隙水压力（kN）;

h_w——后缘陡倾裂隙充水高度（m），根据裂隙情况及汇水条件确定;

l_0——支挡力作用点与后缘铅垂面中点的垂直距离（m）;

ζ——危岩抗弯力矩计算系数，根据折断面形态在 1/12~1/6 之间取值，当折断面为矩形时取 1/6。

其余各符号意义同前。

4. 危岩稳定性评价标准

（1）按危岩稳定系数判断危岩稳定状态时，应符合表 6.18 的规定。

表 6.18　危岩稳定状态

危岩类型	危岩稳定状态			
	不稳定	欠稳定	基本稳定	稳定
滑移式危岩	$F<1.0$	$1.00 \leqslant F<1.15$	$1.15 \leqslant F<F_t$	$F \geqslant F_t$
倾倒式危岩	$F<1.0$	$1.00 \leqslant F<1.25$	$1.25 \leqslant F<F_t$	$F \geqslant F_t$
坠落式危岩	$F<1.0$	$1.00 \leqslant F<1.35$	$1.35 \leqslant F<F_t$	$F \geqslant F_t$

（2）危岩稳定性安全系数应根据危岩崩塌防治工程等级和危岩类型按表 6.19 确定。

表 6.19　危岩稳定性安全系数

危岩类型	危岩崩塌防治工程等级					
	一级		二级		三级	
	非校核工况	校核工况	非校核工况	校核工况	非校核工况	校核工况
滑移式危岩	1.40	1.15	1.30	1.10	1.20	1.05
倾倒式危岩	1.50	1.20	1.40	1.15	1.30	1.10
坠落式危岩	1.60	1.25	1.50	1.20	1.40	1.15

6.3.3　危岩崩塌防治技术

1. 主动防治技术

对危岩单体进行工程治理避免其失稳的技术类型定义为主动防治技术，包括支撑、锚固、封填、灌浆、排水及清除等技术类型。

（1）支撑技术。

对于危岩体下部具有一定范围凹陷的岩腔、岩腔底部为承载力较高且稳定性好的中风化基岩、危岩体重心位于岩腔中心线内侧时，宜采用支撑技术进行危岩治理（见图 6.52）。支撑技术主要适用于坠落式危岩，倾倒式危岩及基座具有岩腔的滑塌式危岩在保证抗倾性能满足的条件下也可采用。滑塌式危岩需要使用支撑技术时应将支撑体底部削成内倾斜坡或台阶（见图 6.53）。危岩支撑包括墙撑和柱撑，墙撑可分为承载型墙撑和防护型墙撑两类。支撑体底部应分台阶清除至中风化岩层，应确保支撑体的自身稳定性。与危岩体底部接触的区域一定厚度应采用膨胀混凝土。

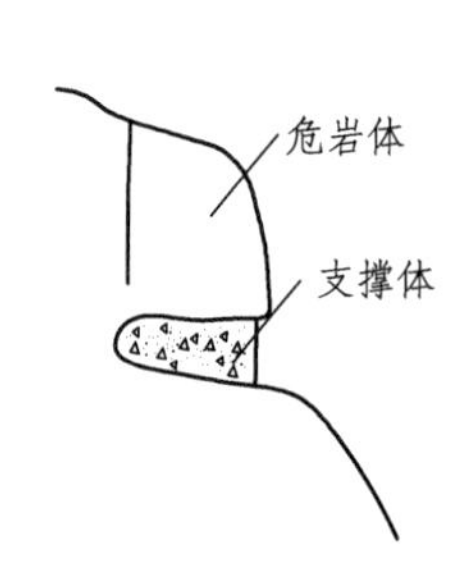

图 6.52　坠落式危岩支撑

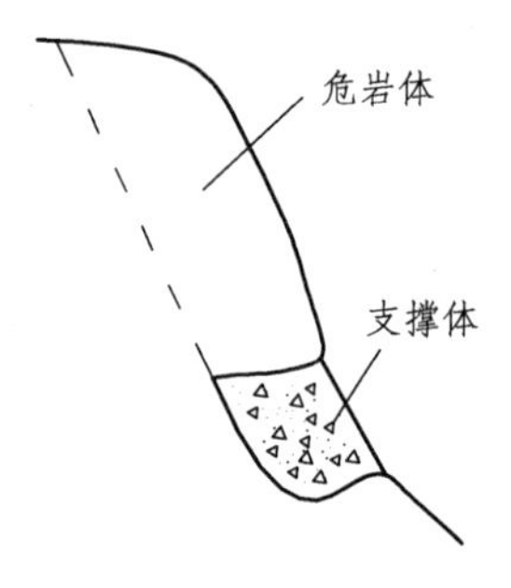

图 6.53　滑塌式危岩支撑

（2）锚固技术。

锚固技术是指采用普通（预应力）锚杆、锚索、锚钉进行危岩治理的技术类型（见图 6.54），包括预应力锚杆、非预应力锚杆、自钻式预应力锚杆及预应力锚索。对于规模较大、裂隙较宽的倾倒式危岩体宜采用预应力锚索锚固；对于完整性较差的危岩体宜采用格构锚杆锚固，锚杆应采用动态设计，按照信息法施工。危岩体锚固深度按照伸入主控结构面计算，不应小于 5.0~6.0 m。采用锚杆治理危岩时，对于整体性较好的危岩体外锚头宜采用点锚；对于整体性较差的危岩体外锚头可采用竖梁、竖肋或格构等形式以增强整体性。合理控制预应力锚杆和锚索的预应力施加值。施工过程中，对每个危岩体应钻取 3~5 个超深孔，深度在地勘认定主控结构面基础上增加 8.0~9.0 m。取出岩芯，判别危岩体内裂隙的发育密度，最内侧一条裂隙作为主控结构面，据此调整治理方案。同时还应考虑锚杆（索）的耐久性问题。

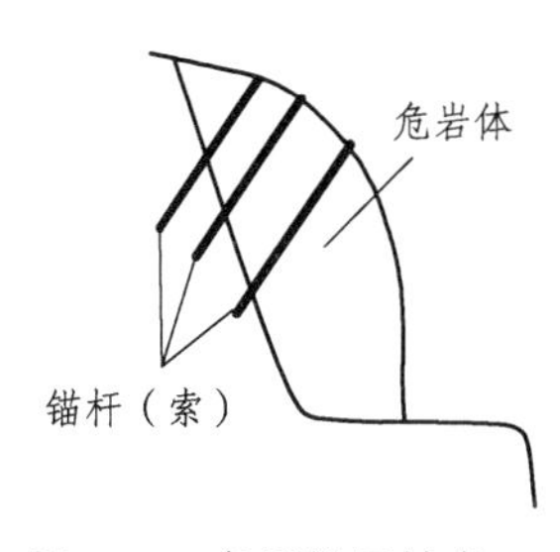

图 6.54　危岩锚固技术

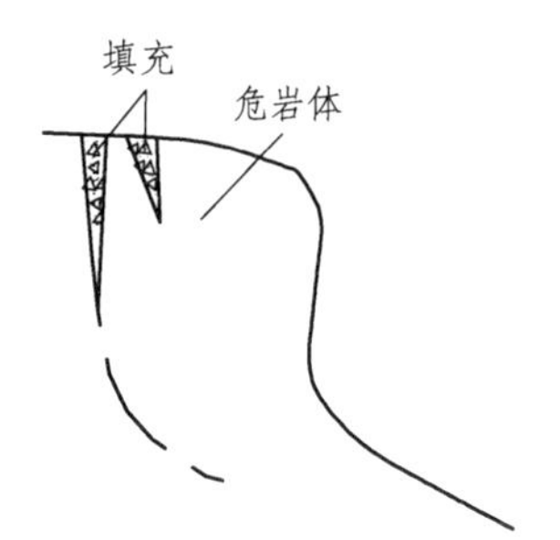

图 6.55　危岩裂缝封填

（3）封填及嵌补技术。

当危岩体顶部存在大量较显著的裂缝或危岩体底部出现比较明显的凹腔等缺陷时，宜采用封填技术进行防治。顶部裂缝封填封闭的目的在于减少地表水下渗进入危岩体（见图 6.55），底部凹腔封填的目的在于显著地减慢危岩体基座岩土体的快速风化（见图 6.56）；封填材料可以用低标号高抗渗性的砂浆、黏土或细石混凝土；对于采用柱撑、拱撑、墩撑等技术治理的危岩体，支撑体之间的基座壁面也应进行嵌补封闭，封闭层厚度宜在 30~40 cm；危岩体顶部裂缝封填时，若裂缝宽度在 2 cm 以上时应采用具有一定强度的砂浆或坍落度超过 200 mm 的细石混凝土使其入渗裂缝内进行固化，若顶部表面裂缝宽度小且有广泛发育时宜用细石混凝土或黏土全面浇筑，厚度 20~30 cm。

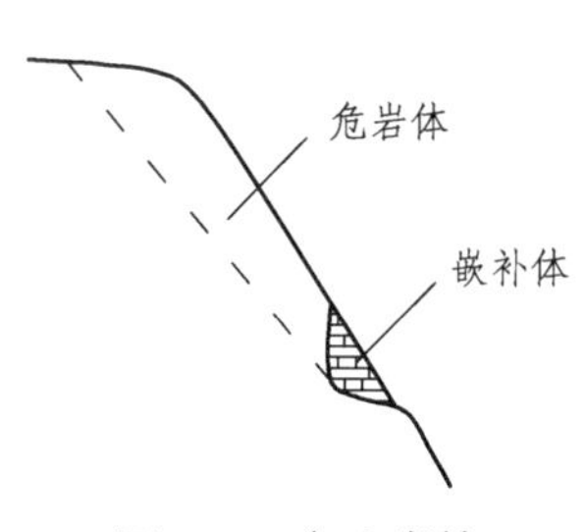

图 6.56　危岩嵌补

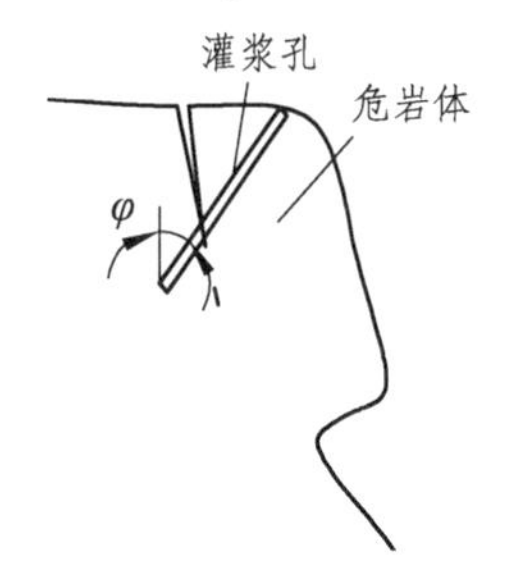

图 6.57　危岩裂缝灌浆

（4）灌浆技术。

危岩体中破裂面较多、岩体比较破碎时，为了确保危岩体的整体性，宜进行有压灌浆处理（见图 6.57）。灌浆技术应在危岩体中上部钻设灌浆孔，灌浆孔宜陡倾，并在裂缝前后一定宽度（一般 3.0~5.0 m）内按照梅花桩型布设，灌浆孔应尽可能穿越较多的岩体裂隙面尤其是主控结构面；灌浆材料应具有一定的流动性、锚固力要强。灌浆孔倾角 10°~90°，孔径 ϕ60~ϕ110 mm，灌浆压力 50~100 kPa 即可，灌浆材料中加入适量的缓凝剂。通过灌浆处理的危岩体不仅整体性得到提高，而且也使主控结构面的力学强度参数得以提高、裂隙水压力减少。灌浆技术宜与其他技术联合使用。

（5）排水技术。

滑塌式危岩和倾倒式危岩的稳定性主要受控于裂隙水压力。排水技术包括危岩体周围的地表截、排水和危岩体内部排水。地表截、排水沟应根据危岩体周围的地表汇流面积进行确定，通常采用地表明沟，其断面尺寸由地表汇流面积计算确定，由浆砌块石或浆砌条石构成，底部地基为填土体时压实度不小于 85%，也可在危岩体侧部稳定岩体内凿槽作为排水沟；危岩体中地下水较丰富时，宜在危岩体中下部适当位置钻设排水孔，排水孔以较大范围穿越渗透结构面为宜（见图 6.58）。

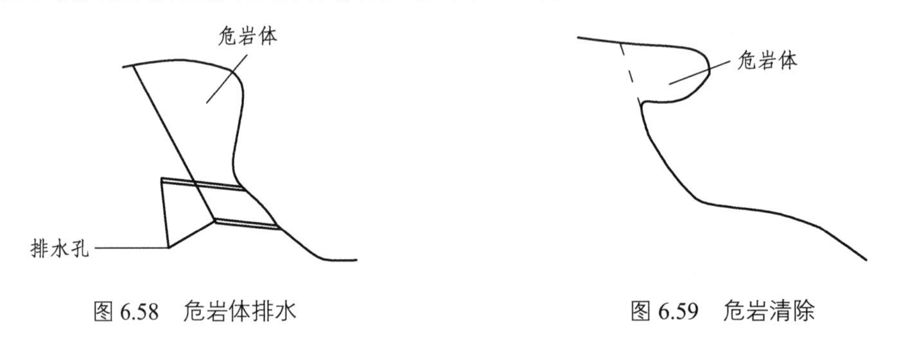

图 6.58　危岩体排水　　　　图 6.59　危岩清除

（6）清除技术。

危岩体下方地表坡度比较平缓（20°以内）、具有 0.5~1.0 倍陡崖高度的地形平台且平台上无重要建构筑物及居民居住或危岩下方具有有效防御措施条件下，可采用清除处理（见图 6.59）。可对整个危岩体或危岩体的局部进行清除。清除危岩时，可采用风枪凿眼、人工凿石、静态爆破剂等方法解体危岩，化整为零、逐步清除。具备条件时，尚可进行爆破清除。危岩清除过程中应加强施工监测，并避免暴露出的清除面存在不稳定危岩体残体或新生危岩体。危岩实施清除处理前应充分论证清除后对母岩的损伤程度，一般情况下应谨慎使用清除技术。

2. 被动防护技术

对可能失稳的危岩单体或群体、崩塌体进行工程结构防治避免造成灾害的技术类型定义为被动防护技术，包括拦石墙（堤）、拦石栅栏及森林防护等技术类型。

（1）拦石墙。

陡崖或山坡上危岩数量多、存在勘查遗漏或治理难度较大时，以及对危害对象（居民、构建筑物、道路、厂矿企业等）存在威胁的地段，当自然坡角小于 35°并存在一定宽度的地表平台时，宜设置拦石墙（见图 6.60）。拦石墙按材料组成包括土堤、浆砌石、混凝土结构等类型。土堤式拦石墙由加筋土堤或素填土堤、落石槽及堤顶的防撞栏三部分组成。墙体基础埋入较稳定的地基中的深度：基岩不小于 0.5 m，土体不小于 1.5 m；墙背填土采取分层填筑，分层厚度 30~50 cm，压实度不小于 80%；落石槽断面为倒梯形，槽底铺设不小于 60 cm 厚的缓冲土层，墙体迎石面坡比 1∶0.5~1∶0.8 并用块石护坡，山体面坡比一般在 1∶1 左右，在不具备放坡条件的地段可将坡比增大为 1∶0.5 并用锚钉或块石护坡；拦石墙的高度及距离陡崖脚部的水平距离应根据落石运动路径确定；拦石墙体的厚度应根据落石冲击力确定。

（2）拦石网及拦石栅栏。

当陡崖或山坡下部坡度大于35°且缺乏一定宽度的平台而不具备建造拦石墙时，可采用拦石网及拦石栅栏（见图6.61）。拦石网包括半刚性和柔性两大类，前者主要由以钢轨作立柱，钢轨或角钢、型钢作横梁相互焊接而成，一般称为拦石栅栏；后者由角钢作立柱、缓冲钢索和柱间钢绳网组成，为一般所指的狭义拦石网，缓冲钢索一端与立柱顶部相连另一端锚固在稳定岩土体中；拦石网的能级应根据落石冲击动能选用，对于落石动能超过800 kJ时应以主动防治为主。

（3）森林防护。

当陡崖或山坡坡脚不存在平台或危岩威胁不太严重时，可以通过植树造林防治危岩崩塌（见图6.62）。森林防护的根本出发点在于增大地表下垫面的粗糙度，减缓落石体在林中的运动速度；森林类型应为乔木，尽可能构建乔灌草相结合的生态系统。乔木成林后可用建筑纽扣将钢绳固定在树木主干上，将森林防护系统构成整体，提高防护有效性。

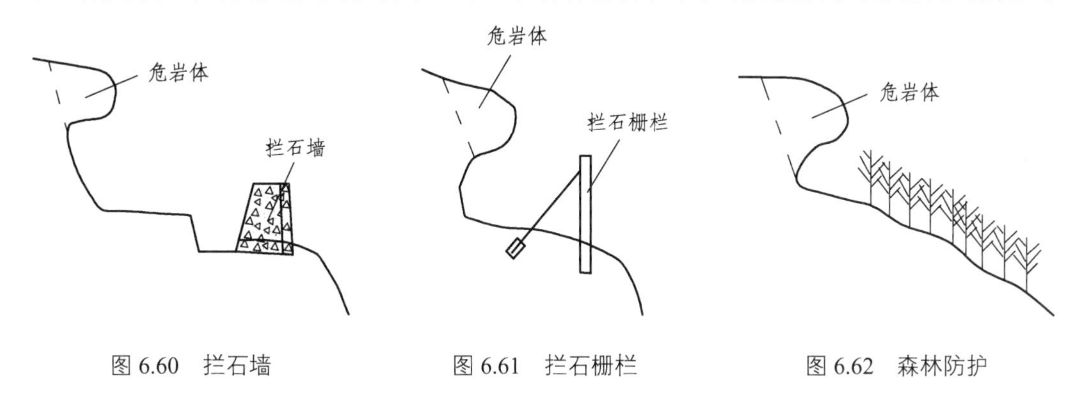

图6.60　拦石墙　　图6.61　拦石栅栏　　图6.62　森林防护

3. 主动-被动联合防治技术

一个具体的危岩防治工程包括数个乃至于数百个危岩单体。由于目前我国危岩勘查水平不高，可能存在危岩单体边界条件勘查不太明确的问题，尤其在危岩单体之间可能存在漏勘问题。对于一个具体的危岩单体，尚具有多种危岩类型共生的复合特性。因此，在危岩崩塌防治工程中，存在主动-被动联合防治问题。主动-被动联合防治技术主要包括锚固-拦挡联合技术和锚固-支撑联合技术两类。

（1）锚固-拦挡联合技术。

锚固-拦挡联合技术主要针对整个危岩防治工程而言，体现了危岩治理与拦挡相结合的防治理念。将危岩单体的锚固防治和危岩单体之间的漏勘危岩防治共同考虑（见图6.63），弥补了目前危岩勘查精度不足而可能造成的灾害的不足。将危岩单体和拦挡结构之间的区域界定为地质灾害危险区，宜植树造林，杜绝人类工程活动。拦挡结构可以采用拦石墙、拦石网或面状森林防护。

（2）锚固-支撑联合技术。

锚固-支撑联合技术主要针对复合型危岩体，在采用单一防治技术效果较差时，可采用本技术（见图 6.64）。锚固-支撑联合技术尤其适用于同时具有滑塌和倾倒性能的危岩体。防治设计过程中，应将锚固力和支撑力联合考虑，使二者达到有机组合；当支撑体在危岩滑动力作用下存在滑移失稳时，为了确保支撑体的稳定，应在支撑体上布设锚杆。对于仅采用支撑技术便能基本达到有效防治的坠落式危岩或倾倒式危岩，为了提高危岩治理的效果，也可在危岩体上布设一定数量的锚杆，作为安全储备，防止其在随机荷载作用下失稳。当危岩体后部裂缝断续贯通且地下水比较发育时，在支撑体内宜设置 ϕ60~ϕ110 mm 的 PVC 排水管。

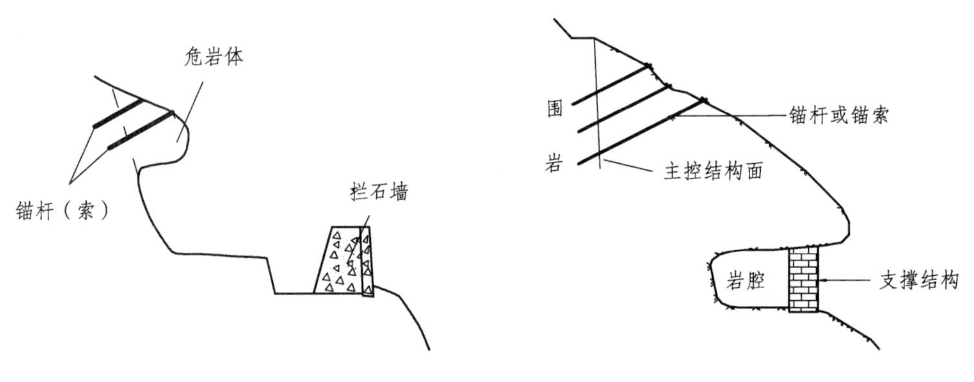

图 6.63　锚固-拦挡联合技术　　　　图 6.64　锚固-支撑联合技术

值得注意的是，将危岩工程的治理视为一个有机体综合考虑，切勿将拦石墙、拦石网等被动防护措施作为可有可无的辅助措施。如太白岩 W23#和 W24#危岩之间的岩体经过数次地质勘查均认为处于稳定状态，但是在 2003 年 10 月 11 日发生失稳，致使其下的历史文物何其芳纪念馆被毁；对于危岩单体而言，同时具有滑塌与倾倒性能的复合型危岩体，应坚持微观尺度的主动-被动联合防治。

6.3.4　危岩崩塌的识别和野外观察

1. 危岩基本特征

（1）危岩带分布特征。

观察危岩带形态、总体的延展方向、涉及的危岩数量、各个危岩体单体体积范围、危岩体的坠落高度。

例如：顺天桥危岩带总体形态呈带状展布，总体沿南西-北东向延伸，共涉及 3 个危岩块体（2 块危石），为小型危岩带。各危岩体单体体积 86 ~ 290.2 m^3。各危岩块体至崖脚的相对高度为 4 ~ 23 m，为低位危岩。

（2）危岩范围、规模及形态。

观察危岩带长度、总体的延展方向、出露地层、整体风化程度、陡崖高度、坡向、坡角、陡崖周围环境等。

例如：A-B 带：A-B 带长约 25 m，北西-南东向分布于危岩区西部，出露地层为侏罗系中统沙溪庙组砂岩、泥岩。陡崖整体表层较为破碎，陡崖高约 3 ~ 7 m，坡向 200° ~ 220°，坡角 70°～80°，其下为乡村道路。其下为斜坡，为泥岩基座+砂岩陡崖段，陡崖整体较完整，但局部存在临空面。

（3）危岩体结构特征。

观察危岩体的发育位置，岩层倾向、危岩主塌方向与陡崖的关系，组成危岩体的底层，危岩稳定性的影响因素，勘查区是否发育有裂隙等。

例如：危岩体发育在砂岩陡崖上，岩层倾向与陡崖呈逆向坡，危岩主塌方向与陡崖倾向基本近于一致。

组成危岩体的地层为侏罗系中统沙溪庙组泥砂岩，本区危岩的稳定性直接受控于岩体结构面的发育状况。勘查区主要由层面裂隙、构造裂隙发育而来的卸荷裂隙。

层面及层面裂隙：该组裂隙主要分布于危岩的顶底界面，层面倾向 310°，倾角 40°，多闭合，裂面平直，无充填，结合程度好。

构造裂隙：区内砂岩体中构造裂隙 J2：200°∠80°，裂面平直，张开宽度 0.1～0.5 cm，为硬性结构面，裂面平直，无充填，延伸长度 0.5～2 m，间距 0.5～2 m，为构造裂隙。

卸荷裂隙：此种裂隙基本平行边坡走向切割岩体，由构造裂隙发展而成，勘查区内砂岩体中卸荷裂隙主要发育有一组：130°∠65°，裂面平直，间距 0.5～1.5 m，宽 0.1～0.4 m，可见延伸深约 3～10 m，少量泥质充填，为硬性结构面，平距距崖顶一般 1～5 m，此裂隙为危岩带主控裂隙。

2. 危岩破坏方式及主要影响因素

（1）危岩破坏方式。

观察并分析危岩失稳方式，判断是否存在如新构造运动之类的其他因素对勘查区的危岩造成影响。

例如：据危岩空间几何特征、结构面组合特征分析，危岩失稳方式分为：滑移型和坠落型。其中 W2 危岩单体为坠落型；W1、W3 危岩单体及 BC 危岩带为滑移型。

新构造运动及河流下蚀切割作用结果形成了勘查区现在的斜坡陡崖带，改变了岩体原有的力学环境条件，陡崖岩体产生卸荷回弹效应，陡倾角裂隙进一步扩张，形成卸荷裂隙带，卸荷裂隙带沿陡崖呈带状分布。

（2）危岩主要影响因素。

观察影响勘查区危岩的各种因素，如：裂隙、温差、临空面对危岩造成的影响，并判断影响勘查区危岩的主要诱发因素。

根据本次地面调查，场地内危岩体的形成主要受裂隙、温差效应及高陡的临空面的影响。

① 裂隙。

砂岩中的层理、构造裂隙、卸荷裂隙共同控制了危岩发育规模和变形特征。区内危岩体发育的节理裂隙基本与危岩带走向、倾向相近，沿构造裂隙在陡崖处发育卸荷裂隙，卸荷裂隙多呈弧状、弯折状，产状不规则，裂隙张开度较大，部分被黏土或碎石充填，为陡崖带形成危岩的主控因素。

② 温差效应。

温差效应产生的疲劳破裂和软弱夹层的塑性流动是使硬层砂岩产生次生拉裂缝的主要力学原因。斜坡岩体在冬夏温差应力作用下，冬天因收缩在砂岩突出体部位产生拉应力集中，夏天由于膨胀产生压应力集中。因为岩石的抗拉强度低，在年复一年的拉、压互换循环荷载下，砂岩体易于产生张性破坏。

③ 高陡临空面。

局部危岩体前缘临空，后缘及两侧还受两组裂隙切割呈块体状，为危岩的形成提供了必备的地形条件。

④ 危岩崩塌诱发因素。

暴雨、地震为危岩发生崩塌的主要诱发因素，其次植物根劈作用和温度也有一定影响。

暴雨是诱发危岩崩塌的主要因素，降水后通过陡崖后缘的卸荷裂缝渗漏到陡崖裂隙内，降低了裂缝的力学性能，同时，增加了裂缝内的水压力，诱发危岩崩塌的发生。

地震等震动可促进陡倾结构面（裂缝）的扩展，促进危岩崩塌的产生。

植物的根劈作用使岩体的稳定性有所降低，根茎沿危岩裂隙生长，裂隙扩大，使危岩体产生向临空方向的变形破坏。

区内昼夜温差较大，温度作用的差异使危岩体呈现不均匀受热状态，加快岩体的风化作用，尤其对软质岩体和裂缝的充填物尤为明显，在温度变化过程中产生的热胀冷缩作用始终保持向下位移的总趋势，为崩塌发育中的因素之一。

3. 危岩的稳定性评价

危岩区崩塌失稳方式分为：坠落型和倾倒型。稳定性计算公式见 6.3.2 节。

按危岩稳定系数判断危岩稳定状态时，应符合表 6.18 的规定。危岩稳定性安全系数应根据危岩崩塌防治工程等级和危岩类型按表 6.19 确定。

4. 危岩发展变化趋势及危害性观察

（1）发展变化趋势。

根据勘查区危岩位置、变形以及裂隙发展情况分析危岩的破坏趋势，并通过访问评估危岩失稳后所造成的不良后果，评价危岩破坏后对于地区周围环境及人员的影响。

区内从调查危岩所处陡崖（陡坡）位置、变形特征及控制危岩稳定性的裂隙发展情况来看，岩体在自重的作用下，加之后壁裂隙水压力楔劈作用，使裂隙不断地加宽加深，最后破坏锁固部位，最终危岩产生崩塌。据访问调查，危岩区在近些年雨期、汛期时有岩块滚落，所幸多未造成人员伤亡和财产损失情况，说明危岩的稳定性在不断下降，危岩体总体在向不利稳定的方向发展。加之斜坡崩坡积层土层较厚，前缘坡脚较陡，可能产生局部土层表层松脱滑塌，危及岩下、坡下乡村道路过往车辆及村民生命财产安全。

（2）危害性预测。

通过公式以及示意图对危岩的崩落距离进行力学计算及预测，并根据实地对崩落砂岩块石位置的调查和对危岩体崩落水平距离的计算确定危岩的影响范围，再进行实物指标的调查，确定影响区危害的主要对象。

① 危岩崩落距离预测。

现对危岩体的运动距离进行预测分析：如图 6.65 危岩崩塌运动轨迹示意图所示，当落石第一次坠落在斜坡表面，因碰撞、能量发生变化，部分能量消耗在碰撞过程中，部分能量将使落石在坡面上继续运动。危石下落，势能的减少等于动能的增加。

据能量守恒定律：$mgh=1/2mV^2$

据上式可以计算出落石碰撞前的速度 V,根据地形剖面可以计算出碰撞时的切向速度 V_{t} 与法向速度 V_{n}，以及 V_{t} 与 V_{n} 的夹角 β。

即：$V_{\mathrm{n}}=V\cdot\sin\beta$　　$V_{\mathrm{t}}=V\cdot\cos\beta$

落石与斜坡松散层地面的法向碰撞可以认为是对心塑性碰撞，所以 $V_{\mathrm{n}}=0$。损失率采用 10%，所以落石第一次在斜坡上碰撞与维持其继续运动的动能为 $1/2m(0.9V_{\mathrm{t}})^2$。块石在斜坡上的继续运动是以滚动和滑动为主的综合形式。为了计算方便，可简化为沿斜坡的综合摩擦运动来分析。据功能原理，落石的势能变化等于动能变化和克服摩擦所做的功：

$$\sum mg\cdot\Delta h_i=1/2m(V_i^2-V_{\mathrm{t}}^2)+\sum mg\cos\alpha_i\cdot\tan\varphi_r\cdot L_i$$

式中　V_i——斜坡面上任意位置处所具有的速度（m/s）;

α_i——各直线段斜坡的平均坡度（°）;

Δh_i——各直线段斜坡的垂直高度（m）;

φ_{r}——落石与坡面之间的综合摩擦角（°）;

L_i——各直线段斜坡的长度（m）。

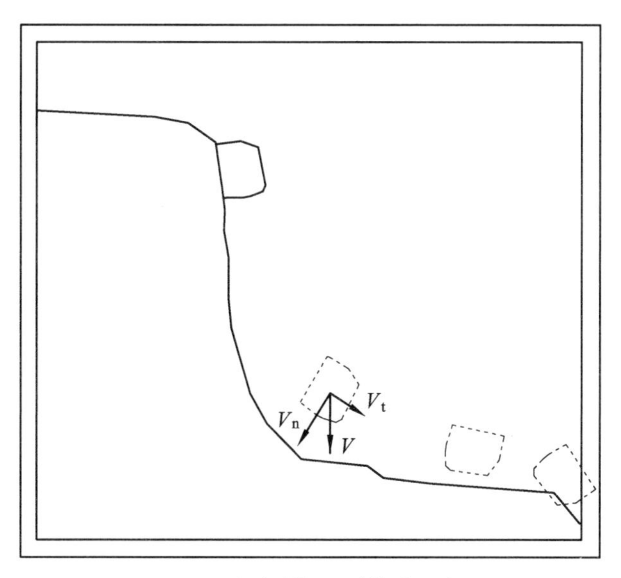

图 6.65　危岩崩塌运动轨迹示意图

由此式便可预测危岩崩塌的最大落距，当末速度 $V_i=0$ 时，便可求得 $\sum V_i$，$\sum L_i\cos\alpha_i$ 就是崩塌的最大水平运动距离。

通过对勘查区危岩带各危岩体崩落距离的预测，一般水平落距为 15 ~ 40 m，最大水平落距为 40 m。预测分析结果与实地调查落距基本一致。

② 危岩影响范围的确定。

根据实地对崩落砂岩块石位置的调查和对危岩体崩落水平距离的计算，按大值确定危岩影响范围。根据现场调查，危岩体崩落可能影响的主要范围为陡坡面及坡脚乡村道路，其影响距离为 40 m 左右，面积为 4 800 m^2。

③ 危害对象。

根据实物指标的调查，在影响区内危害的对象主要有：坡脚的乡村道路、过往车辆行人的生命财产安全。

7 地质野外工作技能

7.1 地质罗盘的使用

地质罗盘仪是进行野外地质工作必不可少的一种工具。借助它可以定出方向、观察点的所在位置，测出任何一个观察面的空间位置（如岩层层面、褶皱轴面、断层面、节理面等构造面的空间位置），以及测定火成岩的各种构造要素、矿体的产状等。因此必须学会使用地质罗盘仪。

7.1.1 地质罗盘的结构

地质罗盘式样很多，但结构基本是一致的，我们常用的是圆盆式地质罗盘仪。它是由磁针、刻度盘、测斜仪、瞄准觇板、水准器等几部分安装在一铜、铝或木制的圆盆内组成，如图 7.1 所示。

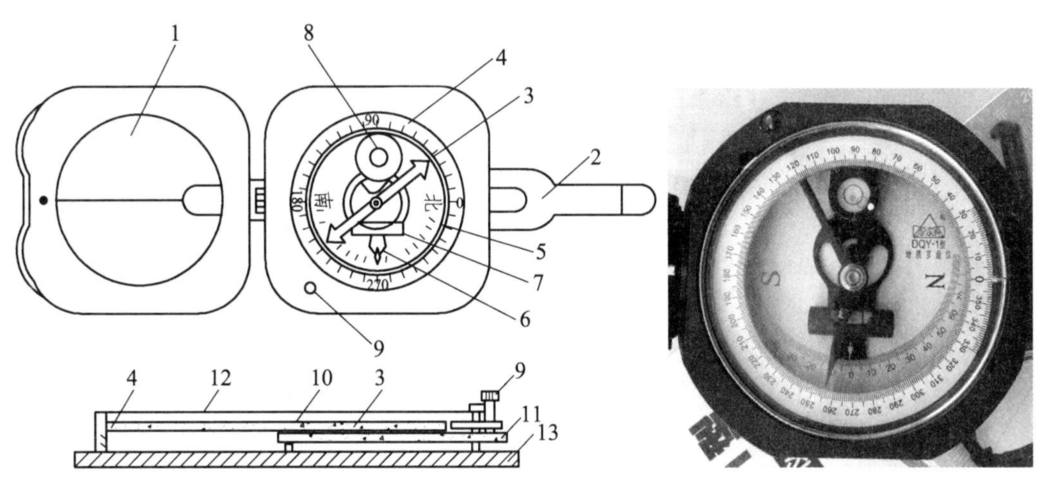

1—反光镜；2—瞄准觇板；3—磁针；4 水平刻度盘；5—垂直刻度盘；6—垂直刻度指示器；7—垂直水准器；8—底盘水准器；9—磁针固定螺旋；10—顶针；11—杠杆；12—玻璃盖；13—罗盘仪圆盆。

图 7.1 地质罗盘结构

（1）磁针——一般为中间宽两边尖的菱形钢针，安装在底盘中央的顶针上，可自由转动，不用时应旋紧制动螺丝，将磁针抬起压在盖玻璃上避免磁针帽与顶针尖的碰撞，以保护顶针尖，延长罗盘的使用时间。在进行测量时放松固动螺丝，使磁针自由摆动，最后静止时磁针的指向就是磁针子午线方向。由于我国位于北半球，磁针两端所受磁力不等，使磁针失去平衡。为了使磁针保持平衡，常在磁针南端绕上几圈铜丝，因此也便于区分磁针的南北两端。

（2）水平刻度盘——水平刻度盘的刻度是采用这样的标示方式：从 0°开始按逆时针方向每 10°一记，连续刻至 360°，0°和 180°分别为 N 和 S，90°和 270°分别为 E 和 W，利用它可以直接测得地面两点间直线的磁方位角。

（3）竖直刻度盘——专用来读倾角和坡角读数，以 E 或 W 位置为 0°，以 S 或 N 为 90°，每隔 10°标记相应数字。

（4）悬锥——是测斜器的重要组成部分，悬挂在磁针的轴下方，通过底盘处的觇板手可使悬锥转动，悬锥中央的尖端所指刻度即为倾角或坡角的度数。

（5）水准器——通常有两个，分别装在圆形玻璃管中，圆形水准器固定在底盘上，长形水准器固定在测斜仪上。

（6）瞄准器——包括接物和接目觇板，反光镜中间有细线，下部有透明小孔，使眼睛、细线、目的物三者成一线，作瞄准之用。

7.1.2　地质罗盘的使用方法

1. 磁偏角的校正

在使用前必须进行磁偏角的校正。

因为地磁的南、北两极与地理上的南北两极位置不完全相符，即磁子午线与地理子午线不相重合，地球上任一点的磁北方向与该点的正北方向不一致，这两方向间的夹角叫磁偏角。

地球上某点磁针北端偏于正北方向的东边叫作东偏，偏于西边称西偏。东偏为（+），西偏为（-）。

地球上各地的磁偏角都按期计算，公布以备查用。若某点的磁偏角已知，则一测线的磁方位角 $A_{磁}$ 和正北方位角 A 的关系为 A 等于 $A_{磁}$ 加减磁偏角。应用这一原理可进行磁偏角的校正，校正时可旋动罗盘的刻度螺旋，使水平刻度盘向左或向右转动（磁偏角东偏则向右，西偏则向左），使罗盘底盘南北刻度线与水平刻度盘 0~180°连线间夹角等于磁偏角。经校正后测量时的读数就为真方位角。

2. 目的物方位的测量

测定目的物与测者间的相对位置关系，也就是测定目的物的方位角（方位角是指从子午线顺时针方向到该测线的夹角）。

测量时放松制动螺丝，使对物觇板指向测物，即使罗盘北端对着目的物，南端靠着自己，进行瞄准，使目的物、对物觇板小孔、盖玻璃上的细丝、对目觇板小孔等连在一直线上，同时使底盘水准器水泡居中，待磁针静止时指北针所指度数即为所测目的物之方位角（若指针一时静止不了，可读磁针摆动时最小度数的二分之一处，测量其他要素读数时亦同样）。

若用测量的对物觇板对着测者（此时罗盘南端对着目的物）进行瞄准时，指北针读数表示测者位于测物的什么方向，此时指南针所示读数才是目的物位于测者什么方向，与前者比较这是因为两次用罗盘瞄准测物时罗盘之南、北两端正好颠倒，故影响测物与测者的相对位置。

为了避免时而读指北针，时而读指南针，产生混淆，放应以对物觇板指着所求方向恒读指北针，此时所得读数即为所求测物之方位角。

3. 岩层产状要素的测量

岩层的空间位置决定于其产状要素，岩层产状要素包括岩层的走向、倾向和倾角。测量岩层产状是野外地质工作的最基本的工作方法之一，必须熟练掌握，如图 7.2 所示。

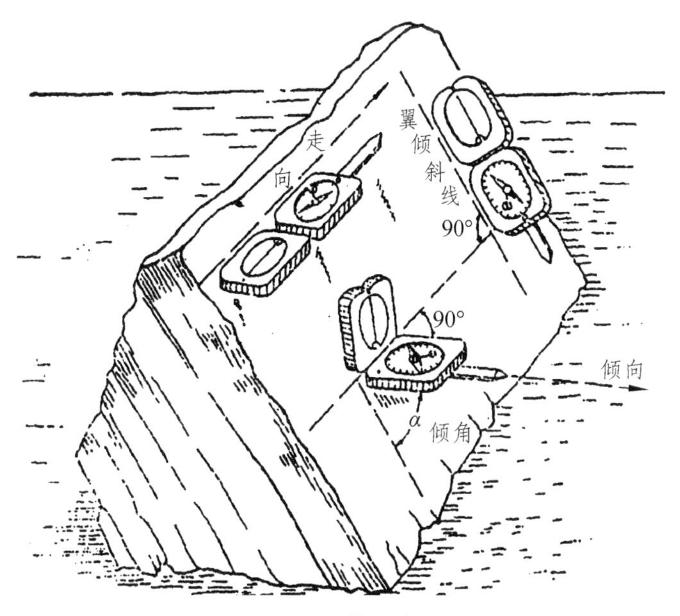

图 7.2　岩层产状要素的测量

（1）岩层走向的测定。

岩层走向是岩层层面与水平面交线的方向，也就是岩层任一高度上水平线的延伸方向。

测量时将罗盘长边与层面紧贴，然后转动罗盘，使底盘水准器的水泡居中，读出指针所指刻度即为岩层的走向。

因为走向是代表一条直线的方向，它可以两边延伸，指南针或指北针所读数正是该直线的两端延伸方向，如 NE30°与 SW210°均可代表该岩层的走向。

（2）岩层倾向的测定。

岩层倾向是指岩层向下最大倾斜方向线在水平面上的投影，恒与岩层走向垂直。

测量时，将罗盘北端或接物觇板指向倾斜方向，罗盘南端紧靠着层面并转动罗盘，使底盘水准器水泡居中，读指北针所指刻度即为岩层的倾向。

假若在岩层顶面上进行测量有困难，也可以在岩层底面上测量，仍用对物觇板指向岩层倾斜方向，罗盘北端紧靠底面，读指北针即可。假若测量底面时读指北针受障碍时，则用罗盘南端紧靠岩层底面，读指南针亦可。

（3）岩层倾角的测定。

岩层倾角是岩层层面与假想水平面间的最大夹角，即真倾角，它是沿着岩层的真倾斜方向测量得到的，沿其他方向所测得的倾角是视倾角。视倾角恒小于真倾角，也就是说岩层层面上的真倾斜线与水平面的夹角为真倾角，层面上视倾斜线与水平面的夹角为视倾角。野外分辨层面的真倾斜方向甚为重要，它恒与走向垂直，此外可用小石在层面上滚动或滴水使之在层面上流动，此滚动或流动的方向即为层面的真倾斜方向。

测量时将罗盘直立，并以长边靠着岩层的真倾斜线，沿着层面左右移动罗盘，并用中指搬动罗盘底部的活动扳手，使测斜水准器水泡居中，读出悬锥中尖所指最大读数，即为岩层的真倾角。

（4）岩层产状的记录。

岩层产状的记录通常采用下面的方式：

方位角记录方式：如果测量出某一岩层走向为 310°，倾向为 220°，倾角 35°，则记录为 NW310° / SW∠35°或 310° / SW∠35°或 220°∠35°。

野外测量岩层产状时需要在岩层露头测量，不能在转石（滚石）上测量，因此要区分露头和滚石。区别露头和滚石，主要是多观察和追索并要善于判断。

测量岩层面的产状时，如果岩层凹凸不平，可把记录本平放在岩层上当作层面以便进行测量。

4. 构造要素的测定

（1）测方位。

测量某物体的方位是野外地质工作者应具备的最基本的技能。在定点时，首先要做的就是测量观察点位于某地形或地物的方位。测量时打开罗盘盖，放松制动螺丝，让磁针自由转动。当被测量的物体较高大时，把罗盘放在胸前，罗盘的长水准器对准被测物体，然后转动反光镜，使物体及长瞄准器都映入反光镜，并且使物体、长瞄准器上的短瞄准器的尖及反光镜的中线位于一条直线上，同时保持罗盘水平（圆水准器的气泡居中），当磁针停止摆动时，即可直接读出磁针所指圆刻度盘上的读数，也可按下制动螺丝再读数。

（2）测量岩层产状要素。

岩层产状要素包括岩层的走向、倾向和倾角。岩层走向是岩层层面与水平面交线的延伸方向。岩层倾向是岩层面上的倾斜线在水平面上的投影所指方向。倾角是倾斜线与水平面的夹角。

测量岩层走向时，将罗盘的长边（与罗盘上标有 N-S 相平行的边）的一条棱与层面紧贴，然后缓慢转动罗盘（注意：在转动过程中，罗盘紧靠层面的那条棱的任何一点都不能离开层面），使圆水准器的气泡居中，磁针停止摆动，这时读出磁针所指的读数即为岩层的走向。读磁北针或磁南针都可以，因为岩层走向是朝两个方向延伸的，相差 180°。

测量岩层的倾向时，罗盘如图 7.1 所示放置，将罗盘南端（标有 S）的一条棱紧靠岩层面，这时长瞄准器指向与岩层的倾向一致，并转动罗盘，转动方法及原则同上。当罗盘水平、磁针不摆动时，就可读数。如图 7.1 所示放置罗盘，应读磁北针所指的读数。当测量完倾向后，不要让罗盘离开岩层面，马上把罗盘转 90°（罗盘直立），如图 7.1 所示放置，使罗盘的长边紧靠岩层面，并与倾斜线重合，然后转动罗盘底面的手把，使测斜器上的水准器（长水准器）气泡居中，这时测斜器上的游标所指半圆刻度盘的读数即为倾角。

在测量地层产状时，一般只需测量地层的倾向和倾角，而走向可通过倾向的数字加或减 90°得到。测量倾向和倾角时，必须先测倾向，后测倾角。

若被测量的岩层表面凹凸不平，可把记录本平放在岩层面上当作层面，以便提高测量的准确性和代表性。如果岩层出露很不完整时，这时要找岩层的断面，找到属于同一层面的三个点（一般在两个相交的断面易找到），再用记录本把这三个点连成一平面（相当于岩层面），这时测量记录本的平面即可。

7.2 地质剖面的实测与成图方法

7.2.1 实测地层剖面的目的与要求

沿选定的野外地质观察路线逐尺测量、观察并真实客观地描述地质体和地质现象，最后将结果通过剖面图的方式绘制、体现出来的过程。

目的：了解地层序列（岩性、化石、时代、环境），并确定填图单位。

要求：查明岩性、层和组的划分以及地层厚度、接触关系、地层的时代、形成环境。

7.2.2 实测地层剖面的选线原则

① 剖面方向尽量垂直走向（60°~90°）。

② 地层出露齐全，具有代表性。

③ 构造简单，尽量绕过褶皱、断层发育的地段，因为它们往往造成地层的重复与缺失。

④ 露头良好、连续，接触关系清楚。

⑤ 尽可能化石丰富。

⑥ 剖面线尽量少拐弯，否则增大测量的累积误差。

⑦ 可以选择多段剖面，每个时代至少有 1 个剖面。

⑧ 剖面通视，穿越条件好。

7.2.3 实测地层剖面的一般程序和工作方法

1. 一般准备工作

（1）了解剖面基本情况。选定好所测剖面位置后，首先进行详细踏勘，了解岩层的分层厚度、岩性组合规律、所产化石、地层接触关系、标志层等。

（2）做好剖面测制计划。根据详细踏勘情况制订工作计划：包括比例尺、测制方法、施测顺序、组织分工及工作进程计划等。

（3）安排好人员分工。学生以小组为单位，一般 5 ~ 7 人为宜，具体分工和主要任务如表 7.1 所示。

表 7.1　实测地质剖面人员分工简表

职务	人数	工作任务
地质观察员、记录员	2~3	对地层进行分层、描述、测量产状；记录前后测手的实测数据；记录各分界点的斜距；协调全组工作，决定导线是否前进
前后测手	2	选择导线测点，并将起点和终点定在地形图上；罗盘测量导线方位角、坡度；丈量各分界点的斜距
剖面草图绘制员	1	根据各种实测数据，现场绘制平面图和剖面图，注意标注各种数据和地形的细微变化及标志物
标本采集员	0~1	采集各种岩矿、化石、地层和构造岩等标本，量读采集位置，对标本进行编号并包装

2. 测制剖面用的工具

地形图 1 幅；地质罗盘 2 个，地质锤 2 把，钢卷尺 1 个，皮尺 1 个；记录本 2 ~ 3 本，图板或讲义夹 1 个，绘图纸（方格纸）3 ~ 5 张，实测剖面记录表 5 ~ 10 张；三角板 1 副，半圆仪 1 个，铅笔 3 支。

3. 导线布设原则

所有导线应尽可能沿同一方向，并垂直主要地层走向或主要构造线方向。尽量减少导线转折。

导线的端点应布置在地形起伏变化处，同一导线之内的地形坡度要基本稳定。其中，导线点不一定是地层的分界点，在有条件统一时，应尽量取得一致。

对重要地质现象不清楚地段，可沿地层某一界面走向平移导线后测制，平移距离控制在 20 ~ 30 m 以内。

4. 测制方法

前后测手：① 选择导线点，并标注导线点号：由剖面起点至终点依次为 0，1，2，3…丈量导线距（斜坡距）。② 测量导线方向：是指导线起点至终点的方向。前、后测手共同测量，取平均值，若结果相差大，应重测。③ 测量坡角：沿导线方向上坡记为正角，下坡记为负角。前、后测手共同测量，取平均值，若结果相差大，应重测。后测手负责将导线号、导线距、导线方向和坡角等测量结果及时报给表格记录员。导线号用 0-1、1-2…

表示，指的是导线起点 1 和终点 2 之间的导线。

表格记录员：详细填写实测剖面记录表，是最重要的原始资料，一定要准确、齐全。每一导线测量完毕后，表格记录员要全面检查该导线中的实测地层内容是否全部完成，若有缺项，应及时补测。决定是否进入下一导线的测量。表格记录员需详细描述：在导线上详细划分地层，记录每一分层的岩石名称、颜色、结构、构造、成分、岩石的组合规律（夹层型、互层型或韵律型）、化石、产状及其接触关系；记录照片编号。标本登记：标本号、标本名称及其标本采集点位置。

剖面草图绘制员：在现场要绘出剖面草图和信手剖面图。应按实地地形的起伏勾绘剖面草图上的地形线，并在其上方标绘出重要地物的位置，如道路、河谷、山梁、陡坎、独立的树木、房屋等的位置，以便室内做实测剖面图时参考。根据各种实测数据，现场绘制平面图和剖面图。

实测及记录总结：

剖面代号：A-A′。

剖面名称：×××实测地质剖面。

导线号：第一导线为 0-1；第二导线为 1-2，以此类推。

导线长（L）：每一导线的长度。

导线方位（B）：指前进方向的方位角，前后测手平均。

坡角（$\pm\beta$）：仰角为正，俯角为负，前后测手平均。

分层号：如第 1 层用代号①表示，以此类推。

分层斜距（L）：分层在导线上的长度。

岩层产状：产状及位置（如“2 m”，记录在产状附近）。

标本和样品的编号和位置：标本 B001；照片 D001。

岩性描述：简明，如灰色薄层状灰岩（由分层员报读）。

实测剖面绘制示意图如图 7.3 所示。

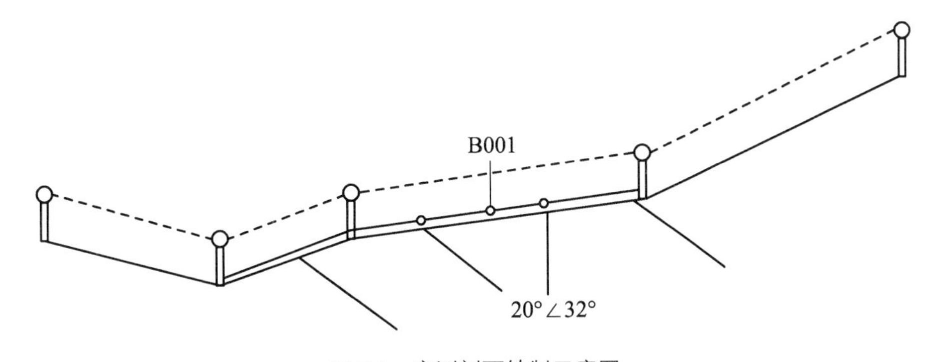

图 7.3　实测剖面绘制示意图

5. 数据整理与剖面图的制图

野外剖面实测结束后，应及时进行室内资料整理及样品的处理。包括：整理计算各项实测数据；整理分析剖面地质资料；绘制实测剖面图；划分地层单位及填图单位。

（1）实测剖面各项数据的换算。

① 平距（L'）计算：包括导线平距、分层位置平距、岩层产状测量位置平距和采样位置平距等计算：

$$L' = L \times \cos\beta \tag{7.1}$$

式中，L 为斜距；β 为坡角；下同。

② 导线高差（H）及累计高差的计算：

$$H = L \times \sin\beta \tag{7.2}$$

累计高差是将各导线高差逐一累计相加而得。

③ 换算导线方位与岩层走向的夹角（γ）：

$$\gamma = B - A \tag{7.3}$$

式中，B 为导线方位角；A 为岩层走向方位角。

④ 岩层真厚度（h）计算：

$$h = L(\sin\alpha \cdot \cos\beta \cdot \sin\gamma \pm \cos\gamma \cdot \sin\beta) \tag{7.4}$$

岩层倾向与地形坡向相反时用+，反之用−。

实测地层剖面数据计算完后，再进入剖面图的绘制过程，如图 7.4 所示。

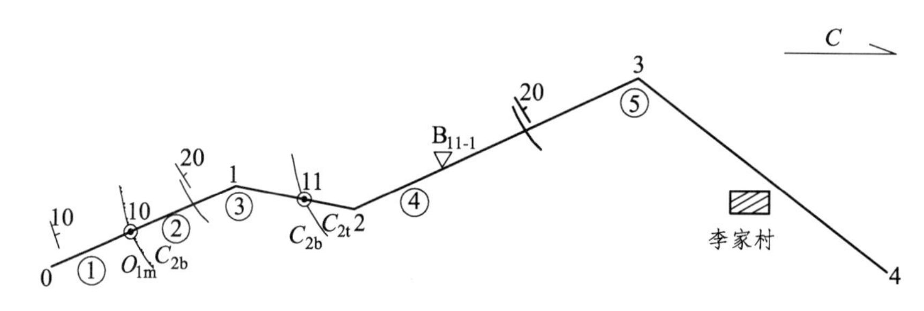

图 7.4 线路地质平面图

（2）在导线平面图的基础上添加其他要素。

导线上方：导线号、地质点（直径 2 mm）、组的界线（长 1.5 cm，延伸方向，注意平行不整合）、分层界线（分层线：长 1.5 cm，分组线 2.0 cm，延伸方向）、地层产状。

在导线下方：层号①、组的代号 C_{2b}、地名地物点（……高地、村等）。

图例：图例中的花纹要与剖面图的样式一致，长 12 mm，宽 8 mm；整体由碳酸盐岩到碎屑岩，局部由粗到细或者反过来；排列整齐美观。实测剖面图实例及成果图如图 7.5、图 7.6 所示，实测地质剖面记录如表 7.2 所示。

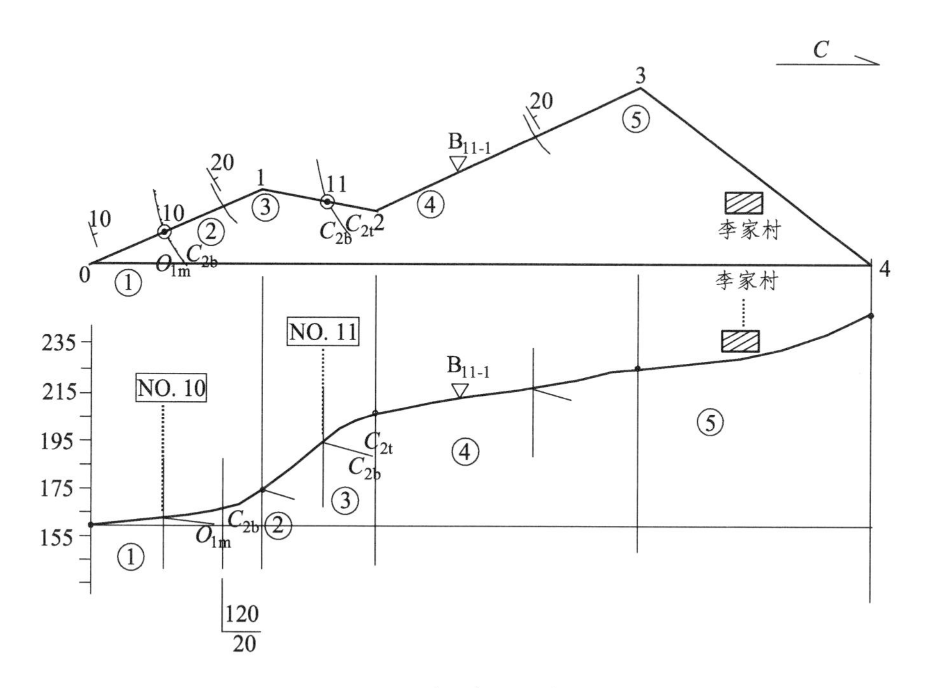

图 7.5　实测剖面图实例

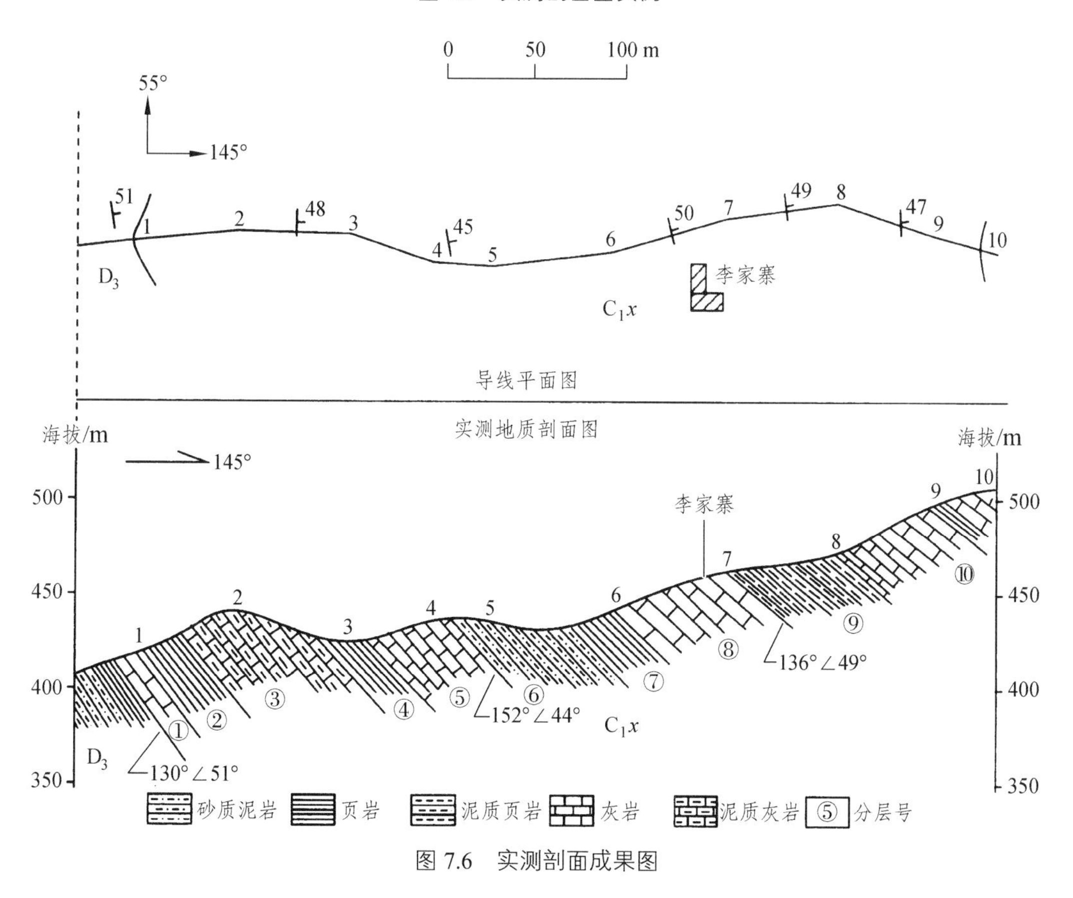

图 7.6　实测剖面成果图

表 7.2　实测地质剖面记录表（1）

1	2	3	4	5	6	7		8	9	
导线号	导线 斜距/m	导线 方位/(°)	坡脚/(°)	分层号	分层 斜距/m	产　状		岩性描述	标　本	
						倾向/（°）	倾角/（°）		编号	位置
0-1	L	B	β	①②…	l	A	α			

表 7.2　实测地质剖面记录表（1）

10	11	12	13	14	15	16	17	18	19	20	21
导线斜平距/m	分层斜平距/m	总方向与导线方位夹角/（°）	导线视平距/m	分层视平距/m	累计视平距/m	导线高差/m	累计高差/m	导线方向与岩层倾向夹角/（°）	岩层厚度/m	视倾角/（°）	备注
L'	I'	ε	L''	I''	$\sum I''$	H	$\sum H$	ω	h	A'	

表 7.2　实测地质剖面记录表（2）

起点坐标 X：______　　Y：______　　Z：______　　第　　页/总　　页

导线						累计		产状	导向与走向间夹角（γ）	真厚度（D）	分层		地质描述	样品	备注
导线号	方位角	斜距（L）	坡角 ±（β）	平距（M）	高差（m）	平距（M）	高差 ±（m）	倾向/倾角			代号	厚度（D）		编号/位置	
1	2	3	4	5	6	7	8	9	10	11	12	13	14	15	16

注：$M=L\times\cos\beta$，$h=L\times\sin\beta$，$D=L\times(\sin\alpha\times\cos\beta\times\sin\gamma\pm\cos\alpha\times\sin\beta)$；式中岩层倾向与地形坡向相反时用“+”号，反之用“−”号。

测手：　　记录人：　　计算人：　　检查人：　　组长：　　年　　月　　日

填表说明：

（1）1——导线号，以剖面起点为0，第一测绳终点为1，导线号记录为“0-1”；第二测绳起点1至第二测绳终点2，导线号记录为“1-2”；其余类推。

（2）2——导线斜距（L），导线起、终点间沿地表的长度，采用“m”为单位。

（3）3——导线方位（B），导线前进方向的方位角，由前、后测手对测、互校。

（4）4——坡脚（β），导线经过地段的地面与水平面之间的夹角，以导线的前进方向为准，仰角为正，俯角为负。

（5）5——分层号，从剖面起点开始按划分的地层单位顺次编号，如第1层用代号①表示，以此类推。如果某一分层在前一条导线中已经测过一部分并编了分层号，第二条导线中的续测部分不再另编新号。

（6）6——分层斜距（l），指同一导线内不同岩性的分界点在导线上的距离。同一条导线上各分层斜距之和，等于该导线的导线斜距。

（7）7——岩层的倾向和倾角。

（8）8——岩性描述。

（9）9——标本，取样位置及编号。

（10）10——导线斜平距（L'），$L'=L\cdot\cos\beta$。

（11）11——导线分层斜平距（l'），$l'=l\cdot\cos\beta$。

（12）12——总方向与导线方位夹角（ε），$\varepsilon=B-C$。

（13）13——导线视平距（L''），$L''=L'\cdot\cos\varepsilon$。

（14）14——分层视平距（l''），$l''=l'\cdot\cos\varepsilon$。

（15）15——累计视平距（$\sum I''$），将各导线各分层视平距逐一累计相加。

（16）16——高差（H），$H=L\cdot\sin\beta$。

（17）17——累计高差（$\sum H$），将各导线高差逐一累计相加。

（18）18——导线方向与岩层倾向夹角（w），导线方位角-岩层走向方位角。

（19）19——岩层厚度（h），h（地层真厚度）$=L(\sin\alpha\cdot\cos\beta\cdot\cos w\pm\cos\alpha\cdot\sin\beta)$，式中岩层倾向与地形坡向相反时用“+”，反之用“-”。

（20）20——视倾角（A'）。

8 野外记录本使用方法

8.1 野外记录本使用规定

野外记录是地质地貌观察最宝贵的第一手资料。野外记录簿一般右页做文字记录，左页印有毫米方格（见图 8.1），用来绘制信手地质剖面图、露头素描图、标本素描和其他的地质、地貌草图或示意图。野外记录一般用铅笔记录，回到驻地应进行补充和整理。野外记录本使用中，应遵守以下规定：

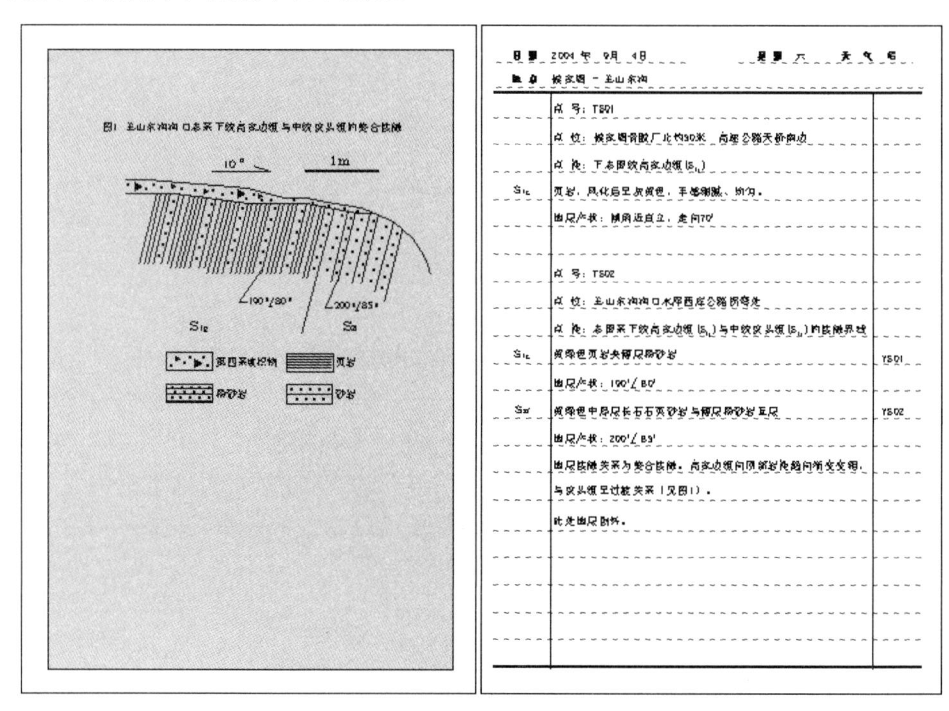

图 8.1　野外记录簿的记录格式

（1）地质工作的原始资料，属于国家机密，使用者应当严守保密规定，不得遗失或私自转借他人看阅，如有失密现象应立即向主管单位报告。

（2）野外记录的要求是内容详细、记录真实、文字通顺、图文并茂。野外记录的内容是野外实习中看到的所有地质、地貌现象，以及对这些现象的分析、判断，内容要尽量详细。

（3）野外记录内容不得涂改，记录中有错误可在旁标注修改，但不得撕毁缺页。对于记录的内容不能失真，不能对现象的取舍带有主观随意性，应该根据野外观察到的现象真实地进行记录，不能夸大，也不能缩小，但允许在野外记录上写下对观察到的地质、地貌现象的分析、判断等。记录的语言要文字通顺，避免语法错误，以免引起歧义。

（4）在记录中将地质、地貌现象用图件的形式表现出来，做到图文并茂。图是表达地质地貌现象的重要手段，一些地质、地貌现象，包括沉积岩的结构和构造、火成岩的结构和构造、褶皱构造、断层构造、节理等构造变形特征，以及地层的接触关系、地层与岩体的接触关系，还有其他的内外动力地质现象、地貌现象，仅用文字是难以表述清楚的，用图件表示会达到较好的效果，图件与文字结合可以很好地记录这些地质地貌现象。

（5）记录野外实习内容前，首先应在记录簿页眉处填写日期、天气和工作地点，再在正页开始处记录实习路线名称、目的任务、人员姓名及分工、所用手图及航片编号，然后开始从路线起点到终点的地质观察点及点间记录，路线结束后还要写出路线小结。在进行野外地质路线观察研究的过程中，必须严肃认真，实事求是，重视第一手资料。实习过程中，还必须对所观察到的资料和数据不断地进行思考、分析、综合。这不仅可以对发现的问题随时做出正确的判断或提出解决问题的方案，及时在现场进行检查和验证，还可对前进途中可能出现的情况做出预测，提高野外调查的预见性和主动性。

（6）发扬文明精神，实习期间爱护环境，不得损坏实习区庄稼、建筑等百姓财产，不得随意采摘瓜果，服从实习指导老师安排。

8.2 野外记录基本要求

1. 野外记录的基本要求

（1）基本信息齐全：编号（序列编号）、负责人、单位、联系电话、目录、工作起始时间、工作地区等基本信息齐全。

（2）地质点记录要点：

编号（按专业需求和格式）、记录日期、天气、点性（点意）、自然地理位置、GPS点位（可选用）、记录内容根据专业特点应尽量记录或阐述详尽，层次分明。野外记录应尽量附素描图或信手剖面，但各类地质要素量测、标注齐全，照片及采样位置、序号记录准确、清楚，并且文图对应。

（3）素描图：不要遗漏图名、比例尺、方位、产状要素（按专业需求量测）、图例说明，务必做到文图对应。

（4）野外记录本应有当天或阶段性小结，定期对数字部分进行着墨，采样测试或鉴定完成后的批注。

（5）自查、互查记录（可单独记录，但应有参加者签名），记录本上应保留互检和整改记录。

（6）阶段性（或日）小结（工作进展和存在问题，下一步工作建议或工作、生活见闻、花絮等）。

（7）野外记录应能体现或回溯整个野外工作进程和内容，无专业工作内容，如路途中或进行看护、施工等也应有相应记录和说明。

2. 野外手图与实际材料图

如若工作需要进行野外填图作业，应提供专业要求的相应比例尺的手图，同时要编制实际材料图（具体要求根据研究工作专业性质和格式编制）。手图和实际材料图要编号，同时表示观测路线、观测点及地质剖面的位置与编号，各种地质界线及地质体代号，断层、韧性剪切带、面理、线理及地层产状，山地工程、各类化石和样品采集地、矿点、矿化蚀变带等、地质界线，各类观测地质要素和数据，对数字部分也及时进行着墨。

3. （构造、地层、矿床）剖面图（柱状图）

各种地质要素齐全，描述、记录内容符合专业需求。图名、图例、方向、分层（或分界、断裂）、产状，采样位置和编号，责任表和小结。

4. 钻探、坑探、地球物理调查

根据相关技术标准进行记录，并提交整理、编号的原始编录材料。

5. 三级质量检查记录

主要是项目组自检、互检记录，可在野外记录本上标注，最好单独记录（参考附件，也可由项目组自行设计），包括检查的内容、发现的问题、检查人、检查时间、检查和被检查者签名、被查人对问题的整改说明等。

8.3　地质观察点的记录内容

地质观察点的记录内容包括：点号、点位、实习任务、实习内容等，内容包括观察描述、产状测量数据等，还要记录标本和样品编号、照片编号等，在左页绘制各种图件等。

（1）点号：是对每一个地质观察点的编号，同一野外实习路线记录使用的地质点号应是连续的。所有的观察点都要连续编号，采用“TS”或“No.”等为前缀的阿拉伯数字，如“TS05”或“No.23”。

（2）点位：是对地质观察点位置的表述，可有多种方法。一般可通过目测法或交会法在手图上定点，再将图上所定点的 X 和 Y 坐标记录下来，也可以采用 GPS 仪直接记录该地质点的纬度、经度坐标，并按经纬度将点标注在手图上。在点位部分可加上点性，即对地质观察点的定性，分为地层界线点、构造点和岩性控制点等。每个观察点位置可以根据地质图或附近标志明显的地貌或人工参照物来确定，像山峰、垭口、沟口、小路分岔、路标、桥梁等都可以用来做参照物。每个观察点的位置和编号都需要在地质图上表示出来。

（3）点性：观察点的布置一般选择重要的地质界线，如地层单元内部或彼此之间的接触界线、侵入体与围岩的接触界线、侵入体内部的岩相分界、断层等，也可以是构造，如褶皱转折端和节理统计处、化石、矿化点等。观察点上，要尽可能详细观察和描述地质现象，内容包括地质现象的组成、岩石学特征、地质时代、形状和规模等多方面。此外，还要测量地质体的产状和尺度，画地质素描图或照相，采集岩石或化石标本。所采集的岩石和化石标本也要分别统一编号，将编号登记在每个观察点描述的后面，并且用记号笔或红蓝铅笔在标本表示出来。

（4）露头情况：主要描述观测点附近的露头好坏、露头性质是天然露头还是人工采石场、露头规模、延伸情况、风化程度和植被覆盖等情况。

（5）观察描述：是对地质点的观察内容进行详细的记录描述。包括露头情况、地貌特征、岩石组合特征、岩石名称、岩石特征（颜色、风化特征、矿物成分、结构、构造等）等；古生物及遗迹化石；蚀变及矿化现象；矿脉（层）、岩脉的岩矿石名称、岩矿石特征、产状、厚度、穿插关系；地质体及地质构造（褶皱、断裂、破碎带等）的产状、性质、接触关系、垂直及水平方向上的变化、地貌及水文地质等内容。观察点上所有的描述都记录在划线页中间即两条竖线之间，地层代号写在左侧，标本编号写在右侧。每个观察点描述完毕后，要空一行再接着描述下一个观察点。

地貌特征：主要描述观测点附近的地形特征，如山坡、山脊、陡崖、沟谷等特殊地形地貌，组成的岩性，地貌成因及其与地质构造的关系。

地层岩性：主要是对地层和相关岩性的描述。首先应将观察点两侧的地层单元、产状、接触关系和时代进行说明，然后再分别描述其岩性特征。岩性描述应按照岩石学对各类岩石的描述要求，对主要岩石类型的定名、颜色、构造、结构、矿物成分及含量等详细描述。

构造特征：对发育有构造的地方，应描述各种构造的形迹、规模、性质、产状要素，并对其运动学和动力学特点进行分析判断、照相、素描。

接触关系：对观察点附近地层单元之间的接触关系进行描述。接触关系分为整合接触、平行不整合接触、角度不整合接触和断层接触以及侵入接触关系和沉积接触关系。

产状：对有露头的观察点，一定要测量并记录产状。除了记录产状数据外，还必须注明是什么产状，如层理、片理、节理、枢纽、断层面等。

取样：D0401H01、D0401H02。

标本：（于 900 m 处采标本一件，样号为 D0401B01，岩性为……）。

照片：（记录照相序号、位置、照片内容简述等，编号 D0401ZP01）。

点间：如：① D0401 SE+650 m 650 m：沿途为……

② 650 m S+850 m 1500 m：沿途为……

③ 1500 m SSW+900 m 2400 m DO401：沿途为……

（6）地质素描图：图件是一种非常实用、形象直观的记录方式，与文字描述相辅相成。有时候，大堆的文字描述还不如一张简图那么明了、直观。图件具有各种各样的形式和内容，包括地质素描图、剖面图和平面图、示意图、地貌图等。所有的图件尽管各自要求不尽相同，但都必须是自明和完整的，除了图件本身外，还要有图名、图例、方向、比例尺和可能的简单说明。

在所有的图件中，野外最经常打交道的就是地质素描图。它所描绘的对象可以是露头上的断层、褶皱、地层接触关系、化石、沉积构造等五花八门。地质素描图不同于美术上的素描图，它不是简单地重复、所画即所见，而是要求通过细致观察和分析地质现象，抓住本质特征，用简洁的线条表示出所要揭示的地质现象。因此，地质素描图的制作往往超出了描绘本身的内涵，带有不同程度的地质分析和解释。

如何画好地质素描图？这不仅取决于个人的美术修养，而且更主要地取决于个人的地质专业水平。这是一项野外地质工作的基本技能，需要同学们在本次实习与今后的学习和工作中勤奋苦练，逐步提高。

（7）路线小结：当日路线结束后必须认真撰写小结，小结含三项基本内容：

一是对当日路线工作量统计（包括：路线总长、地质点个数、素描图个数、照相数量、各类标本采集数量）；二是对当日路线的地质认识；三是对存在问题及对相邻工作路线的工作建议。

图 8.2 所示为同学提交的作业范例。

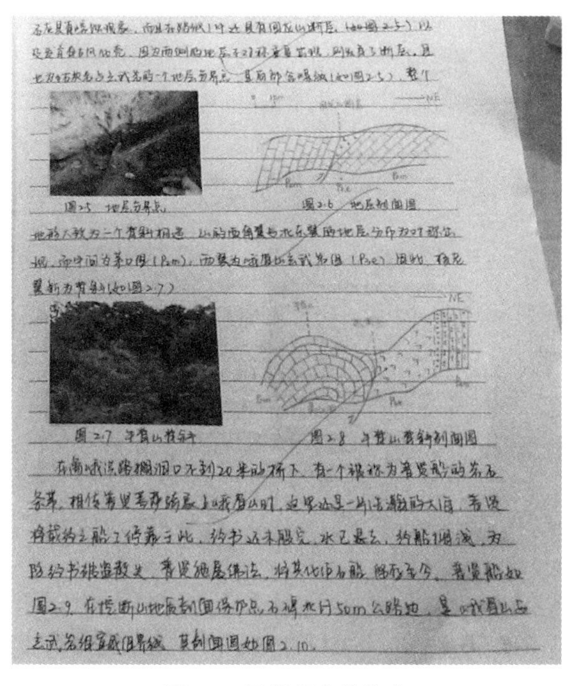

图 8.2　同学提交的作业

8.4　野外记录本示例

B2. 野外记录簿的记录格式说明

① 每天开始一页应记录日期、工作区、天气状况，其中工作区记录工作站或填图地区。

② 点位应以观察点附近的高程点、村庄或其他固定地物作标志。

③ 记录本的右面做文字记录，左面作素描图、路线剖面或附贴照片，必要时也可做简要文字批注或补充记录。摄影资料记在相应地质观察记录之后，应注意数码照相编号或底片编号、摄像对象和内容及方位，凡图上有路线通过的地点必须有文字记录。

④ 工作小结应另起一页。记录本内不得记与野外地质调查无关的内容。

⑤ 产状标记方法（记录或信手剖面）。

层理 140°∠30°；次生面理 50°∠40°，可在产状前注明 S0、S1、S2…或糜棱片理等。

断层 120°∠45°；节理 320°∠70°；轴面 A40°∠50°；枢纽 Fh30°∠60°；线理 L3 000∠10°等。

B3. 野外工作手图勾绘内容

野外工作手图必须标记和勾绘如下内容：

① 地质点（直径 1 mm 的小圆）及点号（一般标记在地质点的右下方）。

② 地质点上所观测到的岩层产状和各种面理产状。

③ 地质界线（地层单位之间的分界线、断层线、岩性岩相分界线、侵入体侵入界线、含矿层界线、地貌单元之间分界线等，勾绘时需遵循“V 形法则”及野外实际展布情况）。

④ 地质体填图单位（各种正式和各种非正式填图单位）代号及岩性岩相代号或花纹。

⑤ 各类样品采集点及编号。

⑥ 地质路线（用绿色虚线标绘）和实测剖面线（用黑色实线标绘）及剖面代号。

日期：____________ 地点：______________________________ 第（ ）页

野外记录簿的记录格式：

日期： 年 月 日 **天气：**（晴、阴、小雨等） **地点：**（如：野外基站）

路线：（如：自 经 至 ）

手图号：

任务：[如： 岩区（或地层分布区）主干（或一般）穿越（或追索）路线地质调查；追索 断层（或 层）]

人员： （记录）； （手图与航片）

点号：（如：0066）

坐标： X： Y：

GPS：（如：经度 纬度 高程 ）

位置：[如： 村（或高地）NE35°460 m处小路东侧]

露头：[如：人工采场（或天然），良好或一般、差等]

点性：（如：地层界线点、构造观察点、化石点、岩性岩相观察点等）

描述：

9 地质工程常用附表

9.1 地质工程常用附表

1. 摩氏硬度表（见表 9.1~表 9.3）

表 9.1 摩氏硬度表

矿物	滑石	石膏	方解石	萤石	磷灰石	长石	石英	黄玉	刚石	金刚石
摩氏硬度	1	2	3	4	5	6	7	8	9	10

表 9.2 常用测试材料硬度

材料	指甲	阿富汗白玉、大理石	小刀	玻璃	钢锯条	和田玉	钢锉	翡翠	雨花石、玛瑙、石英石	钻石
硬度	2~3	3	5~5.5	5.5	6	6~6.5	6.5	6.5~7	7	10

表 9.3 常见金属摩氏硬度表

金属	铬	铁	银	铜	金	铝	铅
摩氏硬度	9	4~5	2.5~3	2.5~3	2.5~3	2~2.5	1.5

2. 视倾角换算表（见表 9.4）

真倾角与视倾角之间的关系，可由下列公式表示和换算：

$$\tan\beta = \eta \times \tan\alpha \times \cos\omega \quad (9.1)$$

其中，β 为视倾角，α 为真倾角，η 为纵横比例尺，ω 为剖面方向（即视倾向）与倾向的夹角，如图 9.1 所示。

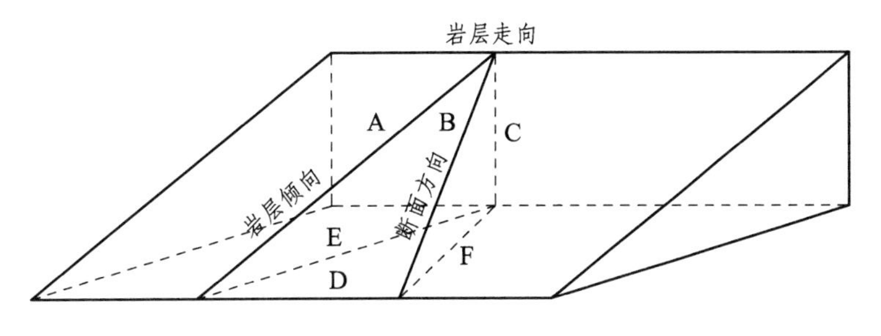

图 9.1 视倾角换算图

表 9.4　视倾角换算表

真倾角/° \ 视倾角/° ′ ″	岩层走向与剖面间夹角/°																
	80	75	70	65	60	55	50	45	40	35	30	25	20	15	10	5	1
10	9°51′	9°40′	9°24′	9°05′	8°41′	8°13′	7°42′	7°06′	6°28′	5°47′	5°02′	4°16′	3°27′	2°37′	1°45′	0°53′	0°11′
15	14°47′	14°31′	14°08′	13°39′	13°04′	12°23′	11°36′	10°44′	9°46′	8°44′	7°38′	6°28′	5°14′	3°58′	2°40′	1°20′	0°16′
20	19°43′	19°22′	18°53′	18°15′	17°30′	16°36′	15°35′	14°26′	13°10′	11°48′	10°19′	8°45′	7°06′	5°23′	3°37′	1°49′	0°22′
25	24°40′	24°15′	23°40′	22°55′	21°59′	20°54′	19°39′	18°15′	16°41′	14°58′	13°07′	11°09′	9°04′	6°53′	4°38′	2°20′	0°28′
30	29°37′	29°09′	28°29′	27°27′	26°34′	25°19′	23°52′	22°12′	20°22′	18°19′	16°06′	13°43′	11°10′	8°30′	5°44′	2°53′	0°35′
35	34°35′	34°04′	33°21′	32°24′	31°14′	29°50′	28°13′	26°20′	24°14′	21°53′	19°18′	16°29′	13°28′	10°16′	6°56′	3°30′	0°42′
40	39°34′	39°02′	38°15′	37°15′	36°00′	34°30′	32°44′	30°41′	28°20′	25°42′	22°46′	19°32′	16°01′	12°15′	8°17′	4°11′	0°50′
45	44°34′	44°00′	43°13′	42°11′	40°54′	39°19′	37°27′	35°16′	32°44′	29°50′	26°34′	22°55′	18°35′	14°31′	9°51′	4°49′	1°00′
50	49°34′	49°01′	48°14′	47°12′	45°54′	44°19′	42°24′	40°07′	37°27′	34°21′	30°47′	26°44′	22°11′	17°09′	11°42′	5°56′	1°11′
55	54°35′	54°04′	53°19′	56°19′	51°03′	49°29′	47°34′	45°17′	42°33′	39°19′	35°32′	31°07′	26°02′	20°17′	13°56′	7°06′	1°26′
60	59°37′	59°08′	58°26′	57°30′	56°19′	54°49′	53°00′	50°46′	48°04′	44°49′	40°54′	36°12′	30°39′	24°09′	16°44′	8°35′	1°44′
65	64°40′	64°14′	63°36′	62°46′	61°42′	60°21′	58°40′	56°36′	54°02′	50°53′	47°00′	42°11′	36°16′	29°02′	20°26′	10°35′	2°09′
70	69°43′	69°21′	68°50′	68°07′	67°12′	66°03′	64°35′	62°46′	60°29′	57°36′	53°57′	49°16′	43°13′	35°25′	25°30′	13°28′	2°45′
75	74°47′	74°30′	74°05′	73°32′	72°48′	71°53′	70°43′	69°15′	67°22′	64°58′	61°49′	57°37′	51°55′	44°00′	32°57′	18°00′	3°44′
80	79°51′	79°39′	79°22′	78°50′	78°29′	71°51′	77°02′	76°00′	74°40′	72°55′	70°34′	67°21′	62°44′	55°44′	44°34′	26°18′	5°39′
85	84°55′	84°49′	84°41′	84°29′	84°14′	83°54′	83°29′	82°57′	82°15′	81°20′	80°05′	78°18′	75°39′	71°19′	63°16′	44°53′	11°17′
89	88°59′	88°58′	88°56′	88°54′	88°51′	88°47′	88°42′	88°35′	88°27′	88°15′	88°00′	87°38′	87°05′	86°09′	84°16′	78°40′	45°00′

3. 常用岩性花纹（见表 9.5）

表 9.5 地质工程常见图例及岩性花纹表

代码	名 称	符 号	代码	名 称	符 号
1. 松散堆积物					
W01	表土和积土层	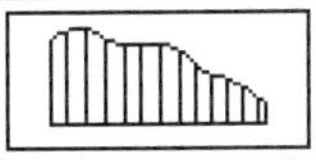	W14	粉砂	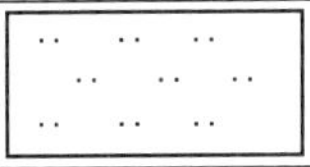
W02	黏土	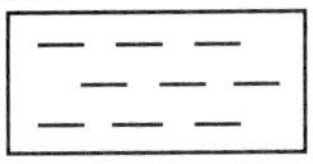	W15	泥质粉砂	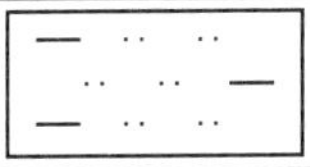
W03	卵石	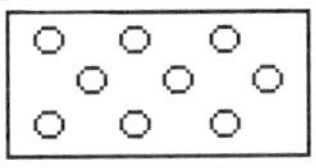	W16	砂质黏土	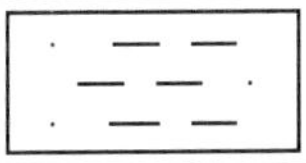
W04	砾石	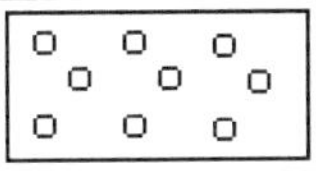	W17	粉砂质黏土	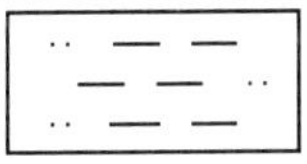
W05	角砾石	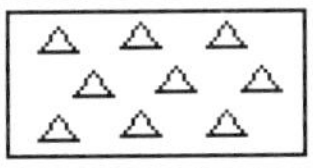	W18	植物堆积层	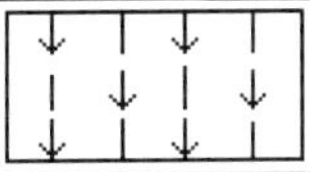
W06	砂砾石	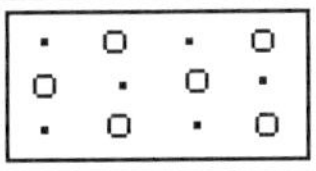	W19	腐殖土层	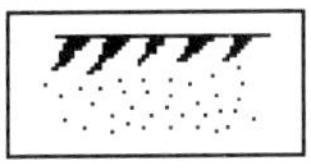
W07	泥砾石	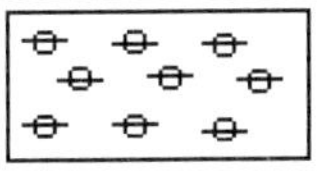	W20	化学沉积	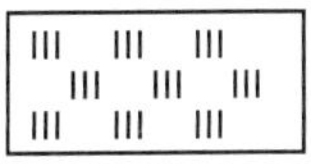
W08	粉砂砾石	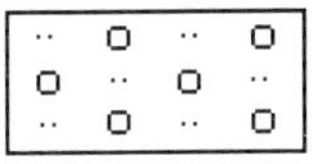	W21	填筑土	
W09	黏土质砾石	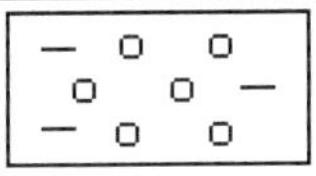	W26	泥炭土	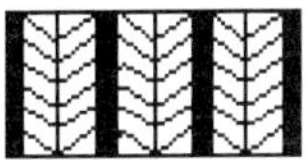
W10	砂姜	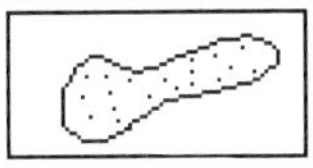	W27	贝壳层	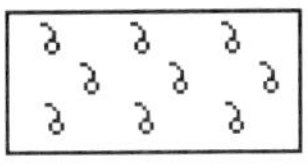
W11	粗砂	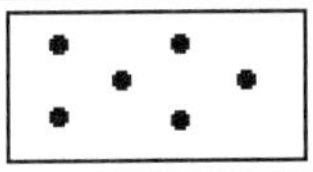	W28	红土	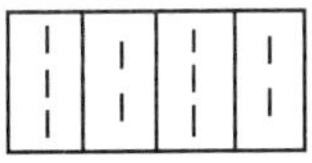
W12	中砂	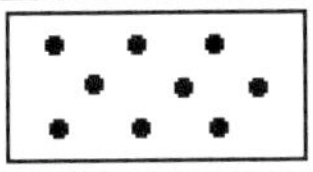	W29	漂砾	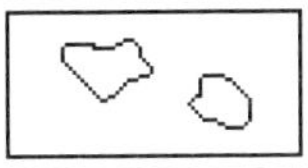
W13	细砂	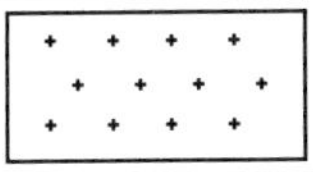			
2. 砾岩					
L01	巨砾岩	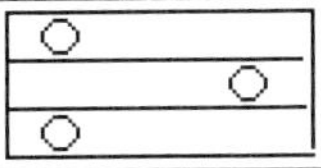	L09	钙质角砾岩	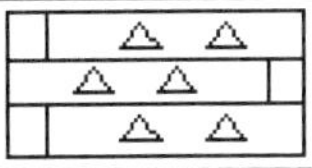
L02	粗砾岩	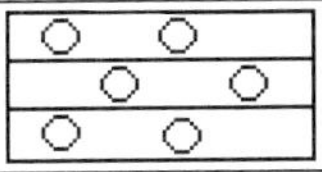	L10	铁质砾岩	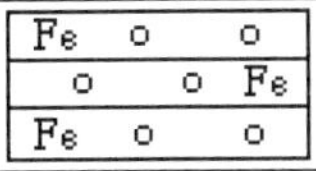 Fe Fe Fe

续表

代码	名　称	符　号	代码	名　称	符　号
L03	中砾岩		L11	硅质砾岩	
L04	细砾岩		L12	凝钙质砾岩	
L05	小砾岩		L13	凝钙质角砾岩	
L06	泥砾岩		L14	凝钙质砂砾岩	
L07	角砾岩		L15	砂砾岩	
L08	钙质砾岩		L16	泥质小砾岩	
3. 砂岩、粉砂岩					
S01	砾状砂岩		S59	海绿石粗砂岩	
S46	鲕状砂岩		S60	海绿石中砂岩	
S02	粗砂岩		S62	海绿石细砂岩	
S03	中砂岩		S63	海绿石粉砂岩	
S05	细砂岩		S12	石英砂岩	
S04	粉砂岩		S31	长石砂岩	
S47	中-细砂岩		S63	长石石英砂岩	
S48	粉-细砂岩		S64	玄武质粗砂岩	
S56	含砾泥质中砂岩		S65	玄武质中砂岩	
S57	含砾泥质细砂岩		S66	玄武质细砂岩	

续表

代码	名　称	符　号	代码	名　称	符　号
S58	含砾泥质粉砂岩		S67	玄武质粉砂岩	
S49	含砾粉-细砂岩		S68	高岭土质粗砂岩	
S49	含砾中-细砂岩		S69	高岭土质中砂岩	
S51	含砾粗砂岩		S70	高岭土质细砂岩	
S52	含砾中砂岩		S41	高岭土质粉砂岩	
S53	含砾细砂岩		S71	石膏质粗砂岩	
S54	含砾粉砂岩		S72	石膏质中砂岩	
S55	含砾泥质粗砂岩		S73	石膏质细砂岩	
S36	石膏质粉砂岩		S118	凝钙质粉砂岩	
S74	硅质粗砂岩	Si	S92	铁质粗灰岩	Fe
S75	硅质中砂岩	Si	S93	铁质中砂岩	Fe
S76	硅质细砂岩	Si	S94	铁质细砂岩	Fe
S77	硅质粉砂岩	Si	S30	铁质粉砂岩	Fe
S78	硅质石英砂岩	Si	S95	泥质粗砂岩	
S79	白云质粗砂岩		S96	泥质中砂岩	
S80	白云质中砂岩		S97	泥质细砂岩	
S81	白云质细砂岩		S26	泥质粉砂岩	

续表

代码	名　称	符　号	代码	名　称	符　号
S19	白云质粉砂岩		S98	含磷粗砂岩	
S119	钙质粗砂岩		S99	含磷中砂岩	
S120	钙质中砂岩		S100	含磷细砂岩	
S121	钙质细砂岩		S101	含磷粉砂岩	
S122	钙质粉砂岩		S102	含角砾粗砂岩	
S85	沥青质粗砂岩		S103	含角砾中砂岩	
S86	沥青质中砂岩		S104	含角砾细砂岩	
S87	沥青质细砂岩		S105	含角砾粉砂岩	
S88	沥青质粉砂岩		S105	碳质粗砂岩	
S89	凝钙质粗砂岩		S107	碳质中砂岩	
S90	凝钙质中砂岩		S108	碳质细砂岩	
S123	凝钙质细砂岩		S109	碳质粉砂岩	
4. 页岩、泥岩					
Y00	页岩		N30	含膏泥岩	
Y01	油页岩		N31	含膏、含盐泥岩	
Y02	砂质页岩		N08	盐质泥岩	
Y03	碳质页岩		N09	芒硝泥岩	

续表

代码	名　称	符　号	代码	名　称	符　号
Y04	沥青质页岩		N10	沥青质泥岩	
Y05	硅质页岩		N11	硅质泥岩	
N00	泥岩		Y14	钙质页岩	
N02	粉砂质泥岩		N12	泥膏岩	
N01	砂质泥岩		N48	凝钙质泥岩	
N29	含砂泥岩		N14	铝土质泥岩	
N03	含砾泥岩		Y07	铝土质页岩	
N04	钙质泥岩		N15	玄武质泥岩	
N05	碳质泥岩		N32	沉凝灰岩	
N06	白云质泥岩		N33	白云岩化沉凝灰岩	
N07	石膏质泥岩				
5. 白云岩、石灰岩					
H00	石灰岩		H33	鲕状灰岩	
H08	含白云灰岩		H34	假鲕状灰岩	
H10	含泥灰岩		H83	葡萄状灰岩	
H44	含白垩灰岩		H43	瘤状灰岩	
H07	白云质灰岩		H39	结晶灰岩	

续表

代码	名　称	符　号	代码	名　称	符　号
H38	碳质灰岩		H84	碎屑灰岩	
H35	砂质灰岩		H14	生物灰岩	
H12	页状灰岩		H17	介壳灰岩	
H22	薄层状灰岩		H20	介形虫灰岩	
H27	燧石条带灰岩		H42	沥青质灰岩	
H28	燧石结核灰岩		H29	硅质灰岩	
H23	溶洞灰岩		H36	石膏质灰岩	
H21	角砾状灰岩		H11	泥灰岩	
H24	竹叶状灰岩		H82	泥质灰岩	
H50	团块状灰岩		H37	泥质条带灰岩	
H25	针孔状灰岩		H19	含螺灰岩	
H26	豹皮灰岩		H46	藻灰岩	
B00	白云岩		B30	砂质白云岩	
B13	含灰白云岩		B16	竹叶状白云岩	
B14	含泥白云岩		B22	角砾状白云岩	
B52	钙质白云岩		B17	针孔状白云岩	
B20	硅质白云岩		B21	鲕状白云岩	

续表

代码	名　称	符　号	代码	名　称	符　号
B24	石膏质白云岩		B31	假鲕状白云岩	
B33	硅、钙、硼石（绿豆石）		B32	葡萄状白云岩	
B53	凝钙质白云岩（白云岩化凝灰岩）		B18	燧石条带白云岩	
B15	泥质白云岩		B19	燧石结核白云岩	
B25	泥质条带白云岩		B26	藻云岩	
6. 其他岩石					
G00	硅质岩		T11	白垩土	
T07	磷块岩		T12	膨润土、坩子土	
T01	铝土岩		T14	断层泥	
T06	锰矿层		T15	断层角砾岩	
T03	黄铁矿层		T13	介形虫层	
T02	铁矿层		T22	砂质介形虫层	
T04	菱铁矿层		T23	泥质介形虫层	
T05	赤铁矿层		T24	含灰	
T08	煤层		T25	含灰砾	
T09	硼砂		T26	含泥砾	
T10	重晶石		T27	含介形虫	

续表

代码	名　称	符　号	代码	名　称	符　号
T30	燧石层		T28	含铁	Fe
Z01	石膏层		Z05	含膏盐岩	
Z07	盐岩		Z06	膏盐层	
Z03	钾盐	K	Z08	钙芒硝岩	
Z04	含镁盐岩	Mg	Z09	杂卤石	
7. 矿物					
22.1.7.01	黄铁矿		22.1.7.09	白云岩脉	
22.1.7.02	方解石		22.1.7.10	沥青脉	
22.1.7.03	白云石		22.1.7.11	沥青包裹体	
22.1.7.04	铁锰结核		22.1.7.12	磷灰石	P
22.1.7.16	自生石英		22.1.7.13	石膏	
22.1.7.06	方解石脉		22.1.7.14	菱铁矿	
22.1.7.07	石英脉		22.1.7.15	盐	
22.1.7.08	石膏脉				
8. 化石					
22.1.8.01	放射虫		22.1.8.30	笔石	
22.1.8.02	有孔虫		22.1.8.31	鱼类化石	
22.1.8.04	海绵骨针		22.1.8.32	脊椎动物	

续表

代码	名　称	符　号	代码	名　称	符　号
22.1.8.05	海绵		22.1.8.33	藻类	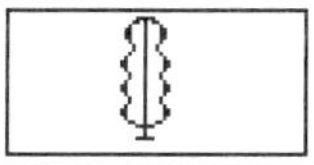
22.1.8.06	古杯动物	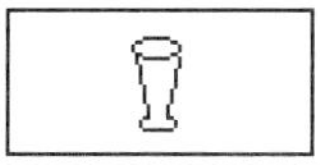	22.1.8.34	蓝藻	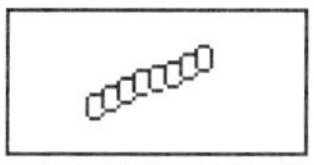
22.1.8.07	层孔虫	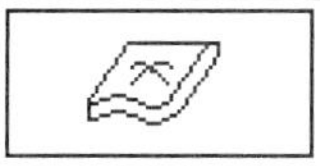	22.1.8.35	绿藻	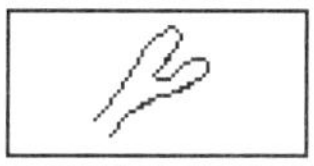
22.1.8.08	单体四射珊瑚	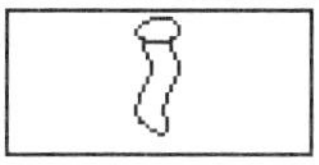	22.1.8.36	红藻	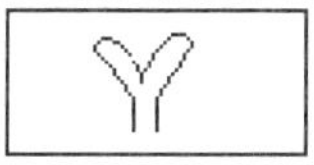
22.1.8.09	复体四射珊瑚	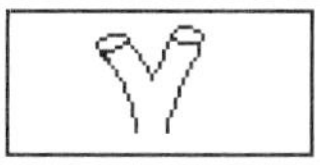	22.1.8.37	硅藻	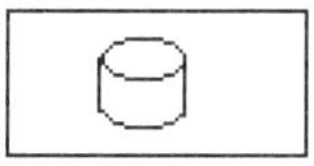
22.1.8.10	横板珊瑚	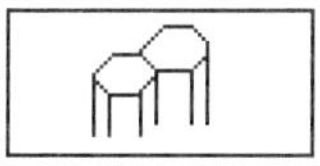	22.1.8.38	轮藻	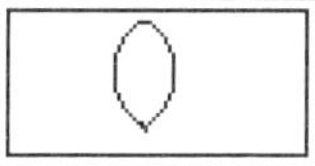
22.1.8.11	苔藓动物	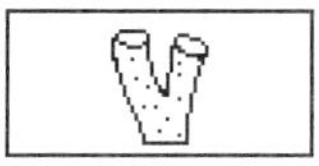	22.1.8.39	柱状叠层石	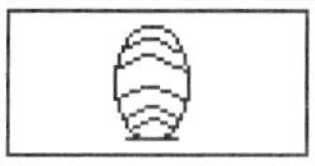
22.1.8.12	腕足动物	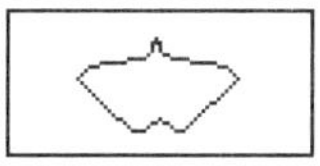	22.1.8.40	锥状叠层石	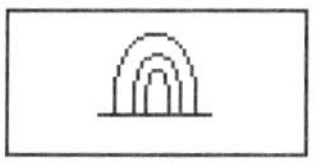
22.1.8.13	腹足类	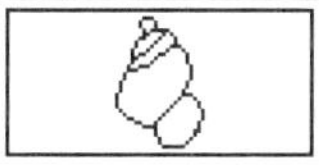	22.1.8.41	层状叠层石	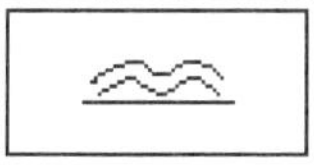
22.1.8.14	掘足类	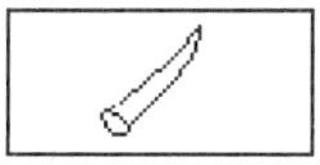	22.1.8.42	古植物化石	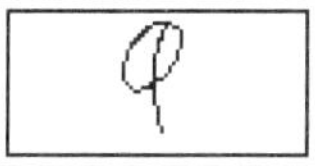
22.1.8.15	双壳类（瓣鳃类）	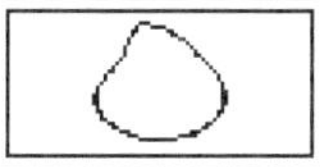	22.1.8.43	植物枝干化石	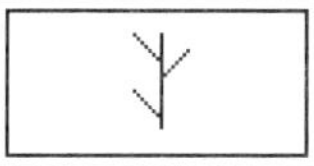
22.1.8.16	直壳鹦鹉螺（角石）类		22.1.8.44	植物碎片	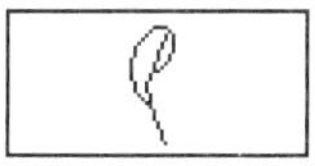
22.1.8.17	菊石类	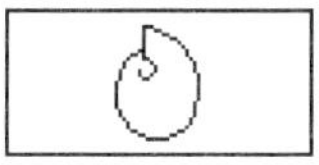	22.1.8.45	炭屑	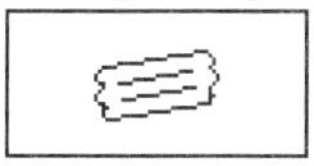
22.1.8.18	竹节虫	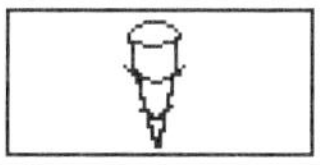	22.1.8.46	孢子花粉	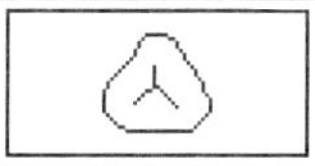
22.1.8.19	软舌螺		22.1.8.47	牙形（刺）石	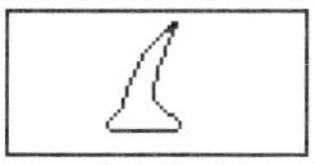
22.1.8.20	三叶虫		22.1.8.48	遗迹化石	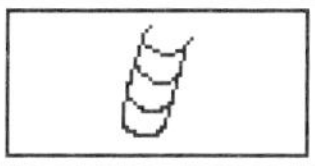
22.1.8.21	叶肢介	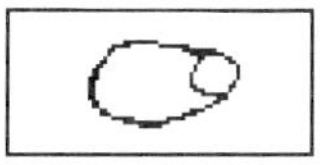	22.1.8.49	化石碎片	

续表

代码	名　称	符　号	代码	名　称	符　号
22.1.8.22	介形类	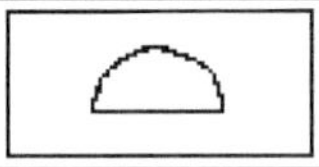	22.1.8.50	完好生物化石	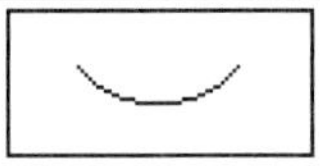
22.1.8.23	昆虫	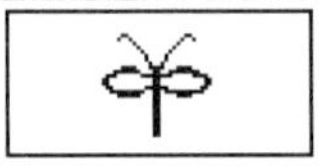	22.1.8.51	生物碎屑	
22.1.8.24	海林檎	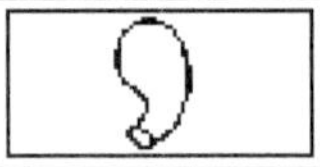	22.1.8.52	生长生态	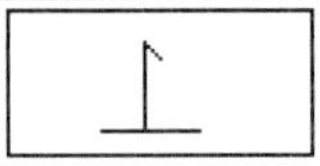
22.1.8.25	海蕾	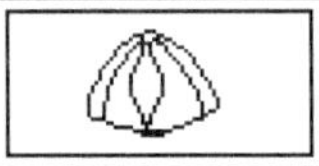	22.1.8.53	自由生长生态	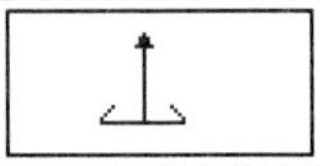
22.1.8.26	海百合	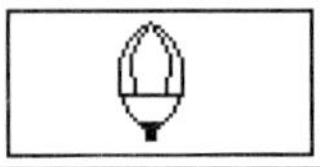	22.1.8.54	原地堆积生态	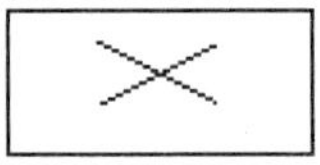
22.1.8.27	海百合茎	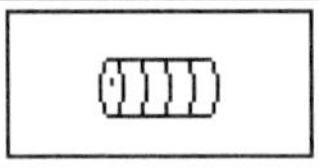	22.1.8.55	浮游沉降生态	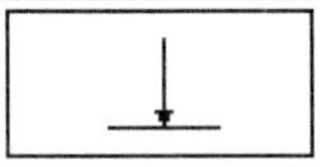
22.1.8.28	海胆	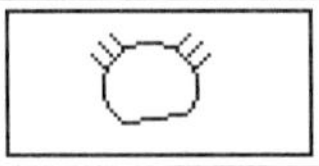	22.1.8.56	搬运生态	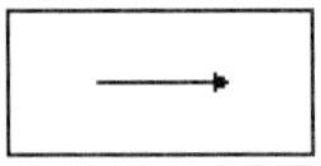
22.1.8.29	海星	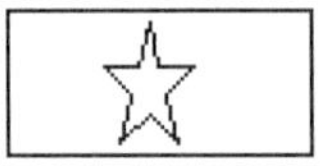	22.1.8.57	蜓	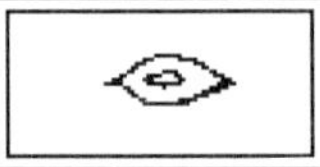
9. 层理、构造					
9.1	水平层理	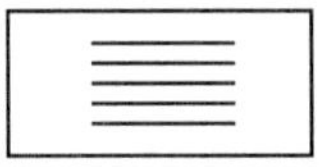	9.15	虫孔构造	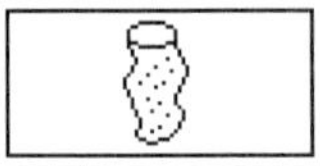
9.2	波状层理	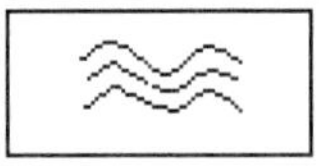	9.16	虫迹	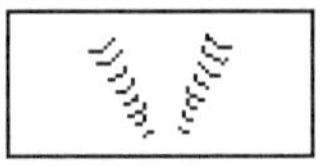
9.3	斜层理	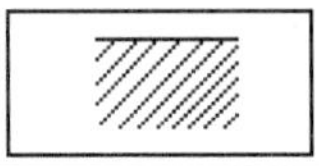	9.17	透镜体	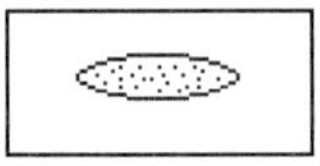
9.4	交错层理	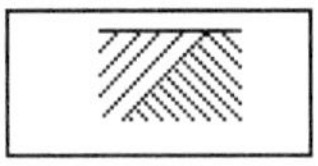	9.18	鸟眼构造	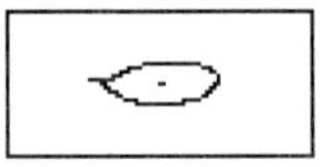
9.5	季节性层理		9.19	波痕	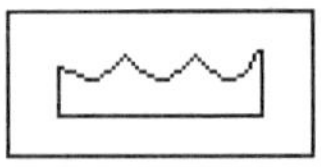
9.6	叠层石	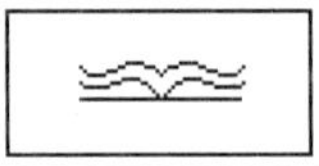	9.20	泥质团块	
9.7	搅混构造	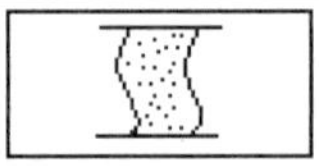	9.28	钙质团块	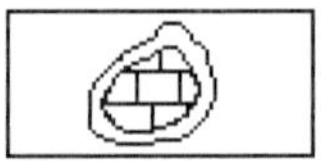
9.8	柔皱构造	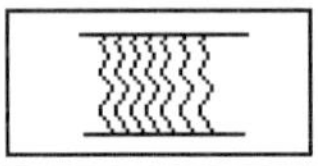	9.22	硅质结核	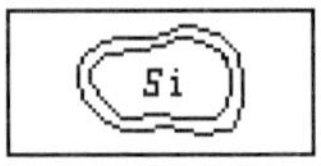 Si

续表

代码	名 称	符 号	代码	名 称	符 号
9.9	缝合线		9.23	泥质条带	
9.10	冲刷面		9.24	砂质条带	
9.11	干裂		9.25	介形虫条带	
9.12	角砾状构造		9.29	钙质条带	
9.13	气孔状构造		9.27	裂缝	
9.14	均匀状构造				
10. 侵入岩					
Q51	基性侵入岩		Q22	闪长岩	
Q21	中性侵入岩		Q24	正长岩	
Q01	酸性侵入岩		Q29	闪长玢岩	
Q72	橄榄岩		Q74	角闪岩	
Q73	辉石岩		Q02	花岗岩	
Q52	辉长岩		Q92	煌斑岩	
Q53	苏长岩		Q92	云煌岩	
Q54	斜长岩		Q07	伟晶岩	
Q56	辉绿岩				
11. 喷发岩					
P71	基性喷发岩		P02	流纹岩	

续表

代码	名　称	符　号	代码	名　称	符　号
P21	中性喷发岩		P03	流纹斑岩	
P01	酸性喷发岩		P24	英安岩	
P52	玄武岩		P94	英安斑岩	
P31	安山玄武岩		P95	凝灰岩	
P22	安山岩		P96	集块岩	
P23	安山玢岩		P97	火山角砾岩	
P25	粗面岩				
12. 变质岩					
BZY	变质岩		J09	大理岩	
J04	变质砂岩		J02	千枚岩	
J06	变质砾岩		J56	绢云千枚岩	
J51	碎裂岩		J57	绿泥千枚岩	
J52	构造角砾岩		J41	片岩	
J53	糜棱岩		J44	石英片岩	
J01	板岩		J42	黑云片岩	
J54	硅质板岩		J45	绿泥片岩	
J03	绿泥石板岩		J46	片麻岩	
J55	碳质板岩		J47	花岗片麻岩	

续表

代码	名　称	符　号	代码	名　称	符　号
J08	蛇纹岩	S S S S S S S S S	J07	石英岩	
13. 录井含油气产状					
1	饱含油	7mm	4	油斑	3mm
2	含油	7mm	5	油迹	3mm
3	油浸	3 4 mm	6	荧光	3mm
14. 测井解释与中途测试结果					
1	油层		11	水层	
2	差油层		12	致密层	
3	含水油层		13	干层	
4	油水同层		14	产层段	
5	含油水层		19	低水油层	D
6	可能油气层	?	20	中水油层	Z
7	油气同层		21	高水油层	G
8	气层		15	水淹层	
9	气水同层		16	气侵层	
10	含气水层				
15. 钻井及其他油气显示					
01	槽面油花		15	喷气水	

续表

代码	名　称	符　号	代码	名　称	符　号
02	槽面气泡		16	喷油水	
29	泥浆气侵		17	喷油气水	
30	泥浆水侵		18	井漏	
05	二氧化碳气侵		19	放空	
06	硫化氢气侵		20	起下钻	
31	泥浆带出油流		32	换钻头	
08	井涌气		22	蹩钻	
09	井涌油		23	跳钻	
10	井涌水		26	沥青	▲
11	喷气		33	井壁取心	3 6 3 4 12 mm
12	喷油		34	钻井取心	
13	喷水		35	未见顶	△
14	喷油气		36	未见底	▽
16. 颜色					
16.1	白色	0	16.8	灰色	7
16.2	红色	1	16.9	黑色	8
16.3	紫色	2	16.10	棕色	9
16.4	褐色	3	16.11	杂色	10
16.5	黄色	4	说明：两种颜色的以中圆点相连，如灰绿色为“7.5”，颜色深浅用“+”“-”号代表，如深灰色为“+7”，浅灰色为“-7”。		
16.6	绿色	5			
16.7	蓝色	6			

4. 常见矿物的相对密度（见表 9.6）

表 9.6　常见矿物的相对密度

矿物	石英	斜长石	钾长石	白云母	黑云母	普通角闪石	普通辉石
相对密度	2.65	2.61~2.75	2.54~2.57	2.77~2.88	2.7~3.3	3.02~3.45	3.2~3.4
矿物	橄榄石	黄铁矿	黄铜矿	方解石	白云石	硬石膏	石膏
相对密度	3.2~4.4	5	4.1~4.3	2.72	2.86	2.9~3.0	2

5. 常用矿物名称符号（见表 9.7）

表 9.7　主要矿物[特殊矿石（岩石）]名称符号

名称	符号	名称	符号	名称	符号
白云母	Mu	辉铜矿	Cc	明矾石	Aln
白钨矿	Sh	辉钼矿	Mot	钠长石	Ab
斑铜矿	Bn	辉锑矿	Sti	闪锌矿	Sph
赤铁矿	Hm	辉银矿	Arg	石英	Qz
赤铜矿	Cpt	辉石	Prx	石榴石	Gr
磁铁矿	Mt	钾长石	Kp	石墨	Gph
磁黄铁矿	Pyr	尖晶石	Sp	石膏	Gy
雌黄	Orp	角闪石	Hb	铜蓝	Cov
单斜辉石	Mp	金刚石	Dm	透石膏	Sel
毒砂	Ars	堇青石	Cor	透辉石	Di
方解石	Cal	绢云母	Ser	透闪石	Tl
方铅矿	Gn	蓝宝石	Ind	透长石	San
高岭石	Kl	蓝晶石	Ky	微斜长石	Mi
锆石	Zi	蓝铜矿	Az	斜方辉石	Opx
铬铁矿	Chm	锂辉石	Spo	斜长石	Pl
硅灰石	Wl	锂云母	Lpd	榍石	Sph
褐铁矿	Lm	铝土矿	Bx	雄黄	Rar
黑钨矿	Wf	绿帘石	Ep	阳起石	Act
黑云母	Bit	绿泥石	Chl	黝帘石	Zo
红柱石	Ad	绿柱石	Ber	萤石	Fl
黄铜矿	Cp	镁铁榴石	Mj	黝铜矿	Thr
黄铁矿	Py	镁铁闪石	Cun	正长石	Or

6. 地震震级、地震烈度（见表 9.8、表 9.9）

表 9.8　地震震级表

类型	超微震	微震	弱震	中强震	中强震	强震	大地震	巨大地震	巨大地震
震级	1	2	3	4	5	6	7	8	9

表 9.9　中国地震烈度表

地震烈度	人的感觉	房屋震害			其他震害现象	水平向地震动参数	
		类型	震害程度	平均震害指数		峰值加速度/（m/s^2）	峰值速度/（m/s）
Ⅰ	无感	—	—	—	—	—	—
Ⅱ	个别敏感的人在完全静止中有感	—	—	—	—	—	—
Ⅲ	室内少数人在静止中有感	—	门窗轻微作响	—	悬挂物微动	—	—
Ⅳ	室内多数人、室外少数人有感，少数人梦中惊醒	—	门窗作响	—	悬挂物明显摆动，器皿作响	—	—
Ⅴ	室内绝多数人、室外少数人有感，多数人梦中惊醒	—	门窗、屋顶、屋架颤动作响，灰土掉落，个别房屋墙体抹灰出现细微裂缝，个别屋顶烟囱掉落	—	悬挂物大幅度摆动，不稳定器皿摇动或翻倒	0.31（0.22~0.44）	0.03（0.02~0.04）
Ⅵ	多数人站立不稳，少数人惊逃户外	A	少数中等破坏，多数轻微破坏和/或基本完好	0.00~0.11	家具和物品移动；河岸和松软土出现裂缝，饱和砂层出现喷砂冒水；个别独立砖烟囱轻度裂缝	0.63（0.45~0.89）	0.06（0.05~0.09）
		B	个别中等破坏，多数轻微破坏，多数基本完好				
		C	个别轻微破坏，大多数基本完好	0.00~0.08			
Ⅶ	多数人惊逃户外，骑自行车的人有感觉，行驶中的汽车驾乘人员有感觉	A	少数毁坏和/或严重破坏，多数中等和/或轻微破坏	0.09~0.31	物体从架子掉落；河岸出现塌方，饱和砂层常见喷水冒砂，松软土地上地裂缝较多；大多数独立砖烟囱中等破坏	1.25（0.09~1.77）	0.13（0.10~0.18）
		B	少数中等破坏，多数轻微破坏和/或基本完好				
		C	少数中等和/或轻微破坏，多数基本完好	0.07~0.22			

续表

地震烈度	人的感觉	房屋震害			其他震害现象	水平向地震动参数	
		类型	震害程度	平均震害指数		峰值加速度/（m/s^2）	峰值速度/（m/s）
Ⅷ	多数人摇晃颠簸，行走困难	A	少数毁坏，多数严重和/或中等破坏	0.29~0.51	干硬土上出现裂缝，饱和砂层绝大多数喷砂冒水；大多数独立砖烟囱严重破坏	2.50（1.78~3.53）	0.25（0.19~0.35）
		B	个别毁坏，少数严重破坏，多数中等和/或轻微毁坏				
		C	少数严重和/或中等破坏，多数轻微破坏	0.20~0.40			
Ⅸ	行走的人摔倒	A	多数严重破坏或/和毁坏	0.49~0.71	干硬土上多数出现裂缝，可见基岩裂缝、错动，滑坡塌方常见；独立砖烟囱多数倒塌	5.00（3.54~7.07）	0.50（0.36~0.71）
		B	少数毁坏，多数严重和/或中等破坏				
		C	少数毁坏和/或严重破坏，多数中等和/或轻微破坏	0.38~0.60			
Ⅹ	骑自行车的人会摔倒，处于不稳定状态的人会摔倒，有抛起感	A	绝大多数毁坏	0.69~0.91	山崩和地震断裂出现，基岩上拱桥破坏，大多数独立砖烟囱从根部破坏或倒毁	10.00（7.08~14.14）	1.00（0.72~1.41）
		B	大多数毁坏				
		C	多数毁坏和/或严重破坏	0.58~0.80			
Ⅺ	—	A	绝大多数毁坏	0.89~1.00	地震断裂延续很大，大量山崩滑坡	—	—
		B					
		C		0.78~1.00			
Ⅻ	—	A	几乎全部毁坏	1.00	地面剧烈变化，山河改观	—	—
		B					
		C					

9.2 地质灾害常用调查表

1. 地质观察点记录表

第　　页 / 共　　页

1. 矿区名称：________________________

2. 点号：__________m

3. 位置：____

____

4. 观察点性质：____

5. 路线地质：____

____

____

6. 地质描述：____

____

____

____

____

7. 接触关系及产状：____

____

8. 矿化现象：____

____

9. 标本及照相登记：____

10. 地貌及水文地质：____

____

素描图

____

记录人：　　　　日期：　　年　　月　　日

2. 滑坡调查表（见表 9.10）

表 9.10　滑坡调查表

<table>
<tr><td>名称</td><td colspan="3"></td><td rowspan="5">地理位置</td><td colspan="5">县（市）　　乡（镇）　　村　　社</td></tr>
<tr><td rowspan="2">野外编号</td><td rowspan="2"></td><td rowspan="4">滑坡时间</td><td rowspan="2">□ 老滑坡
□ 现代滑坡</td><td rowspan="2">坐标/m</td><td>X:</td><td rowspan="2">标高/m</td><td>坡顶</td><td></td></tr>
<tr><td>Y:</td><td>坡脚</td><td></td></tr>
<tr><td rowspan="2">室内编号</td><td rowspan="2"></td><td rowspan="2">发生时间:
年　月　日　时</td><td colspan="5">经度:　　°　′　″</td></tr>
<tr><td colspan="5">纬度:　　°　′　″</td></tr>
</table>

<table>
<tr><td colspan="2">滑坡类型</td><td colspan="4">□自然　□工程　□顺层　□切层　□松脱　□推移</td><td>滑体性质</td><td colspan="3">□岩质　□碎块石　□土质</td></tr>
<tr><td rowspan="11">滑坡环境</td><td rowspan="3">地质环境</td><td colspan="3">地层岩性</td><td colspan="2">地质构造</td><td>微地貌</td><td>地下水</td></tr>
<tr><td>时代</td><td>岩性</td><td>产状</td><td>构造部位</td><td>地震烈度</td><td rowspan="2">□陡崖　□陡坡
□缓坡　□平台</td><td rowspan="2">□孔隙水
□裂隙水
□岩溶水</td></tr>
<tr><td></td><td></td><td></td><td></td><td></td></tr>
<tr><td rowspan="3">自然地理环境</td><td colspan="3">降雨量/mm</td><td colspan="4">水文</td></tr>
<tr><td>年均</td><td>最大日</td><td>最大时</td><td>洪水位（m）</td><td>枯水位（m）</td><td colspan="2">滑坡相对河流位置</td></tr>
<tr><td></td><td></td><td></td><td></td><td></td><td colspan="2">□左岸　□右岸
□凹岸　□凸岸</td></tr>
<tr><td rowspan="3">原始斜坡</td><td rowspan="2">坡高/m</td><td rowspan="2">坡角/（°）</td><td rowspan="2" colspan="2">坡面形态</td><td rowspan="2">斜坡结构类型</td><td colspan="2">控滑结构面</td></tr>
<tr><td>类型</td><td>产状</td></tr>
<tr><td></td><td></td><td colspan="2">□凹　□凸　□直　□阶</td><td></td><td></td><td></td></tr>
</table>

<table>
<tr><td rowspan="20">滑坡基本特征</td><td rowspan="4">外形特征</td><td>长度/m</td><td>宽度/m</td><td>厚度/m</td><td>面积/m²</td><td>体积/m³</td><td>坡向/（°）</td><td>坡角/（°）</td></tr>
<tr><td></td><td></td><td></td><td></td><td></td><td></td><td></td></tr>
<tr><td colspan="4">平面形态</td><td colspan="3">剖面形态</td></tr>
<tr><td colspan="4">□半圆　□矩形　□舌形　□不规则</td><td colspan="3">□凸形　□凹形　□平直　□阶梯　□复合</td></tr>
<tr><td rowspan="6">结构特征</td><td colspan="4">滑体特征</td><td colspan="3">滑床特征</td></tr>
<tr><td>岩性</td><td>结构</td><td>碎石含量/（%）</td><td>块度/cm</td><td>岩性</td><td>时代</td><td>产状</td></tr>
<tr><td></td><td></td><td></td><td></td><td></td><td></td><td></td></tr>
<tr><td colspan="7">滑面及滑带特征</td></tr>
<tr><td>形态</td><td>埋深/m</td><td>倾向/（°）</td><td>倾角/（°）</td><td>厚度/m</td><td>滑带土名称</td><td>滑带土性状</td></tr>
<tr><td></td><td></td><td></td><td></td><td></td><td></td><td></td></tr>
<tr><td rowspan="2">地下水</td><td colspan="2">埋深/m</td><td colspan="2">露头</td><td colspan="3">补给类型</td></tr>
<tr><td colspan="2"></td><td colspan="2">□上升泉　□下降泉　□湿地</td><td colspan="3">□降雨　□地表水　□融雪　□人工</td></tr>
<tr><td>土地使用</td><td colspan="7">□旱地　□水田　□草地　□灌木　□森林　□裸露　□建筑</td></tr>
<tr><td rowspan="2">现今变形破坏迹象</td><td>名称</td><td>部位</td><td colspan="4">特　征</td><td>初现时间</td></tr>
<tr><td>□拉张裂隙
□剪切裂缝
□地面隆起
□地面沉降
□溜　滑
□树木歪斜
□建筑变形
□冒渗混水</td><td></td><td colspan="4"></td><td></td></tr>
</table>

续表

<table>
<tr><td rowspan="5">影响因素</td><td>地质因素</td><td colspan="5">□节理极度发育 □结构面走向与坡面平行 □结构面倾角小于坡角
□软弱基座 □透水层下伏隔水层 □土体/基岩接触
□破碎风化岩/基岩接触 □强/弱风化层界面</td></tr>
<tr><td>地貌因素</td><td colspan="5">□斜坡陡峭 □坡脚遭侵蚀 □超载堆积</td></tr>
<tr><td>物理因素</td><td colspan="5">□风化 □融冻 □胀缩 □累进性破坏造成的抗剪强度降低
□孔隙水压力高 □洪水冲蚀 □水位陡涨陡落 □地震</td></tr>
<tr><td>人为因素</td><td colspan="5">□削坡过陡 □坡脚开挖 □坡后加载 □蓄水位降落
□植被破坏 □爆破振动 □渠塘渗漏 □灌溉渗漏</td></tr>
<tr><td>主导因素</td><td colspan="5">□暴雨 □地震 □工程活动</td></tr>
<tr><td rowspan="8">稳定性分析</td><td>复活诱发因素</td><td colspan="5">□降雨 □地震 □人工加载 □开挖坡脚 □坡脚冲刷 □坡脚浸润
□坡体切割 □风化 □卸荷 □动水压力 □爆破振动</td></tr>
<tr><td rowspan="2">目前稳定状况</td><td rowspan="2">□稳定 □基本稳定
□欠稳定 □不稳定</td><td rowspan="2">已造成危害</td><td>毁房（间）</td><td>死亡（人）</td><td>直接经济损失（万元）</td></tr>
<tr><td></td><td></td><td></td></tr>
<tr><td rowspan="2">发展趋势分析</td><td rowspan="2">□稳定 □基本稳定
□欠稳定 □不稳定</td><td rowspan="2">潜在威胁</td><td>威胁户数</td><td>威胁人口</td><td>威胁资产（万元）</td></tr>
<tr><td></td><td></td><td></td></tr>
<tr><td>监测建议</td><td colspan="5">□定期目视检查 □安装简易监测设施 □地面位移监测 □深部位移监测</td></tr>
<tr><td>防治建议</td><td colspan="5">□避让 □裂缝填埋 □加强监测 □地表排水 □地下排水
□削方减载 □坡面防护 □反压坡脚 □支挡 □锚固 □灌浆
□植树种草 □坡改梯 □水改旱 □减少振动</td></tr>
<tr><td colspan="5"></td></tr>
<tr><td colspan="2">群测人员</td><td></td><td>村 长</td><td></td><td>电 话</td><td></td></tr>
<tr><td rowspan="2">示意图</td><td colspan="6">平面图</td></tr>
<tr><td colspan="6">剖面图</td></tr>
</table>

单位（章）：________ 填表人：________ 负责人：________

填表日期：______年____月____日

3. 危岩调查表（见表 9.11）

表 9.11　危岩调查表

<table>
<tr><td>名称</td><td colspan="3">××××××××危岩</td><td rowspan="3">地理位置</td><td colspan="5">县（市）　　乡（镇）　　村　　社</td></tr>
<tr><td>野外编号</td><td>WY-159</td><td rowspan="2">灾害史</td><td rowspan="2">☐ 危岩崩塌
发生时间：
年　月　日　时</td><td rowspan="2">坐标/m</td><td>X:</td><td rowspan="2">标高/m</td><td>坡顶</td><td>582</td></tr>
<tr><td rowspan="2">室内编号</td><td rowspan="2">BZ-0186</td><td>Y:</td><td>坡脚</td><td>542</td></tr>
<tr><td colspan="4"></td><td colspan="6">经度：　　°　′　″
纬度：　　°　′　″</td></tr>
</table>

<table>
<tr><td colspan="2">危岩类型</td><td colspan="4">☐自然 ☐工程 ☐岩质 ☐土质</td><td>破坏模式</td><td colspan="3">☐滑移 ☐倾倒 ☐坠落</td></tr>
<tr><td rowspan="11">危岩环境</td><td rowspan="3">地质环境</td><td colspan="3">地层岩性</td><td colspan="2">地质构造</td><td>微地貌</td><td colspan="2">地下水</td></tr>
<tr><td>时代</td><td>岩性</td><td>产状</td><td>构造部位</td><td>地震烈度</td><td rowspan="2">☐陡崖
☐陡坡</td><td rowspan="2" colspan="2">☐孔隙水
☐裂隙水
☐岩溶水</td></tr>
<tr><td>K1c</td><td>砂岩</td><td>67°∠4°</td><td>观音峡背斜</td><td>6</td></tr>
<tr><td rowspan="3">自然地理环境</td><td colspan="3">降雨量/mm</td><td colspan="5">气温</td></tr>
<tr><td>年均</td><td>最大日</td><td>最大时</td><td>年均/（°C）</td><td>最低/（°C）</td><td>最高/（°C）</td><td>年较差/（°C）</td><td>日较差（°C）</td></tr>
<tr><td>1 120.7</td><td>263.8</td><td>63.8</td><td>17</td><td>−5.3</td><td>40.3</td><td>45.6</td><td>1~5</td></tr>
<tr><td rowspan="3">原始斜坡</td><td rowspan="2">坡高/m</td><td rowspan="2">坡角/（°）</td><td rowspan="2" colspan="2">坡面形态</td><td rowspan="2">斜坡结构类型</td><td colspan="3">卸荷带/m</td></tr>
<tr><td colspan="2">卸荷裂隙宽度</td><td>卸荷带宽度</td></tr>
<tr><td>40</td><td>81</td><td colspan="2">☐凹 ☑凸 ☐直 ☐阶</td><td>岩质胁迫</td><td colspan="2">0.2~0.5</td><td>2~3</td></tr>
</table>

<table>
<tr><td rowspan="20">滑坡基本特征</td><td rowspan="5">外形特征</td><td>长度/m</td><td>宽度/m</td><td>高度/m</td><td>体积/m³</td><td>主崩方向/（°）</td><td>滚动距离/m</td><td>影响范围/m</td></tr>
<tr><td>5</td><td>4</td><td>10</td><td>200</td><td>263</td><td>100</td><td>1 500</td></tr>
<tr><td colspan="3">平面形态</td><td colspan="2">剖面形态</td><td colspan="2">空间形态</td></tr>
<tr><td colspan="3">☐半圆 ☐矩形</td><td colspan="2">☑凸形 ☐凹形 ☐平直</td><td colspan="2">☑棱柱 ☐帽沿 ☐板状</td></tr>
<tr><td colspan="3">☐舌形 ☑不规则</td><td colspan="2">☐阶梯 ☐复合</td><td colspan="2">☐壳状 ☐楔形 ☐锥形</td></tr>
<tr><td rowspan="6">结构特征</td><td colspan="4">危岩体结构特征</td><td colspan="3">基座特征</td></tr>
<tr><td>岩性</td><td>结构</td><td>碎石含量/（%）</td><td>块度/cm</td><td>岩性</td><td>时代</td><td>变形特征</td></tr>
<tr><td>砂岩</td><td>卸荷裂隙</td><td></td><td></td><td>砂岩</td><td>K1c</td><td>压碎</td></tr>
<tr><td colspan="7">主控结构面特征</td></tr>
<tr><td>形态</td><td>产状</td><td>长度/m</td><td colspan="2">宽度/m</td><td colspan="2">深度/m</td></tr>
<tr><td>直线</td><td>67°∠4°</td><td>5</td><td colspan="2">4</td><td colspan="2">8</td></tr>
<tr><td rowspan="2">地下水</td><td colspan="2">埋深/m</td><td colspan="2">露头</td><td colspan="3">补给类型</td></tr>
<tr><td colspan="2"></td><td colspan="2">☐上升泉 ☐下降泉 ☐湿地</td><td colspan="3">☐降雨 ☐地表水 ☐融雪 ☐人工</td></tr>
<tr><td>土地使用</td><td colspan="7">☐旱地 ☐水田 ☐草地 ☐灌木 ☐森林 ☐裸露 ☐建筑</td></tr>
<tr><td rowspan="2">现今变形破坏迹象</td><td>名称</td><td>部位</td><td colspan="4">特　征</td><td>初现时间</td></tr>
<tr><td>☐拉张裂隙
☐剪切裂缝
☐溜　　滑
☐建筑变形
☐冒渗混水</td><td></td><td colspan="4">危岩卸荷裂隙宽度 0.2~0.4 m，节理较发育，于 2007 年进行了封堵和锚杆支护</td><td></td></tr>
</table>

续表

<table>
<tr><td rowspan="7">影响因素</td><td rowspan="2">地质因素</td><td colspan="5">☑节理极度发育 □结构面走向与坡面平行 □结构面倾角小于坡角</td></tr>
<tr><td colspan="5">□软弱基座 □透水层下伏隔水层 □强/弱风化层界面</td></tr>
<tr><td>地貌因素</td><td colspan="5">☑斜坡陡峭 □坡脚遭侵蚀 □超载堆积</td></tr>
<tr><td>物理因素</td><td colspan="5">☑风化 □胀缩 □累进性破坏造成的抗剪强度降低
□孔隙水压力高 □地震</td></tr>
<tr><td rowspan="2">人为因素</td><td colspan="5">□削坡过陡 □坡脚开挖 □卸荷带加载 □植被破坏</td></tr>
<tr><td colspan="5">□爆破振动 □渠塘渗漏 □灌溉渗漏</td></tr>
<tr><td>主导因素</td><td colspan="5">☑暴雨 □地震 □工程活动</td></tr>
<tr><td rowspan="9">稳定性分析</td><td>诱发因素</td><td colspan="5">☑降雨 □地震 □人工加载 □开挖坡脚
□坡脚冲刷 □坡脚浸润 □坡体切割 □风化
□卸荷 □动水压力 □爆破振动</td></tr>
<tr><td rowspan="2">目前稳定状况</td><td>□稳定 ☑基本稳定</td><td rowspan="2">已造成危害</td><td>毁房（间）</td><td>死亡（人）</td><td>直接经济损失（万元）</td></tr>
<tr><td>□欠稳定</td><td></td><td></td><td></td></tr>
<tr><td rowspan="2">发展趋势分析</td><td>□稳定 □基本稳定</td><td rowspan="2">潜在威胁</td><td>威胁户数</td><td>威胁人口</td><td>威胁资产（万元）</td></tr>
<tr><td>☑欠稳定 □不稳定</td><td>学校</td><td>1 100</td><td>900</td></tr>
<tr><td rowspan="2">监测建议</td><td colspan="5">□定期目视检查 □安装简易监测设施</td></tr>
<tr><td colspan="5">□地面位移监测 □深部位移监测</td></tr>
<tr><td rowspan="2">防治建议</td><td colspan="5">□避让 □地表排水 □地下排水 □消除危岩</td></tr>
<tr><td colspan="5">□支撑 □锚固 □拦石 □减小振动 □加强监测</td></tr>
<tr><td colspan="2">群测人员</td><td>***（校长）</td><td>村长</td><td></td><td>电话</td><td></td></tr>
<tr><td rowspan="2">示意图</td><td colspan="6">平面图</td></tr>
<tr><td colspan="6">剖面图
S 砂岩 A B C D 泥岩 砂岩 泥岩 E F 砂岩 坡积物 G H I 泥岩
50 10 30 80 5 m 4.13
30 70 9 60
落石：D=0.6 m
岩性：砂岩γ=26.5 kN/m
w=3 kN
福建小学
36 cm厚砖墙洞穿
弹坑7 cm
滨江路水泥地
BZ-159
263°
WY K_1C K_1C 公路 学校 K_1C
64°∠7°</td></tr>
</table>

单位（章）：__________ 填表人：__________ 负责人：__________

填表日期：______年______月______日

4. 泥石流调查表（见表 9.12、表 9.13）

表 9.12　泥石流野外调查表 1（按滑坡崩塌泥石流灾害详细调查规范 DD2008-02）

项目名称：　　　　　　　　图幅名：　　　　　　　　图幅编号：

沟名			野外编号		统一编号					
沟口位置	经度：° ′ ″		省（市）区街道							
	纬度：° ′ ″		水系名称							
泥石流沟与主河关系	主河名称		泥石流沟位于主河道			沟口至主河道距离/m				
			□左岸 □右岸							
泥石流沟主要参数、现状及灾害史调查										
水动力类型	□暴雨 □冰川 □溃决 □地下水		沟口巨石大小/m		ϕ_a	ϕ_b	ϕ_c			
泥沙补给途径	□面蚀 □沟岸崩滑 □沟底再搬运		补给区位置		□上游 □中游 □下游					
降雨特征值/mm	$H_{年最大}$	$H_{年平均}$	$H_{日最大}$	$H_{日平均}$	$H_{时最大}$	$H_{时平均}$	$H_{10分钟最大}$	$H_{10分钟平均}$		
沟口扇形地特征	扇形地完整性/（%）		扇面冲淤变幅	±	发展趋势	□下切 □淤高				
	扇长/m		扇宽/m		扩散角/（°）					
	挤压大河	□河形弯曲主流偏移 □主流偏移 □主流只在高水位偏移 □主流不偏								
地质构造	□顶沟断层 □过沟断层 □抬升区 □沉降区 □褶皱 □单斜			地震烈度（度）						
不良地质体情况	滑　坡	活动程度	□严重 □中等 □轻微	规模	□大 □中 □小					
	人工弃体	活动程度	□严重 □中等 □轻微	规模	□大 □中 □小					
	自然堆积	活动程度	□严重 □中等 □轻微	规模	□大 □中 □小					
土地利用（%）	森林	灌丛	草地	缓坡耕地	荒地	陡坡耕地	建筑用地	其他		
防治措施现状	□有 □无	类型	□稳拦 □排导 □避绕 □生物工程							
监测措施	□有 □无	类型	□雨情 □泥位 □专人值守							
威胁危害对象	□城镇 □村寨 □铁路 □公路 □航运 □饮灌渠道 □水库 □电站 □工厂									
	□矿山 □农田 □森林 □输电线路 □通信设施 □国防设施									
	受威胁人口/人		受威胁资产/万元							
灾害史	发生时间（年/月/日）	死亡/人	大牲畜损失/头	房屋/间		农田/亩		公共设施		直接经济损失/万元
				全毁	半毁	全毁	半毁	道路/km	桥梁/座	
泥石流特征	容重/（t/m^3）		流量/（m^3/s）		泥位/m					

表 9.13　泥石流野外调查表 2（按滑坡崩塌泥石流灾害详细调查规范 DD2008-02）

项目名称：　　　　　　　　　　　　图幅名：　　　　　　　　　　　　图幅编号：

<table>
<tr><td>沟名</td><td></td><td colspan="2">野外编号</td><td></td><td>统一编号</td><td colspan="2"></td></tr>
<tr><td colspan="8">泥石流综合评判</td></tr>
<tr><td>4. 主沟纵坡/（‰）</td><td></td><td>7.冲淤变幅/m</td><td>±</td><td>8. 松散物储量/（$10^3m^3/km^2$）</td><td></td><td>2. 补给段长度比/（%）</td><td></td></tr>
<tr><td>13. 流域面积/km^2</td><td></td><td>14. 相对高差/m</td><td></td><td>10. 山坡坡度/（°）</td><td></td><td>6. 植被覆盖率/（%）</td><td></td></tr>
<tr><td>15. 堵塞程度</td><td></td><td colspan="2">□严重 □中等
□轻微 □ 无</td><td>12. 松散物平均厚/m</td><td colspan="3"></td></tr>
<tr><td>3. 沟口扇形地</td><td></td><td colspan="2">□大 □中
□小 □无</td><td>1. 不良地质现象</td><td colspan="3">□严重 □中等 □轻微 □一般</td></tr>
<tr><td>5. 新构造影响</td><td></td><td colspan="2">□强烈上升区
□上升区
□相对稳定区
□沉降区</td><td>9. 岩性因素</td><td colspan="3">□土及软岩　□软硬相间
□风化和节理发育的硬岩
□硬岩</td></tr>
<tr><td>1. 沟槽横断面</td><td colspan="7">□V 形谷（谷中谷、U 形谷）□拓宽 U 形谷　□复式断面　□平坦型</td></tr>
</table>

<table>
<tr><td rowspan="3">评　分</td><td>1</td><td>2</td><td>3</td><td>4</td><td>5</td><td>6</td><td>7</td><td>8</td><td>9</td><td>10</td><td>11</td><td>12</td><td>13</td><td>14</td><td>15</td><td>总分</td></tr>
<tr><td></td><td></td><td></td><td></td><td></td><td></td><td></td><td></td><td></td><td></td><td></td><td></td><td></td><td></td><td></td><td></td></tr>
<tr><td colspan="3">易发程度</td><td colspan="5">□易发 □中等 □不易发</td><td colspan="3">泥石流类型</td><td colspan="5">□泥流 □泥石流 □水石流</td></tr>
<tr><td colspan="4">发展阶段</td><td colspan="13">□形成期　□发展期　□衰退期 □停歇或终止期</td></tr>
<tr><td colspan="4">防治建议</td><td colspan="13">□稳拦　□排导　□避绕　□生物工程</td></tr>
<tr><td colspan="17">示意图

</td></tr>
</table>

5. 河流（溪沟）调查表（见表 9.14）

表 9.14 河流（溪沟）调查表

矿区：

<table>
<tr><td>编号</td><td></td><td>河流名称</td><td colspan="7"></td><td colspan="2">所在图幅名称</td><td></td></tr>
<tr><td rowspan="2">调查地点</td><td rowspan="2"></td><td rowspan="2">调查日期</td><td rowspan="2" colspan="7"></td><td colspan="2">天气</td><td></td></tr>
<tr><td colspan="2">气温/℃</td><td></td></tr>
<tr><td>地质构造</td><td colspan="6"></td><td colspan="3">地形地段</td><td colspan="3"></td></tr>
<tr><td>水文地质工程地质情况</td><td colspan="11"></td><td rowspan="8">图示</td></tr>
<tr><td>河床坡度</td><td></td><td rowspan="3">水位标高</td><td colspan="3">实测</td><td colspan="6"></td></tr>
<tr><td>水深/m</td><td></td><td rowspan="2">访问</td><td colspan="2">最高</td><td colspan="6"></td></tr>
<tr><td>河宽/m</td><td></td><td colspan="2">最低</td><td colspan="6"></td></tr>
<tr><td>流速/（m/s）</td><td></td><td rowspan="2">物理性质</td><td colspan="2">色</td><td colspan="3">透明度</td><td>嗅</td><td colspan="2">味</td><td>水温</td></tr>
<tr><td>流量/（m^3/s）</td><td></td><td colspan="2"></td><td colspan="3"></td><td></td><td colspan="2"></td><td></td></tr>
<tr><td>河水用途</td><td></td><td colspan="3">河水灾害</td><td colspan="7"></td></tr>
<tr><td>备注</td><td colspan="11"></td></tr>
</table>

调查人：　　　　日期：　　　　检查人：　　　　日期：

参考文献

[1] 百度百科：https://baike.baidu.com/item/%E5%9C%B0%E8%B4%A8%E5%B9%B4%E4%BB%A3%E8%A1%A8/3725774.

[2] 百度百科：https://baike.baidu.com/item/%E5%B9%B4%E4%BB%A3%E5%9C%B0%E5%B1%82%E5%8D%95%E4%BD%8D/4192007?fr=aladdin.

[3] 樊隽轩，李超，侯旭东.《国际年代地层表》（2018/08 版）[J]. 地层学杂志，2018，42（04）：365-370.

[4] 四川省地层古生物工作队. 西南地区四川、云南、贵州三省地层表[M]. 北京：地质出版社，1977.

[5] 四川省区域地层表编制小组. 四川省地层总结表[M]. 北京：地质出版社，1947.

[6] 重庆市地质矿产勘查开发总公司. 重庆市地质图说明书[R]. 2002.08.

[7] 乐昌朔. 岩石学[M]. 北京：地质出版社, 1984.

[8] 汪新文，林建平，等. 地球科学概论[M]. 北京：地质出版社，2013.

[9] 陈洪凯，唐红梅，王林峰，等. 地质灾害理论与控制[M]. 北京：科学出版社，2011.

[10] 马永潮. 滑坡整治及防治工程养护[M]. 北京：中国铁道出版社，1996.

[11] 中华人民共和国国土资源部. 泥石流灾害防治工程勘查规范（试行）（T/CAGHP 006—2018）[S]. 北京:中国标准出版社,2018.

[12] 陈宁生，崔鹏，刘中港，等. 基于黏土颗粒含量的泥石流容重计算[J]. 中国科学E辑，2003, 33（z1）.

[13] 蒋忠信. 震后泥石流治理工程设计简明指南[M]. 成都：西南交通大学出版社, 2014.

[14] 陈洪凯，唐红梅，王林峰，等. 危岩崩塌演化理论及应用[M]. 北京：科学出版社，2009.

[15] 陈洪凯，鲜学福，唐红梅，等. 危岩稳定性断裂力学计算方法[J]. 重庆大学学报（自然科学版）, 2009, 32（4）: 434-437, 452.

[16] 陈洪凯，唐红梅，叶四桥，祝辉. 危岩防治原理[M]. 北京：地震出版社, 2006.

[17] 四川省核工业地质调查院. 野外地质点记录规范[R]. 四川省核工业地质调查院，2008：3-4.

[18] 国家技术监督局. 区域地质图图例：GB 958—99[S]. 北京：中国标准出版社, 2000.

[19] 中华人民共和国国家质量监督检验检疫总局. 中国地震烈度表 GB/T 17742-2008[S]. 北京：中国标准出版社，2008:5-7.